国际服装丛书·技术

美国服装立体裁剪

【英】凯洛琳·齐埃索　著

常卫民　译

中国纺织出版社有限公司

内 容 提 要

立体裁剪是一种重要的服装塑型方法，也是服装设计师必须掌握的技能之一。在本书中，作者首先概述了立裁的工具、材料、专业术语等；然后按立裁的难易程度将内容分为三部分——初级立体裁剪（相关立裁基础知识、束腰丘尼克舞蹈服、连衣裙、紧身胸衣）、中级立体裁剪（半身裙、女式衬衫、裤子、针织服装）、高级立体裁剪（外套夹克、礼服、斜裁法、即兴立体裁剪）。

在每一种类型的介绍中，作者均从经典的历史服装着手，极具启发性，然后以代表性的现代服装为案例，其中不乏品牌服装、明星服装、舞台服装等，通过图解方式，分步呈现服装塑型过程，内容涉及针法、边饰、省道、褶裥、垫肩、领、袖、纸样修正等，便于读者掌握各种造型方法或细节处理，有效提高自己的立裁技能。

本书图文并茂、案例丰富，并配以步骤解析，内容生动形象，具有较强的实用性，对服装专业师生、企业从业人员、研究者具有较高的学习参考价值。

原文书名：Draping: The Complete Course
原作者名：Karolyn Kiisel
Text © 2013 Karolyn Kiisel
Translation © 2019 China Textile & Apparel Press

This book was produced and published in 2013 by Laurence King Publishing Ltd., London. This Translation is published by arrangement with Laurence King Publishing Ltd. for sale/distribution in The Mainland (part) of the People's Republic of China (excluding the territories of Hong Kong SAR, Macau SAR and Taiwan Province) only and not for export therefrom.

著作权合同登记号：图字：01-2013-5217

图书在版编目（CIP）数据

美国服装立体裁剪 /（英）凯洛琳·齐埃索著；常卫民译 .-- 北京：中国纺织出版社有限公司，2019.9（2024.12重印）
（国际服装丛书 . 技术）
书名原文：Draping: The Complete Course
ISBN 978-7-5180-6320-8

Ⅰ.①美… Ⅱ.①凯… ②常… Ⅲ.①立体裁剪 Ⅳ.① TS941.631

中国版本图书馆 CIP 数据核字（2019）第 123922 号

责任编辑：李春奕　　责任校对：楼旭红　　责任设计：何　建　　责任印制：王艳丽

中国纺织出版社有限公司出版发行
地址：北京市朝阳区百子湾东里A407号楼　邮政编码：100124
销售电话：010—67004422　传真：010—87155801
http://www.c-textilep.com
E-mail:faxing @c-textilep.com
中国纺织出版社天猫旗舰店
官方微博http://weibo.com/2119887771
北京华联印刷有限公司印刷　各地新华书店经销
2019年9月第1版　2024年12月第2次印刷
开本：889×1194　1/16　印张：20
字数：281千字　定价：138.00元

凡购本书，如有缺页、倒页、脱页，由本社图书营销中心调换

国际服装丛书·技术

美国服装立体裁剪

【英】凯洛琳·齐埃索　著

常卫民　译

中国纺织出版社有限公司

目录

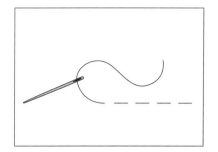
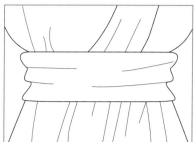
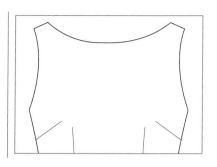

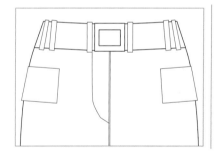
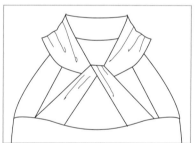
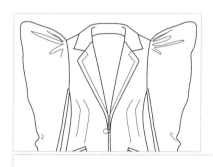

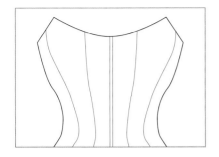
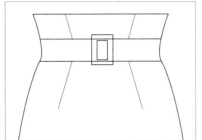
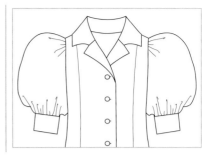

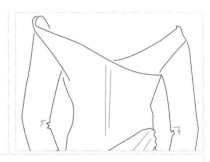

引言

立体裁剪是一门艺术

立体裁剪，是一个专业术语，指用面料在人台上直接进行服装的设计与塑型。它是服装设计师必须掌握的基本技能。

立体裁剪，在法语中是"moulage"一词，其含义是"造型或塑型"。服装设计师是艺术家，通常具有源源不断的创造力，通过对造型、空间以及动感的把握，塑造有形的作品，从而传递自己的设计理念。设计师常常利用色彩与表面细节，将个人情感融入设计中，使作品具有吸引力，但前提是要塑造好廓型。

学习立体裁剪，一定要训练自己的眼睛，学会观察平衡、对称，知道什么是优美流畅的线条，同时训练自己的动手能力，力求在裁剪、固定珠针和复杂分割线的合缝时，能够操作灵巧、娴熟。

设计师和艺术家的成功在于——他们找到了表达自己独特风格的方式。对于服装设计师而言，立体裁剪是一种重要技能，有助于设计创意性的视觉表达。

在本书中，你可以对一些特定服装进行立体裁剪练习，如古代服装（包含艺术作品中的古代服装）、影视剧舞台服装以及当代服装设计师作品。

在每一章的开头，展示了早期服装造型案例，其中大多是用面料在人体上进行简单包裹、缠绕、系扎和打褶而成。了解一件现代女式衬衫或者夹克如何从这些基本款演变而来，对服装设计师很有帮助，利于其构思服装立体裁剪操作。当你了解到，几千年来人们利用简简单单的面料就创造出了美丽、实用、变化的服装造型，你就不会对立体裁剪望而生畏了。

本书中列举的设计案例很多来源于立体裁剪的黄金时期。20世纪30年代后期~20世纪60年代，好莱坞影视剧的服装设计师利用工作室的大量资源，为明星们提供服装。第二次世界大战之后，在欧洲一些国家、地区以及美国纽约，服装工作室如雨后春笋般蓬勃发展。巴伦夏加（Balenciaga）、迪奥（Dior）、纪梵希（Givenchy）和之后的伊夫·圣·洛朗（Yves Saint Laurent）仅仅是众多服装设计师中的一分子，他们运用新型面料和新兴技术进行立体裁剪，创造了造型优美、精致合体的定制时装。通过本书，你可以学习如何立裁这些经典的服装款式，从而掌握必备的基本技能，提高观察力。

服装设计师应当研究现代和当代的服装，这有助于关注精妙的造型。如果服装设计师想要创造新颖别致的造型，则需要了解已有造型。

学习立体裁剪的意义

进行立体裁剪时，通常使用棉布塑型，且不断调整、改进，直至将其从人台上取下并得到服装纸样为止。

在创作一件新作品时，很多服装设计师通常习惯运用立体裁剪而不是平面裁剪，这是因为立体裁剪是一种相对直观简便的方法，利用这种方法可以提高自己的想象力与操作能力，将二维设计图转化为三维服装形式。在立体裁剪的过程中，随着服装的廓型逐渐显现出来，服装设计师会减少对平面纸样的思考。

如果采用平面裁剪，服装设计师需要等到纸样完成、面料裁剪并缝制好之后才能看到服装的立体效果。要想在平面裁剪上有所成就，需要积累大量的经验。而如果采用立体裁剪，任何人只需要掌握一些基本技能就可以进行了，这就如同我们的祖先一样，虽然只具备一些基本的技能，但足以制作出束身外衣和长袍。

树立标志性形象

应当努力提高立体裁剪的技能，在创造服装廓型的同时，力求独创性。

如今，在促进服装市场销售的因素中，服装设计师的口碑举足轻重，常常胜过服装本身的合体性和巧妙处理。因此在时尚界，服装设计师应当形成自己的风格，这非常重要。如果服装设计师形成了自己的风格，即树立了标志性形象，就会显得与众不同，而且有助于指导目标顾客的着装，帮助他们形成自己的穿衣风格。

现在，女性对自己的着装具有较高要求，不但要求合体舒适，还要求能体现出自己的品位与鉴赏力。她们希望通过自己的着装告诉他人，她们是怎样的人。正如一个女演员没有戏服就不能演出一样，女性也需要通过着装使自己在职场中更优秀，在休闲活动中（如瑜伽等）更放松，在特殊场合更富有魅力。

服装设计师想要树立标志性形象，就应当先构思创意，捕捉设计灵感，然后再开始立体裁剪。设计灵感可以来源于一次日落、一幅画，一张他人设计作品的照片、一种感觉或者一种态度，对此，你

上图：知名画家劳伦斯·阿尔玛-塔德玛（Lawrence Alma-Tadema）爵士绘制的画作《冷水浴室》（*The Frigidarium*，1890年），细节精妙、画面比例均衡。想要立体裁剪完美时尚的服装作品，设计师需要练就一双敏锐的眼睛。

右下图：时装设计大师伊夫·圣·洛朗，他也是一位立裁大师，其女装设计新颖而独特。至今，他的代表性作品仍被世人津津乐道，广受欢迎。

要有表现的欲望。

如果你有能力实现创意，则说明你有较好的鉴别力，可以把握好线条、空间设计、比例关系、精妙的造型和细节处理。

在进行立体裁剪时，应不断完善造型、调整比例，并逐渐凸显个人风格。当服装达到设计要求时，立体裁剪工作才告以结束。当你审视作品并感到满意时，作品就大功告成了。在不断尝试、表现自己所喜欢的服装造型中，个人的风格会自然而然形成并显现出来。

形式服从功能

"形式服从功能"是一条基本的设计法则。如果设计师对服装设计的作用和目的非常清楚，那么在立体裁剪的过程中，则更容易做出抉择。

服装有许多功能，例如保暖、防护、引人注意、增添魅力等。服装的功能分为有形和无形两种，了解服装的功能至关重要。对着装者而言，服装既影响其形象，又给予一定的穿衣感受，这两者同等重要。

了解布纹纱向与服装造型关系是服装设计师需要掌握的一项立裁技能，这非常重要。裁剪一件简单的束腰衣，如果裁剪时布纹纱向选择不同，服装则会呈现出完全不同的效果，例如常用的直裁法与斜裁法。服装设计师必须把握好服装动感特征及其对穿着者的影响。阅读本书，需要着重培养自己的

因纽特人（Inuit）制作的服装，其设计目的显而易见，即御寒保暖。

洞察力，探究设计作品中的情感与风格，并确定最终完成的服装成品中是否保留了这种情感与风格。

当代立体裁剪

早在20世纪，Wolf Form公司就已经开始研发人台并且不断推广，与此同时，服装立体裁剪技术却保持相对稳定、没有太大的变化。

对于世界各地的服装工作室而言，服装技术很重要，可以大大节省时间和费用。服装设计公司一般都有适合其目标顾客的特定服装原型纸样。调整服装原型纸样，就可以生成新的服装纸样，从而生产服装系列产品，例如，制作裤子或衬衫纸样，以原型纸样为基本模板，通过适当调整，就可以得到理想的裤子或衬衫纸样。此外，利用数字化的纸样裁剪技术，服装设计公司可以在较短的时间内完成大量纸样调整变化工作。

然而在这个数字化的新时代，为什么手工立体裁剪会经久不衰、受到广泛的应用呢？

服装设计师在对合体服装的纸样进行调整时，一定要避免生搬硬套，要巧妙运用省道和分割线塑造新颖独特的造型，这极富挑战性。

其实，许多当代服装设计并不是20世纪60年代经典设计的再现，但是由于采用了缠绕、包裹、打褶或不对称形式，故常常使我们联想到早期的服装形式。

服装设计师在创造新的廓型时，一定要有所侧重并不断尝试，应突出设计重点，表现个人风格，通过对比例和尺寸的把控，塑造新的服装廓型，力求使人们产生情感共鸣。

服装设计师应当创造一些真正新颖独特的作品，从服装设计师的审美角度出发，利用面料和人台亲自设计实践，这非常重要，有利于设计师个人的审美表达。

现在，可以从以下两方面着手，做好设计：第一，设计灵感，可以从简单的立体裁剪服装裁片中获得；第二，传统的立体裁剪技术，一些法国服装工作室非常擅长传统的立体裁剪技术。服装设计师应利用设计灵感与传统的立体裁剪技术，力求塑造出三维立裁作品，并赋予其新意与魅力。

工具和准备

与其他技术一样，立体裁剪也需要专业的操作工具。要知道，工具上的投资物有所值。应当挑选质量好且适合自己的立体裁剪工具，选择合适的工具有利于提高工作效率和专业技能，也有利于操作者在立体裁剪时将注意力多集中在创意上。

人台

进行立体裁剪时，首先需要使用的工具就是人台或人体模型，目前人台的种类很多。请根据自己的情况和需求选择合适的人台。用于立体裁剪的人台通常配有厚重的金属底盘，人台表面包裹一层布料，质量较好。注意，人台表面的布料通常是质地紧密的机织布，针不易插入。

标准人台都是根据商业规格尺寸进行生产的。在设计工作室中，经常使用的是小号人台和中号人台，当服装完成后，可以据此推板，以得到更小或更大的尺码，这样操作比较简便。

本书展示了Wolf Form公司生产的人台，其表面采用质地优良的亚麻布包裹，适用于酒会礼服的制作。这种人台的胸部和臀部比标准人台更加突出，且人台具有一定的可调性，例如人台可以上下移动，肩端部可以拆卸以便穿脱服装。另外，人台的移动、转动都很方便。

在使用人台之前，需要确定胸围线、腰围线与臀围线的位置。最好的方法就是使用0.5~1.5cm宽的斜纹纯棉牵条，按照下面的方法用珠针固定在人台上。

- **胸围标记线** 从一侧缝线处开始，将牵条沿着胸部最丰满处（经过胸点）水平缠绕一周，每隔7.5~10cm在人台上固定一针。注意，牵条应经过背部最高点并与地面平行。

- **腰围标记线** 通常，包裹人台的面料在腰部位置有一条接缝线，这条接缝线就是腰围线，可见腰围线很好确定。如果没有接缝线，则沿着腰部最细处，将牵条水平缠绕一周。用珠针固定时，同上操作。

- **臀围标记线** 通常，腰围线向下18cm即臀围线，从一侧缝线处开始，在距腰围线下18cm处，将牵条水平缠绕一周。注意，牵条应与地面平行并用珠针固定。

需要具备的基础技能

对本书所讲授的知识，请认真学习、利用，如果已经掌握了一些基础的缝制技巧，并具有一定纸样制作的经验，则更利于学习、利用这些知识。每一章的"标记和修正"内容会涉及纸样制作，以便将立体裁剪作品转化为服装纸样。

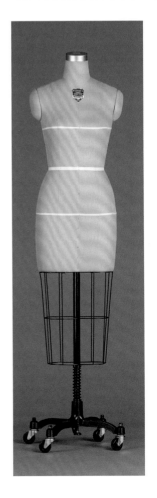
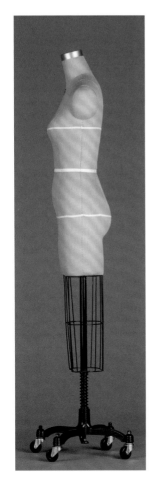

了解你使用的人台尺寸

请测量人台尺寸并牢记，这样，当你制作一件特定尺寸的服装或者为个人定制服装时，就知道应怎样去调整人台了。在进行立体裁剪时，如果着装者的尺寸比人台尺寸大，则需要对人台进行适当填充以获得满意的尺寸。具体怎么做呢？最简便的办法就是裁剪约12.5cm宽的布条，以此包裹人台，对人台进行塑型，直到达到想要的尺寸为止。

如果着装者的尺寸比人台尺寸小，在人台上进行立体裁剪时，则必须更紧身，或者在后期进行调整。

分体式人台

立体裁剪裤子应当选择分体式人台，这非常必要。一些分体式人台仅仅只有一条腿，立裁裤裆部位会更容易一些，但是会影响立裁整体效果的观察。

这类人台也适用于长度及地或脚跟的服装，在服装造型时还需要考虑腿部的形状。

坯布

在传统服装工业中，通常会采用坯布制作样衣或者合身原型服装，虽然其立裁效果与最终面料的立裁效果（如本书所示）有差异，但它的优点非常明显。

首先，也是最重要的，坯布的纱向线较为稳定且经纬线很好辨认。如果采用质地松散的机织面料，则立裁时面料容易被拉伸；而如果采用坯布，则立裁时要保持经向线垂直较为容易。坯布轻且具有一定的柔软性，易于裁剪和折叠，可以手工制作褶裥。坯布也具有一定的挺括性，便于看清裁片间的组合关系，也容易分辨是否达到平衡。

其次，坯布非常便宜，它是服装设计师创作作品的常用材料，可以把它比喻为画纸，这非常贴切。由于坯布并不贵重，因此立体裁剪时不用特别慎重或者担心它被损坏，你可以撕它，在上面做标记，用它进行实验。因此一定要准备足够的坯布，当操作失误或不合适的时候，则可以扔掉它，再采用新的坯布重新制作。

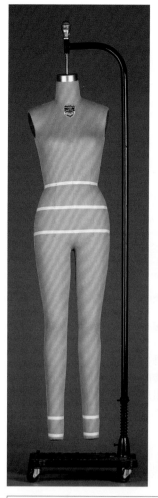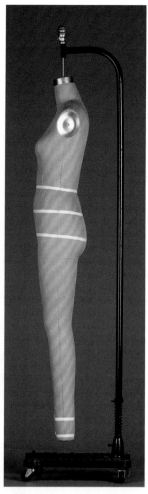

站在一面镜子前进行立体裁剪

站在一面镜子前进行立体裁剪有利于实际操作。当你立裁服装时，会不断琢磨、研究服装的造型与轮廓，在观察立裁的服装时应与其保持一定的距离，这非常重要。利用一面镜子，则很容易使观察距离保持在1.5m左右。这种远观的检查方法很好，让你以一种新的视角审视立裁作品，还可以将立裁作品与设计草图或照片进行对比。

再次，服装设计师必须具备一定的想象力，这一点非常重要，这就要求服装设计师在审视设计草图时，能够预测服装成品的效果；而在审视立裁的坯布服装时，则能预测实际面料制作出的服装效果。这里举一个例子，真丝绉缎质地柔软细腻，立体裁剪难度大，如果先使用坯布进行立体裁剪，会更容易达到想要的效果。你应当多加练习，一方面采用坯布进行立体裁剪，一方面预测采用实际面料（如采用真丝绉缎）立裁的服装效果。

本书主要使用了四种立裁材料，在这里分别对其特性进行简要介绍，当然，实际立裁时并不需要使用这么多种类型。请根据最终的实际面料，尽可能选择与其立裁效果接近的立裁材料。

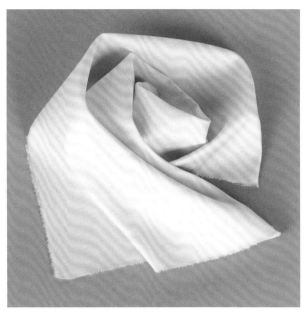

　　常规坯布：中等厚度、挺括，适合大多数服装的立裁制作。由于这种坯布质地较轻，因此操作容易，当制作紧身胸衣、裙及袖的时候，容易保持造型。请观察翻折时出现的细微折痕，其形状呈急转的折线而非顺滑的曲线。如果选择柔软的面料，则不会出现这种情况，其服装造型与挺括的坯布服装造型有所不同。

　　纯棉斜纹布：与常规坯布相比，纯棉斜纹布更柔软、纹路更清晰。请观察翻折处，其翻折线比常规坯布更顺滑自然，没有常规坯布的急转折线。纯棉斜纹布不如常规坯布挺括，但却更加厚实，因此可以用来塑造较宽大的廓型。这种面料适合制作大衣和夹克，是不错的选择。

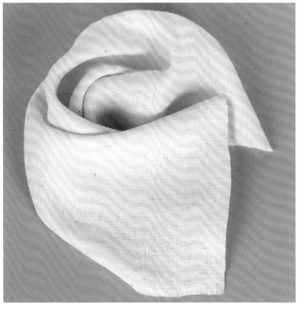

　　平纹细布：这是本书中用到的最轻盈的面料，其质地稀疏，呈半透明状，手感挺括。在本书"2.2　女式衬衫"中介绍了这种面料的应用，由于这种面料很轻薄，因此适合制作大泡泡袖。这种面料因轻薄、保形性好，因此适合制作面料层数较多的服装。

　　丝麻混纺布：比纯棉斜纹布略重，质地更柔软、顺滑、悬垂。请观察翻折处，没有明显的急转折线。由于质地较为稀疏，因此非常适合制作有明显纱向要求的服装，如本书的"1.3 紧身胸衣"。此外，本书"3.3 斜裁法"中也使用了这种面料，由于其顺滑、悬垂性好，因此按照人台曲线进行塑型非常容易。

常用工具

卷尺：当立体裁剪的时候，要用到卷尺，其作用很大，可以用来测量坯布，也可以用来测量立体裁剪的样衣。

剪刀：重要工具，一定要认真选择。剪刀的重量要适中，不能过重，也不能过轻，要适合裁剪坯布。

米尺：重要工具，标记纱向线时使用。

直角尺：检查两条线是否垂直时使用。

打板尺：呈透明状，上面有网格线，利用打板尺可以在坯布上画纱向线和缝份。

软性铅笔：请选择一支软性铅笔，以便在坯布上画清晰可见的标记线。如果使用的是硬性铅笔，则易在坯布上留下污渍。

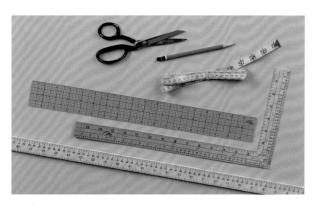

标记和修正工具

划粉（两种颜色的划粉）：用于标记前后缝线、底边线等。当调整合体度、修正缝线的时候，利用两种颜色的划粉有助于区分新、旧缝线。

铅笔（普通铅笔、红色彩铅、蓝色彩铅）：将立裁的坯布样衣从人台上拆下后，就需要用铅笔在上面画线，画第一条线用普通铅笔，修正时用红色彩铅画修正线，再次修正时用蓝色彩铅画最终确定的线。

复写纸：用于拓印线条，即将一块坯布上的线条拓印到另一块坯布（或制图纸）上。

滚轮：在复写纸上，利用滚轮可以将一片坯布上的线条拓印到另一块坯布（或制图纸）上。

针和线：在坯布上做标记时，有时一支铅笔不够用，针对假缝线还需要用针和线，以便做出更精确的标记。

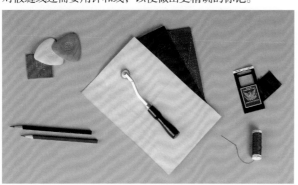

立体裁剪工具

珠针和针插：准备大量的珠针，这样可以提高工作效率，同时配备针插以便立裁时随手可取珠针，而不是当要在坯布上固定珠针时再去寻找。

斜纹带（黑色和红色两种）：用于标记领口线、袖窿弧线及各种造型线等。

标记带（黑色和红色两种）：使用方法同斜纹带，但多为临时使用，使用时间较短。红色标记带可以用作修正线。

松紧带：准备不同宽度的松紧带，如宽度为0.5cm、1.5cm和2.5cm的松紧带，以便对坯布进行局部抽褶处理。

摆份定规：使用时，可根据人台底座框条来测量服装下摆边的尺寸，以确保服装相应部位尺寸一致。

尺子

小型放码尺：用于标记缝份，非常好用。由于小型放码尺呈透明状，因此当标记毛缝线时，很容易透过它看到净缝线。

曲线尺：其曲线走向为由凸到凹，因此尤其适合绘制特定部位，如腰身曲线。此外，也可以用来修顺袖窿弧线和小弧线。

长曲线尺：通常用来画从腰至臀的曲线，由于形状特殊，因此也适用于其他一些部位。

边缝曲线尺：可以用来绘制裙子的底边，曲线起伏较为柔和。

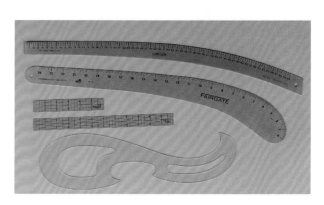

专业术语

以下罗列了本书中所用的专业术语并进行简要说明，后文还会进一步涉及。

缩写

CF：前中心线
CB：后中心线

坯布

纱向线：与纱线的方向有关。机织物由相互垂直的经纬纱线交织而成，经纱与布边平行，纬纱与布边垂直。

经向线：经纱方向，经向丝缕通常被称为直丝缕。

纬向线：纬纱方向。

斜向线：与经纱呈45°夹角，该方向的面料拉伸性最好。

布边：面料两侧的边缘。通常，面料的幅宽多为115~150cm。

整烫、归拔坯布：用熨斗将坯布熨烫平整，注意拉伸、按压坯布，直至歪斜的经、纬纱线恢复为水平、垂直状态，布边顺直为止。

示意图

坯布准备示意图：开始立裁前，需要完成坯布准备示意图，在图中需标明每一块坯布的尺寸。本书中使用的人台为标准人台，如果你使用的人台在规格上与标准人台不同，则需要调整坯布的尺寸，即简单地加大或缩小尺寸。本书中坯布的尺寸已经放大了几厘米，除非你的人台与标准人台的规格相差很大（如7.5cm的差距），否则本书的坯布尺寸都适用。

平面款式图：根据照片绘制的二维线描款式图，以此确定立裁服装的结构与纱向。

尺寸及计算

加放量：在净尺寸的基础上加放一定的松量。例如，腰围尺寸是66cm，裙子的腰头长是68.5cm，即裙子的腰头加放了2.5cm的松量。

胸点：胸部最高点。

腰围线：对人台而言，位于腰部最细处，与地面水平。

臀围线：位于臀部最丰满的位置，通常被定为腰围线向下18cm处，与地面水平。

上臀围线：腰围线向下5~7.5cm胯骨处，对于一些休闲裤（如牛仔裤）而言，该部位比较合体。

公主线：一种分割线，从前中心线到侧缝线将衣身分为两部分，通常公主线的起点为肩线中点。如果从袖窿处向下画弧形，这种分割线则被称为刀背缝。

针法

平缝针：在立体裁剪和修正纸样中都会涉及平缝针，即针距相等的缝合针法，通常用来合缝。

攘针（粗缝）：手缝针法，为临时固定的针法。

绷缝针：手缝针法，线迹呈直线状，在立裁标记与修正的过程中，用于标记缝合线或边缘。

三角针：一种常用针法，可以将两块坯布固定在一起，适用于立裁中被拉伸的部位，可以起到加固的作用。

打线丁：在立裁标记和修正的过程中，在布面上留下线头，作为标记点。

步骤1　　　　　　　　步骤2

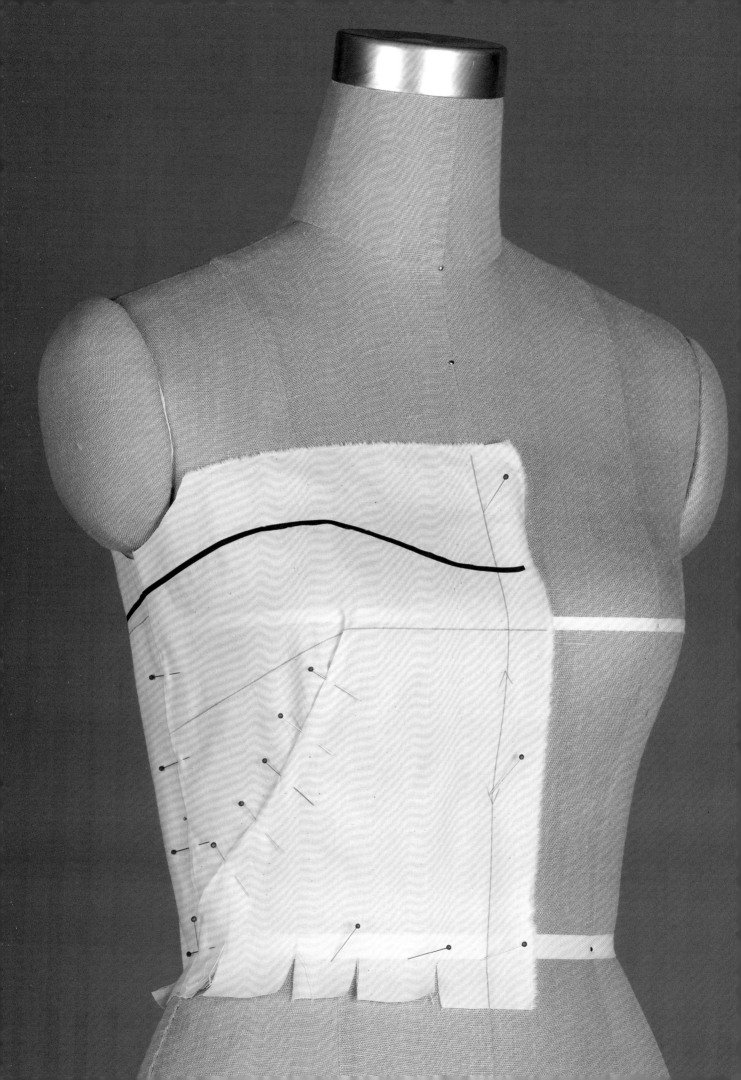

初级立体裁剪

1.1　机织面料的立裁

1.2　连衣裙

1.3　紧身胸衣

在本部分"1 初级立体裁剪"的学习中，你应当从造型、比例及平衡性着手，通过对服装结构的研究，提高自己的观察力。

这里展示了需要立裁服装的参照照片，并对其纱向和结构进行了分析，然后绘制出平面款式图，再据此进行立体裁剪。

书中介绍了基本的立体裁剪知识与技术，内容包括：人台与坯布的准备、固定珠针的方法、修剪、打剪口、标记、修正以及样衣展示等。

对于参照照片，你应当探究服装设计师想要表达的风格与情调，并选用一位理想的模特，让其在特定的社会环境中穿着立裁的服装，从而确定服装的风格。

1.1

机织面料的立裁

历史

　　最早的服装可能是用草、树叶、树皮或动物毛皮（寒冷季节穿用）制作而成。

　　纺织面料不断发展，这标志着社会的文明与进步。随着技术的日益提高，机织面料得到了广泛运用，人们将面料围裹、披挂、系扎在身上。在古代，织造简单的面料要耗费人们大量的时间与精力，以至于没有过多的时间与精力花在服装的裁剪制作上。

　　由丁古代服装很难保存至今，因此我们只能从古代的陶瓷碎片和壁画上研究服装，也许这些陶瓷碎片和壁画上面刻画的服装形象就代表着早期的服装形式。在一些古希腊、古罗马时期的雕塑和花瓶上也不乏服装形象，这些都是我们可以观察与学习的古老服装形式。

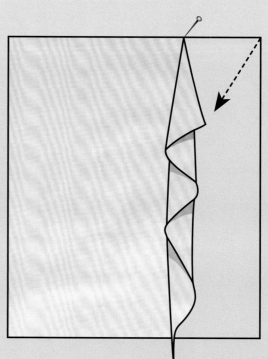

早期的服装造型简单，例如古希腊时期的希顿（Chiton）、女士的佩普罗斯（Peplos）以及古罗马时期的托加（Toga），它们多采用大小不同的机织面料制作而成。一些服装具有精妙的悬垂效果。据说，身着礼服的贵族最好身边有一位仆人，以便随时调整礼服的悬垂效果。这些服装变化多样，且看起来非常舒适，风格自然随意、优雅简洁，这种服装风格符合古希腊的自由观。亚麻和羊毛面料是塑造这种服装风格的最佳面料，可以通过立体裁剪的方式，形成雕塑与绘画作品中的美丽褶裥。

随着技术的发展和新面料的应用，服装也变得越来越繁复。当然，间或也会出现简洁朴素之风，服装趋向自然。

在现代，服装设计师用裁成方形、具有垂感的面料制作服装，这类服装可以在画家阿尔丰斯·穆卡（Alphonse Mucha）和马克斯菲尔德·帕里什（Maxfield Parrish）的画作中看到。现代舞的创始人伊莎多拉·邓肯（Isadora Duncan），曾因穿着丘尼克（Tunic）的改良服装而闻名于世。在20世纪前半叶，意大利著名纺织服装设计师玛利亚诺·佛图尼（Mariano Fortuny）利用两块打褶的长方形丝绸面料，创造出优雅永恒的服装。

在"1初级立体裁剪"中，展示了许多立体裁剪的案例，它们都是对传统丘尼克服装的变化设计。由于这类服装造型简洁，因此，非常适合作为练习的范例，并且有利于操作者培养观察力，了解服装的比例和平衡关系。练习时，应当注意对称性，调整好衣片的褶皱，通过练习与实践，不断提高自己对面料的运用能力。

对页左图：印第安女式无袖罩衫，来自于墨西哥（Mexico）瓦哈卡地区（Oaxaca）的高山部落特里基族（Triki）。这件罩衫呈方形，展示了两个多世纪以来传统的机织面料服装风格，其构成是三块长方形的面料，并用彩色缎带装饰，服装具有对称、雅致的特点。

对页右图：将面料裁剪成长方形，并尽量保持面料的完整性，从而使立裁的服装形式更随意自然，简单化的设计是服装的亮点与特色。

这是一件当代服装设计作品，是服装设计师凯洛琳·齐埃索（Karolyn Kiisel）为塔拉·韦斯特（Tara West）创作的休闲疗养服装（Spawear）。这件服装仅仅用两块长方形的面料制作，材质是丝麻混纺面料，朴实无华。

练习
坏布准备

机织物由相互垂直的经纬纱线组成，与布边平行的垂直纱线称为经纱，也称为直丝缕；而与布边垂直的横向纱线则称为纬纱，也称为横丝缕。

在织布的过程中，对织布机上的经纱施以一定的张力，将经纱拉紧，而纬纱则左右来回穿织，从而形成布料。通常，经纱的强度较大，当面料垂直悬挂时，其垂感也更好。

撕布

请准备好用于立体裁剪的坏布，先测量尺寸，然后将坏布撕成布片。按照测量的尺寸撕布比用剪刀剪布效果更好，这是因为布片会沿着纱向丝道分割布片。坏布在运输过程中，原本相互垂直的经纬纱线不再保持垂直，当用剪刀裁剪布片时，经向不一定与布边平行。

了解纱向

了解面料纱向对服装外观的影响非常重要。面料纱向的配置决定了服装的受力情况。裁剪成方形的服装，外观与丘尼克相似，由于纱向配置合理，因此造型优雅美丽。

坏布准备

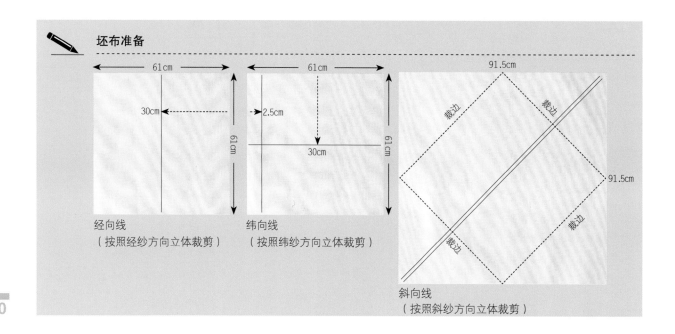

经向线
（按照经纱方向立体裁剪）

纬向线
（按照纬纱方向立体裁剪）

斜向线
（按照斜纱方向立体裁剪）

第1步

操作时，首先必须去除布边。用织布机织造的面料，通常其布边会织得比较紧密，以防止面料脱散。如果面料经过蒸汽压烫处理，边缘则会受到拉力，引起面料起皱，因此立裁前要去除布边。

- 去除约1.5cm宽的布边，沿经纱方向快速撕去布边。

- 修剪边缘，在坯布上标记出想要的尺寸，然后按照尺寸分别沿经向和纬向撕布。

- 注意，为了确保面料纱线方向正确，应当先按经纱方向画一小段线，这很有用。

第2步

当按照测量的尺寸撕好坯布后，则必须进行矫正处理。矫正的目的是使坯布的经纱和纬纱恢复到最初的状态——相互垂直。

- 在坐标纸上画出一些水平线和垂直线，形成网格。没有必要画出精确的布片尺寸，相互垂直的网格对于检查形状和矫正布片来说很有用。

- 如果坯布上经纬纱线相交没有成90°，那么用双手反方向用力拉拽布片，直到经纬纱线达到最初相互垂直的状态。

第3步

现在，必须对坯布进行熨烫。熨烫的时候，一定要轻轻地熨烫。熨烫时可以加一点蒸汽，效果更好，可以使其平整。在之后的处理过程中，也需要对坯布进行蒸汽熨烫。在立体裁剪之前进行蒸汽熨烫，有利于坯布的收缩。然而，要注意蒸汽不能过多，否则会使坯布卷曲而无法使用。

对于坯布上较深的皱纹、折痕，可以用一块湿布进行擦抹，再进行熨烫。

- 熨烫时，只能在水平和竖直方向上移动熨斗，如果熨斗按斜纱方向进行熨烫，则会拖拽纱线而使坯布变长。

- 熨烫结束之后，再一次在坐标纸上检查坯布，看其是否扭曲，如果是，则再一次拉拽坯布，直到经纬纱线恢复至相互垂直的状态。

按照经、纬纱向进行熨烫

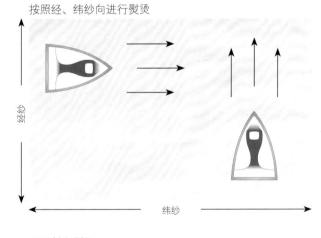

不要斜向熨烫

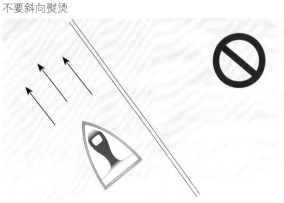

标记纱向线

本书介绍了两种标记纱向线的方法：

- 第1种方法：用一支软度适中的铅笔或划粉、一把米尺和直角尺，在坯布上画线。

使用这种方法时，你会在坯布上看到一道笔印儿。

- 第2种方法：用线迹进行标记。如果你想重复使用坯布，或者用正式面料操作，以后这块面料还要缝制服装，或者更喜欢用针和线操作，那么则可以使用这种方法。

使用这种方法时，你会在坯布上看到针缝线迹。

在坯布上标记的仅仅是纱向线，而不是标记尺寸或其他数据。标记时要严格、准确，当立裁完成后，要利用这些布片上的标记完成纸样绘制。

操作时，应力求干净整洁，将注意力集中在服装的造型上，这至关重要，因为多余的线和其他标记都会分散操作者的注意力。

缝纫线迹

- 首先应确定纱向线的位置，然后从布片边缘开始测量，并用珠针进行标记。固定珠针时，珠针应与缝纫线迹垂直，注意针扎入面料时的针孔，它们构成了分界线。

- 在距珠针或缝纫线迹1.5～2.5cm的地方放置打板尺或米尺，将坯布放在桌子上，用针和线进行粗缝，注意针脚要大。

- 打板尺或米尺有助于压住坯布，确保缝纫时布片不会移动。

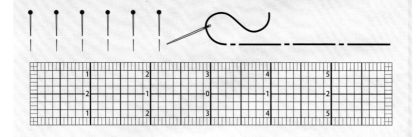

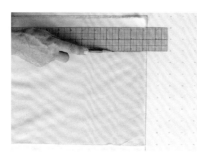

第4步

现在，你要开始在坯布上画线了。在第一块布片上，用一支软性铅笔或者划粉画出与布边平行的经向线；在第二块布片上，画出与布边垂直、与幅宽平行的纬向线。

- 从左手边开始测量尺寸，根据该尺寸在布片上做2～3个标记点。

- 利用比例尺或者米尺将标记点连接起来，画出所需要的线条。

以上方法适用于第一、二块布片。

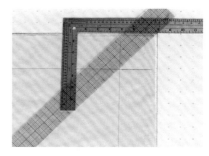

第5步

在第三块布片上画出斜向线，斜向线与经向线、纬向线相交成45°角。斜向线要用两条平行线标记。

- 用一把比例尺和一把直角尺找出准确的斜向线。如图所示，将直角尺与一条布边对齐，从直角尺的顶点向两条直角边取相等的距离并进行标记。例如，从直角尺的顶点分别沿两条直角边（即沿经向与纬向）取20cm后标记两点。

- 用打板尺连接两个点，画出一条与经向线、纬向线分别成45°角的斜向线。

- 根据这条斜向线，再画与之平行的另一条斜向线，两条斜向线之间的间距为0.5cm。

在本书后文中会展示出坯布的准备示意图，图解说明各布片的尺寸，这将有助于设计师确定各布片用于人台的部位。示意图中，所有布片的摆放位置应该一致，即竖向方向为经向，水平方向为纬向。

用钢笔标记纱向线

还有一种标记纱向线的方法——使用一种能够在布上画写的特质钢笔，其特殊之处在于笔迹可以消失。请注意检测钢笔，不仅要确认其笔迹确实可以消失，还要确认笔迹在消失前能够维持一定的时间，即笔迹必须维持到立裁完成并且将立裁布片转化为纸质纸样之后。

按照三种纱向进行立体裁剪

这部分的立体裁剪训练重在加强操作者对三种纱向的观察，掌握其差异性。这里采用第20~22页中准备好的三块坯布进行演示。从一开始用珠针将坯布固定在人台上至立体裁剪结束，操作者都要用心感受不同坯布的立体裁剪效果。如果没有三个人台，可以将已准备好的三块坯布用珠针固定在其他可替代的物品上，以便在同一时间里对其进行对比研究。

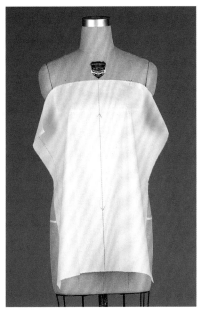

按照经纱方向立体裁剪

- 选择画有经向线的坯布。用手抓住坯布上部的两端，将正中的经向线与人台的前中心线对齐。
- 在胸围线以上左右两边均匀地用珠针固定，一边用手捋顺，一边研究面料在人台上的悬垂效果。

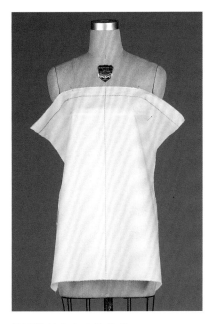

按照纬纱方向立体裁剪

- 选择画有纬向线的坯布。坯布上也画有经向线，经向线距坯布边缘2.5cm。用手抓住坯布的边缘，使经向线水平，而纬向线竖直，将纬向线与人台的前中心线对齐。
- 在胸围线以上部位用珠针固定，观察坯布的悬垂效果。

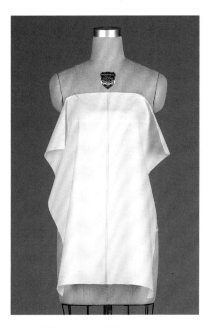

按照斜纱方向立体裁剪

- 选择画有斜向线的坯布。将其覆于人台上，注意将双斜向线与人台的前中心线对齐，保持垂直状态。

分析

第一块坯布按照经纱方向立体裁剪，布片从胸部到臀部逐渐向外展开，形成两个明显的垂褶，正面近似匀称的矩形，悬垂自然。坯布边缘自然垂下。

第二块坯布按照纬纱方向立体裁剪，在臀部处略显宽大，看起来垂坠感不强，边缘部位较为突出。经向线处于水平位置，坯布向外伸展。

第三块坯布按照斜纱方向立体裁剪，弹性最佳，与前面两块坯布相比，褶皱更加柔和、自然。布片边缘微微外翻，形成了波浪效果。

总之，从经纱方向立裁到斜纱方向立裁，垂褶由强到柔，请注意这些特征，它们同样存在于实际面料的立裁中。应当学习纱向线的运用，这有助于操作者塑造特定的服装造型。

比较坯布与面料的造型效果

服装设计师应了解各种面料及其立裁方法，这有助于设计师培养形象思维的能力。当挑选面料时，设计师可以摸一摸、拉一拉、拽一拽；可以用珠针将面料扎在人台上看其垂感；还可以取一定长度的面料，一边在身上比划，一边照镜子，观察其动感。

一定要训练你的眼睛，观察各种面料的悬垂效果，同时，通过立裁练习，对比面料与坯布之间的悬垂性差异。在这里我们以迈克·科尔斯（Michael Kors）创作的时尚裙装为灵感，选用几种不同类型的面料在人台上立裁。操作前，用手分别托起所选的每一块面料，感受其垂感，并花一点时间研究面料的特征。

- 将坯布的中心线与人台的前中心线对齐，在领围线和肩端点之间确定一点，并固定珠针。请在照片中找到该点，肩线处的蛇皮装饰带就位于该点上。

- 现在，在肩端点位置用珠针固定坯布，注意珠针固定的位置距坯布边缘2.5～5cm，使坯布在前中心线处形成悬垂褶浪效果。

- 向前中心线处移动面料并用珠针固定，珠针固定的位置逐渐远离坯布边缘，请观察其悬垂效果。

- 请确定领口前中心点的位置，如照片所示，该点位置很低，注意在两侧留下足量的坯布，以便在袖窿位置进行立体裁剪，完成优美的造型。可以在臀部位置用珠针固定或者系上一条斜纹牵条，这样做也许有利于更好地完成立体裁剪。

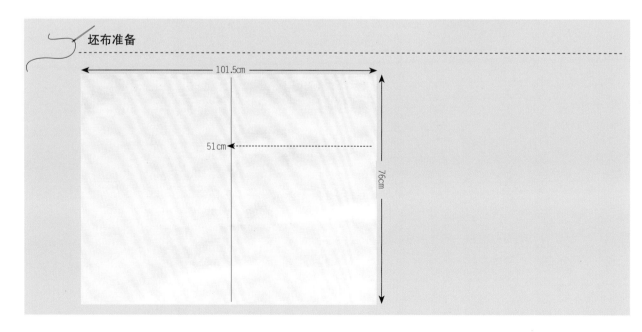

坯布准备

101.5cm

51cm

76cm

根据文中的坯布准备示意图，准备四块面料：亚麻布、双绉、雪纺与针织面料。如果你手边没有这些面料，则请用你已有的面料，即使是一条真丝围巾也可以。不用担心立裁出的服装与照片是否一致，这个练习主要是观察不同面料的垂褶效果。

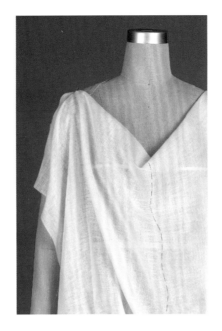

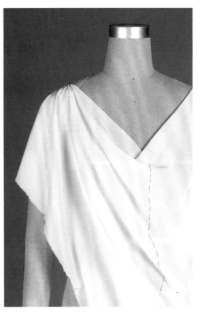

亚麻布

在四种面料中，亚麻布的悬垂性最接近坯布。亚麻布的质地较为疏松，手感比坯布柔软一点，但仍具有一定的挺括性，造型明显。无论是坯布还是亚麻布，在进行该立裁操作时，都会在前中心线处形成弯折，即明显的折痕而不是圆顺的斜绺。

双绉

双绉的悬垂性与其他三种面料迥然不同。采用双绉进行立体裁剪，前中心线处的造型较为柔和，与亚麻布和坯布相比，双绉的垂褶更多，袖窿处的造型显得飘逸而不是服帖、合身。

为什么采用坯布进行立体裁剪？

坯布较为硬挺，其立裁效果与其他面料有明显差异，为什么还要用坯布进行立体裁剪呢？原因是坯布具有稳定的丝缕线，在立体裁剪时较容易把握。当然，坯布的色彩属于无彩色系，有助于我们集中注意力观察所塑造的廓型，完成设计。当你观察并尝试了各种面料之后，就会本能地将面料与坯布进行比较，思考面料的造型效果。

雪纺

雪纺比双绉更柔软，且具有一定的弹性。这种面料具有很好的悬垂性，但是立体裁剪的难度大，较难把握。

针织面料

相比其他三种面料，针织面料的立裁效果最接近迈克·科尔斯的裙装。针织面料受重力作用自然下垂，从而形成的造型效果与迈克·科尔斯的裙装非常相似。

束腰丘尼克舞蹈服
（Dance tunic）

束腰丘尼克舞蹈服是用于歌剧舞台表演的服装，源于古希腊服装——希顿。希顿由两块长方形的面料构成，着装时用金属别针将两块面料在肩部别在一起。传统意义上，这种服装应当配有一条腰带，但是由于束腰丘尼克舞蹈服是现代的舞蹈服，因此腰部可以用松紧带来处理。其服装棱角分明，线条多呈垂直状，所以每一块布都要按照经纱方向裁剪。下面的平面款式图展示了腰线的结构、肩部的扣合件以及领围线附近的装饰图案。

观察尺寸

先绘制平面款式图，之后则绘制坯布准备示意图，以便确定每一块布片的大致尺寸。

尝试为立裁操作选择一个缪斯，如美国舞蹈家伊莎多拉·邓肯，想象她身着丘尼克舞蹈服翩翩起舞的情景，思考她自由活动所需的服装松量，但是要注意，这类服装的腰部有很多褶皱，从而使廓型显得宽阔，加强了重量感，服装视觉效果明显。

应在人台上用最终面料进行立体裁剪，通过操作使自己了解、掌握面料的特性，这里展示的是含有莱卡的雪纺面料，轻薄透气，由于面料中加入了少量莱卡（一种较重的纤维），因此增加了雪纺的重量感。

■ 在人台上进行操作，用珠针将面料固定在肩部，面料从肩部垂至地面。

■ 在腰部系上斜纹牵条或松紧带，以模仿这类服装的造型。

■ 研究舞蹈服平面款式图的比例，记录服装的长度和围度尺寸。

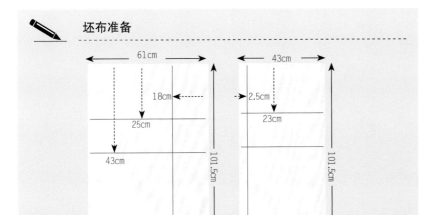

坯布准备

前片

后片

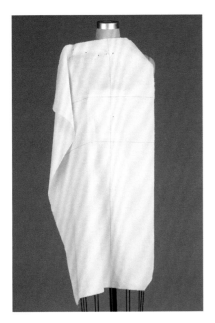

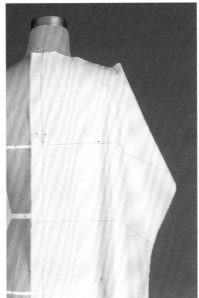

第1步

- 将前片覆在人台上，使其铅笔绘制的前中心线与人台的前中心线对齐，并用珠针固定，调整坯布，使其两条纬向线——胸围线与腰围线分别与人台的胸围线、腰围线对齐。在腰围线以上用珠针固定，在前中心线的上部用珠针固定。

- 从领口线往下7.5cm处，沿肩部用珠针固定。

第2步

- 将后片覆在人台上，使其后中心线与人台的后中心线对齐，并用珠针固定，调整坯布，使其胸围线与腰围线分别与人台的胸围线、腰围线对齐。在腰围线以上用珠针固定（图中未显示），在后中心线的上部用珠针固定。

- 从领口线往下7～10cm处，沿肩部用珠针固定，注意保持纬纱水平。

第3步

- 在腰部系上一根细松紧带或斜纹牵条，松紧带或斜纹牵条应位于坯布上用铅笔绘制的腰围线处。

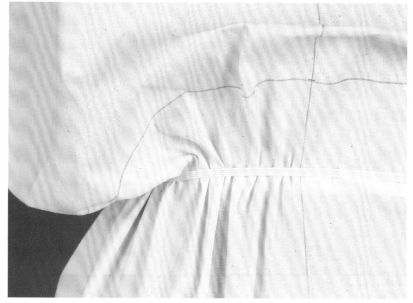

第4步

- 调整坯布，使坯布上的腰围线与人台的胸围线平行，拽拉坯布，调整松紧带上下的褶量。

- 后片处理与前片处理相同。

第5步

- 在前、后片腰围线以上7～10cm处，拽拉坯布，从而加强上身服装的膨大效果，过多的坯布向腰部松紧带方向自然垂下。

第6步

- 将前、后片侧缝线对齐并用珠针固定。注意侧缝线缝份为2.5cm，故先将前片向里折2.5cm的边，然后将其覆在后片上。

- 如果有必要，可以轻轻地画一条2.5cm的缝份线，从而令操作更容易。

- 操作时，先对齐腰围线，将折边后的前片与后片对齐，直至底边。

将前、后片用珠针固定在一起

用珠针固定前、后片时，应当使珠针垂直穿过侧缝线，力求服装外观平顺服帖。不正确的珠针固定方法和缝线褶皱会影响我们对服装整体造型的审视与判断力，所以要尽力避免。

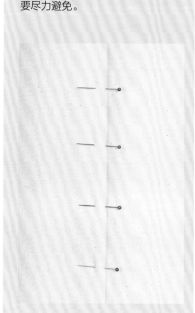

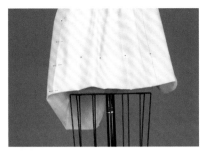

第7步

- 人台放置在人台架上，用手扣折衣服的底边，注意保持底边水平。
- 用珠针固定扣折后的底边，注意珠针与底边垂直。
- 对照平面款式图，审视服装的比例，检查立裁的效果。

第8步

- 将前中心线处的珠针拆去，尝试移动肩部的坯布，先朝颈侧点移动，再朝肩端点移动，目的是对前中部位进行塑型。仔细观察因移动而引起的前中变化。
- 现在将立裁的服装与前面照片中的服装进行对比，当然，坯布的悬垂性会差一些，故立裁服装略显呆板，但是你还是可以清楚地判断自己的作品是否平衡、比例关系得当。
- 最后请确定肩部造型及珠针固定位置。

请用一面镜子检查立体裁剪的服装

在这一步骤中，需要选择一个较远的视角进行观察。可以在镜子中或者远距离审视你的作品，一边研究一边调整，直至你感觉造型合适为止。

立体裁剪案例

——《凡尔赛的戴安娜》（*Diana of Versailles*）服装

对页照片是著名的雕塑作品《凡尔赛的戴安娜》，这件雕塑是罗马时期的复制品，其戴安娜对应的是希腊雕塑中的狩猎女神——阿耳忒弥斯（Artemis）。阿耳忒弥斯是一个出色的弓箭手，经常手执弓箭，在丛林中追逐猎物。故其服装要求舒适、宽松、实用，衣长较短，以便捕猎时行动自如。

在这张照片中，戴安娜穿的服装既像是一件折叠式中长衣，又像是一件上衣和一条裙子组成的分体式服装。通过研究这个时期的服装，可以判断它应当是一件长及脚踝的服装，穿着时将服装往上折叠，使衣服底边仅至膝部。

服装前面腰部位置有双层布带缠绕，造型别致，腰带和肩带好像是同一条布带。但是当我们在立体裁剪的时候，为了操作方便需要准备三块布片：衣片、腰带和肩带。请想象这是一件舞台服装，而不是一件真正的服装复制品。

操作时，先绘制服装成品的款式图，注意比例正确，然后绘制各个组成部件的款式图，如：前片、后片、腰带和肩带。

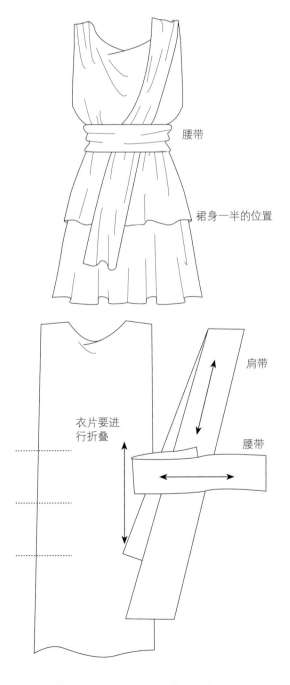

腰带

裙身一半的位置

肩带

衣片要进行折叠

腰带

预计尺寸

从雕塑中的面料来看，这是一种质量较轻的亚麻布或羊毛面料，呈现出非常丰富的线型和折痕。可以采用较宽的矩形面料来塑型，请预计你所需要的面料的最大尺寸。

熨烫坯布

准备坯布，不要忘记熨烫，请按照第21页所介绍的方法进行熨烫。

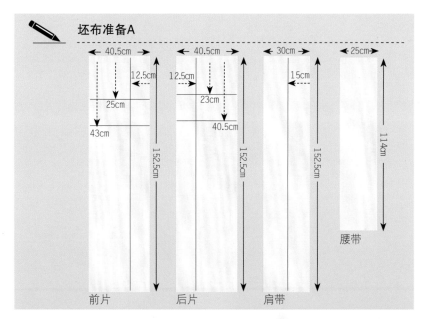

坯布准备A

前片　后片　肩带　腰带

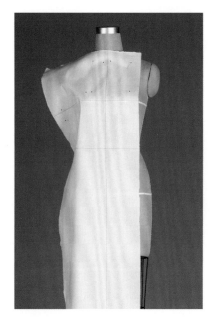

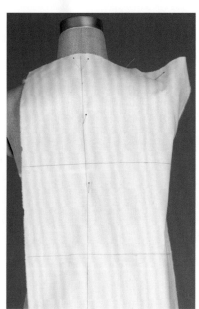

第1步

- 将前片覆在人台上，使其前中心线、胸围线、腰围线分别与人台的前中心线、胸围线、腰围线对齐，在腰围线以上用珠针固定(图中未显示)，在前中心线的上部用珠针固定。

- 从胸部开始一直到侧缝线处，用珠针固定。

- 注意保持经纱垂直，正如前面照片所示，面料折叠处的经纱也要垂直。

第2步

- 将后片覆在人台上，使其后中心线、胸围线、腰围线分别与人台的后中心线、胸围线、腰围线对齐，在腰围线以上用珠针固定，在后中心线的上部用珠针固定。

- 从距颈侧点7～10cm处开始，在肩部位置用珠针固定，注意保持纬纱水平和肩部平整。

用珠针固定时应力求准确、平顺，珠针与缝线应当垂直（如右图左边），而不是平行（如右图右边）。尽量少使用工具，集中注意力在造型上。

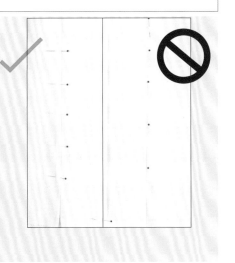

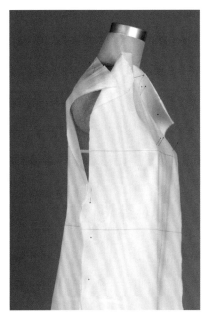

第3步

- 用珠针固定前、后侧缝线时，应当将前、后片反面与反面相对，从腰围线开始直至底边。
- 珠针固定应平顺，应垂直扎针。

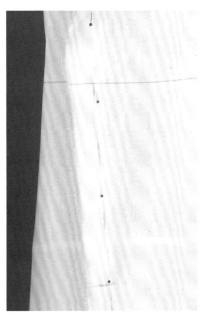

第4步

- 分别在前、后片的珠针固定处，用划粉轻轻地画非连续的线条。
- 每隔约25cm处做对位点十字标记，十字标记要画在前、后片上，以便从人台上拆下衣片后，能将分离的前、后片重新对合。

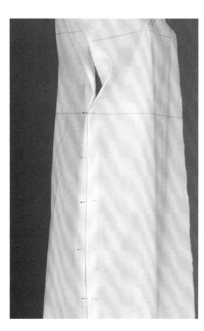

第5步

- 依次拆去一些珠针，向里扣折前片缝份，注意是前片压后片，沿侧缝线对齐，再用珠针水平固定。

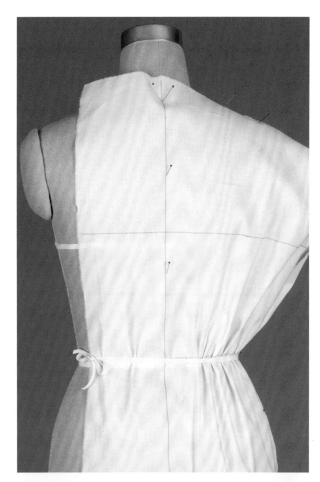

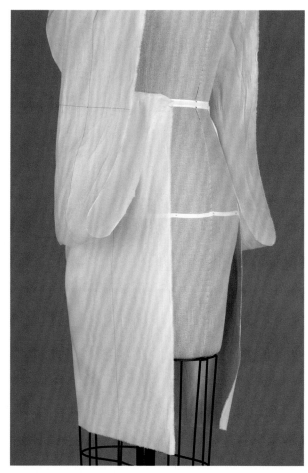

第6步

- 沿着腰部系一根细松紧带或斜纹牵条。松紧带或斜纹牵条应位于坯布上用铅笔绘制的腰围线处。

第7步

- 在胸部以下和侧缝线处用珠针固定，然后将腰部以下的珠针拆去。
- 将坯布向上拉以塑造宽松效果，注意比例要协调，衣服的底边应与人台架的水平框条平行。

第8步

- 在腰围线位置，立体裁剪腰带，如照片所示，将腰带布片折叠成褶皱状，在腰部缠绕的过程中将其一端隐藏在里面。
- 拆去前面的珠针，塑造上身造型，使前片的侧部向前中靠拢，调整前片和肩部的造型，并将肩部用珠针固定平整。

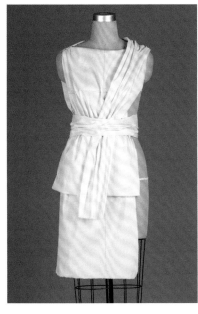

第9步

- 在人台上立体裁剪肩带，如照片所示，将长方形的肩带布片折叠成褶皱状，绕过肩部，无论是前腰还是后腰位置，肩带都位于腰带下面。

- 现在请参照第30页的平面款式图进行检查。一手拿着图，身体往后退一段距离，审视立体裁剪服装的比例。

第10步

- 立体裁剪服装的比例看起来与平面款式图基本一致，当然，二者在宽度上还是有差别的。立体裁剪的服装并不完整，不像平面款式图那样左、右衣片都具备。

- 前中心线处会多出一块布料，把它往边上移动，从而使前片造型发生变化，同时也改变了腰下的体量关系，对此一定要关注。

标记和修正

　　对人台上的坯布样衣应当进行标记，完成后再从人台上拆下各衣片，开始制板。标记坯布样衣的方法各种各样，主要采用的有两种：一种是用铅笔或划粉做缝合线标记和十字标记；另一种则是用针线打线丁。当用若干个线丁标记长长的缝合线时，注意缝合的两衣片都要打线丁，这样当拆下样衣、分离各衣片时，衣片上都能看到表示缝合线的线丁。

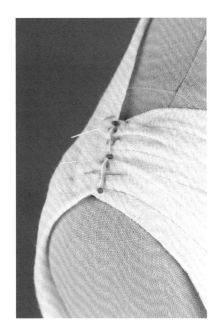

第2步

- 在腰部松紧带的位置，用铅笔或划粉做标记。

第1步

- 在肩线和侧缝线处，用铅笔或划粉标记珠针固定的位置。

- 在肩线处做十字标记，在侧缝线处每隔10~12.5cm做1~2个十字标记。

第3步

- 在肩带与前、后腰的相交处，打线丁。
- 在新的前中心线和后中心线处打线丁（图中未显示）。
- 将腰带布片向里扣折，沿着扣折后的腰带边缘打线丁。
- 拆去肩带和腰带，提起折叠的衣片，标记松紧带处新的腰围线。
- 小心翼翼地从人台上拆下衣片，将其轻轻地展开铺平。

完成上述操作后的衣片就是纸样，需要对侧缝线和新的腰围线进行标记。

- 侧缝线完全笔直，缝份为2.5cm。
- 新的腰围线距底边55cm。
- 请按照下面坯布准备B所示，裁剪新的坯布。
- 缝合腰围线以上的侧缝线，缝合肩线。然后参照第32~35页第1~10步，重新在人台上进行立体裁剪。

分析

将立裁的服装与第31页的照片进行对比。尽管立裁服装的裙身和肩带会有所移动，从而影响我们的观察判断，但还是不难发现，立裁服装与照片基本一致，即服装比例非常相似，腰部以上斜缕的方向一样，服装体量感也大体相同。服装设计师是如何表现面料的悬垂性，创造出满意的立裁效果呢？对此，我们很难了解全面，但是显而易见，要完成这类造型流畅的服装需要极薄、质量好的面料，这是立裁成功的重要条件。

立裁服装的腰带宽度与照片中的腰带宽度不同，这或许是源于现代时尚潮流的缘故，在现代社会通常流行更窄的腰带，此外，立裁服装的前领口比照片中的大，衣身则更紧。戴安娜佩戴了箭囊，其箭囊对服装产生了向后的拉伸力。

外衣宽松舒适，符合射猎服的要求。如果用优质的丝绸面料来制作，其服装可能会更有意思，可以将其与照片中的服装进行对比，观察两者的褶皱是否更为相似。

选择一块面料来检验板型

检查样衣整体效果时，选择的样衣面料通常比坯布更接近实际面料。在本案例中，选用的是平纹细布，面料经过洗涤，其目的是使样衣的外观造型更接近照片中的服装。

坯布准备B

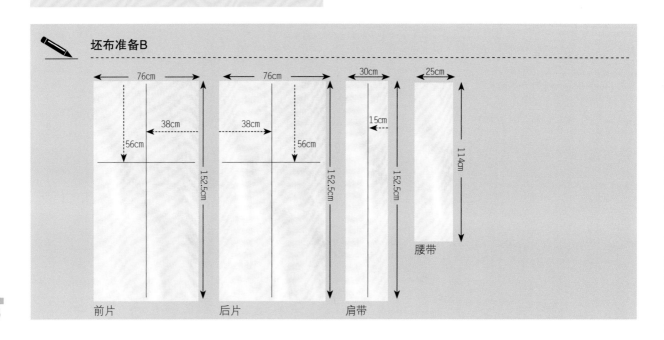

1.2
连衣裙

历史

在古代，宽大的平面服装非常普遍，然而伴随着时代的发展，人们越来越追求服装的实用性，服装也逐渐转变得更加合体。合身的服装为人们骑马、上下车和跳舞等日常活动提供了更大的灵活性。

在寒冷的季节里，人们为了保暖会用衣物紧紧地包裹身体，也会多穿几层衣服。在北方地区，人们通过缠绕、系扎面料的方式来制作服装袖子和裤子，以达到御寒的目的。

渐渐地，人们用机织面料制作服装，通过剪开机织面料制作套头式样，并将一件服装套在另一件

服装外面穿着，此外，利用抽褶形成饱满的造型。在意大利文艺复兴时期，很多服装制作精细、色彩艳丽、造型紧身，从中我们可以发现其面料裁剪后轮廓呈曲线造型。其实，很多现代服装的造型都是从14世纪的服装演变而来。

几百年间，西方女性的着装主要是裙装，其构成是：上衣（通常是紧身衣）与蓬裙，而显露的袖子比较特别，属于上衣里面的其他服装。

这种基本裙装的结构也存在于东方服装中，例如藏式长袍——楚巴（Chuba），它起源于西藏喜马拉雅山区，当地气候十分寒冷。对于当地这种传统裁剪的服装，请用现代的眼光审视，可以看到其构成包括两部分：一是由两片矩形布片组成的裙子，一是由两块衣片形成的合体上衣。就许多历史服装而言，袖子属于内衣的组成部分。

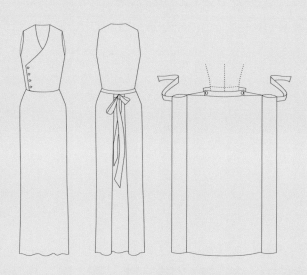

人们塑造服装体量与外形的技术很多，如结构线、省道以及褶裥，人们将这些技术运用于男、女装中，且不断推动服装技术的发展。

几个世纪以来，女性裙装都围绕着紧身胸衣和衬裙展开，并成为典范。直至19世纪后期才发生改变，裙装出现了变革。理性穿衣协会（The Rational Dress Society）成立于1881年，它反对蕾丝装饰的紧身胸衣，主张女性穿着宽松的服装，以健康为重。

早在20世纪初期，著名的女装设计师保罗·波烈（Paul Poiret）延续了这股潮流，设计出宽松舒适、没有紧身胸衣的女装，其设计与众不同。

在如今的时尚界中，我们已经找到了设计的平衡点，一方面，服装造型丰富多样；另一方面，利用省道与分割线可以使服装在廓型与合体度上产生微妙的变化。本部分通过对上衣的研究，学习如何通过各种省道与分割线塑造不同的造型。

练习
省道的变化

　　当用一块方形坯布在人台上进行立体裁剪时，请观察其效果。显而易见，立裁的难点是胸部和腰部的曲面处理。省道的变化很多，对于上衣而言，不同的省道处理会呈现出不同的效果。这里讲解了三种省道处理方式。当你进行立裁时，一定要训练自己的眼睛，注意服装廓型的微妙变化，此外还要仔细观察坯布的下垂效果和布纹走向。

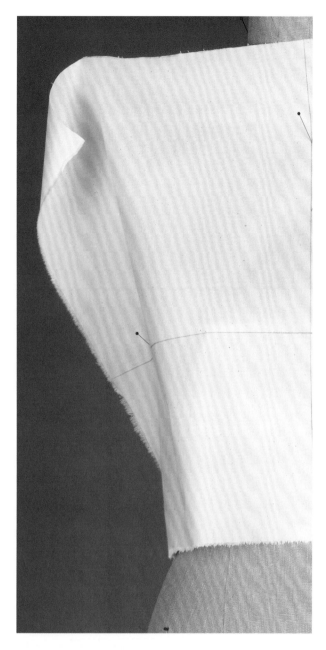

坯布准备

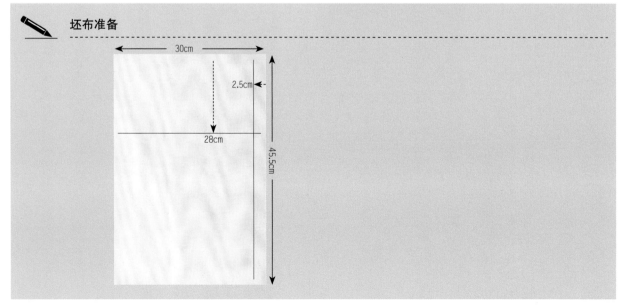

30cm

2.5cm

28cm

45.5cm

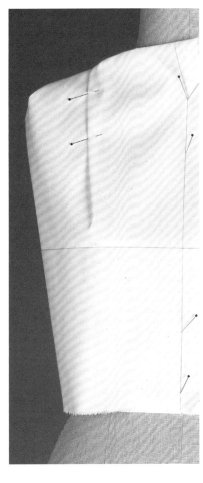

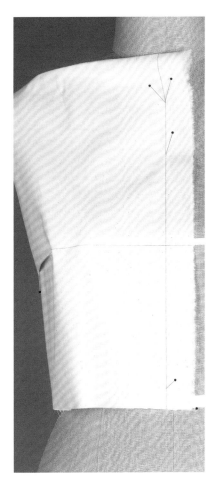

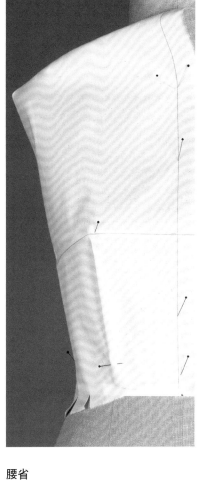

肩省

- 将衣片覆在人台上，在前中心线和领口线处用珠针固定。

- 保持纬纱水平，将余量集中到肩部并收一个省道——肩省。

- 用珠针固定肩省，审视造型。

腋下省

- 在前中心线和领口线处用珠针固定。

- 捋顺肩部的坯布，让其自然下垂，将余量集中到腋下侧缝线处并收一个省道——腋下省。

- 用珠针固定腋下省，在快到胸点处结束，审视造型。

腰省

- 在前中心线和领口线处用珠针固定。

- 捋顺肩部、袖窿和侧缝线处的坯布，让其自然下垂，将余量集中到前片。

- 在公主线处收腰省并用珠针固定，省道大约位于侧缝线与前中心线的中间。

省道的隐形设计

省道越大，结尾处的点（即省尖点）就会越明显。除非把这种省道视为一种设计或风格，否则应当尽可能地将省道处理得不易被察觉，力求省道的隐形设计。

请重新立裁以上三种省道，尝试减小省道并观察其造型变化。

有腋下省的经典紧身衣

　　如图所示，这是一件有腋下省的无袖紧身衣，通过腋下省塑造了笔直的廓型。面料的图案是格纹，请注意在省道的作用下，格纹线是如何保持水平或竖直状态的。侧缝线处的格纹线也呈水平、竖直状态，仅仅在腋下胸腰部有轻微的倾斜。

　　腋下省常用于女式衬衫和连衣裙中，是一种经典、实用的造型手段，适用于前片不收腰身的款式。

　　请注意领结位置偏高，袖窿挖得不多、比较传统，从而呈现出较为正统的服装风格。

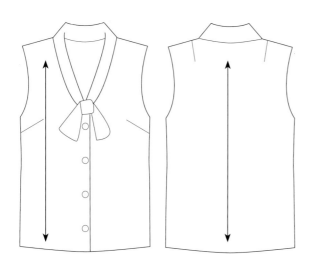

隐形的省道

　　省道是一种造型手段，通常并不作为装饰线。因此，设计时要尽可能使省道不明显。用省道塑造胸部造型时，不仅要琢磨你想要的造型，还要思考如果采用实际面料制作，省道看起来会怎么样。切记，省尖点要离胸点远一点，并且使省道设计尽可能隐蔽。

✏️ 坯布准备

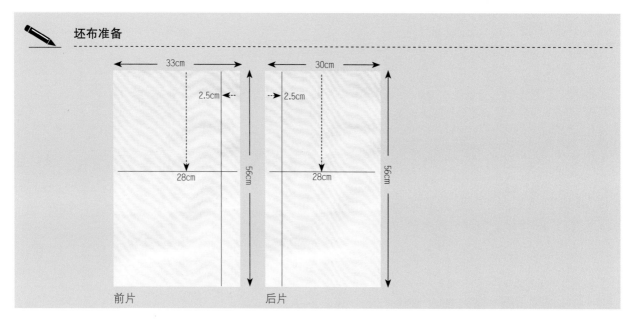

前片　　　　　　　　　后片

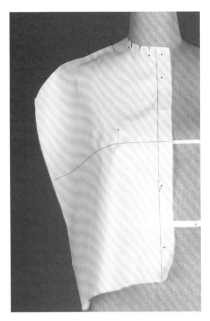

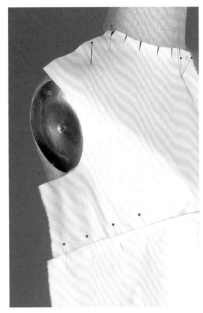

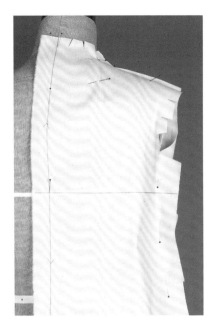

第1步

- 将前片覆在人台上，使其前中心线、胸围线分别与人台的前中心线、胸围线对齐，沿着前中心线由上往下用珠针固定。在两胸点附近留出约1.5cm的松量，坯布在腰围线位置呈自然下垂状态。

- 在胸点处用珠针固定。

- 修剪领口和肩部多余的坯布，直至坯布平顺。

第2步

- 将面料由下往上折叠，制作腋下省。请仔细审视造型，如图所示，你会发现侧缝线应该保持垂直状态。省道在距胸点1.5cm处结束，省量约4cm。如果省量太大或者省道太短，省尖则会非常明显。你的目的是让省尖不明显，形成相对圆润且无褶皱的外观。

- 在侧缝线适当位置用珠针固定，然后再次审视造型。纬纱应当与地面水平，从前面看，造型应当平顺，呈箱型。请注意照片中的服装造型。

- 修剪袖窿处多余的坯布，留出约2.5cm的缝份。

第3步

- 将后片覆在人台上，使其后中心线、胸围线分别与人台的后中心线、胸围线对齐，沿着后中心线由上往下用珠针固定，坯布在腰围线位置呈自然下垂状态。

- 利用肩胛骨和后中心线处多余的量制作后领口省，省量约1cm。

- 修剪后领口和肩部多余的坯布，然后修剪袖窿并留出2.5cm的缝份。

- 沿着人台侧缝线，将前、后片的反面与反面相对，用珠针固定在一起，然后修剪侧缝线并留出2.5cm的缝份，在侧缝线腰部位置打剪口以便能够平顺地用珠针固定。

- 在侧缝线和肩部，将缝份向里扣折，使前片压后片，具体操作：在肩部，将肩线用珠针固定，确保坯布不会移动，然后将缝份向里扣折，使前片压后片；在侧缝线处，坯布与人台之间有一定的空隙量，请用划粉标记珠针固定处，然后将缝份向里扣折，使前片压后片。

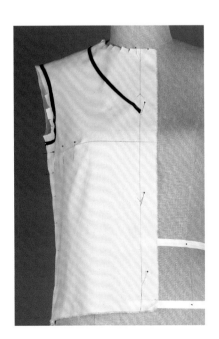

第4步

- 与前面的照片进行对比，然后根据需要调整珠针的松紧程度，直至造型满意。

- 标记领口线和袖窿弧线，标记的领口线不能偏斜。

修剪

修剪坯布也要讲究方法。修剪的量要到位，确保坯布造型平整。在塑型时，当坯布受到限制，就要进行修剪，目的是让其自然下垂。

有法式省的
紧身衣

　　法式省是一种侧胸省，与上文第42～43页展示的腋下省很相似，但法式省是从侧腰到胸部呈现出一个明显的角度。20世纪50年代，这种省道在服装中广泛采用，使服装上身较为合体，且下胸围非常贴合人体，此外，服装的腰部也更加贴体，从而与下半身裙子的合体性相匹配，上衣领口线较低。右图是美国女影星瑞茜·威瑟斯彭（Reese Witherspoon）身着法式省的紧身衣，不仅女性味十足，而且还散发出青春无邪的气息。

　　注意观察这个省道在胸部位置存在轻微的弧度，服装前、后中心线的纱向是纵向竖直的。后身肩胛骨区域通常需要造型，而这款服装的后身上边缘线低于肩胛骨，所以不需要设计省道。

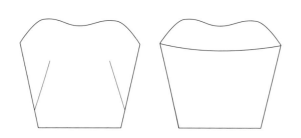

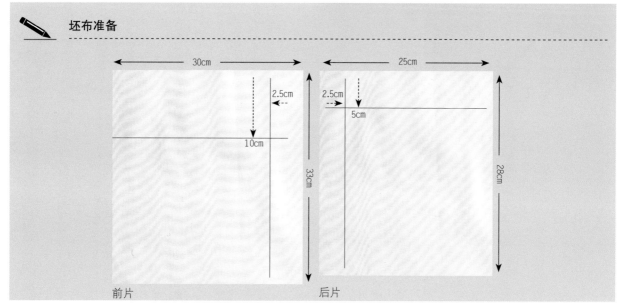

✏ **坯布准备**

前片　　　　　　　　　　　后片

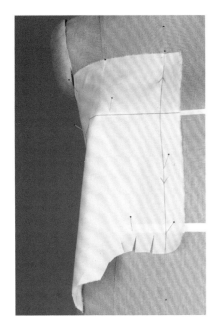

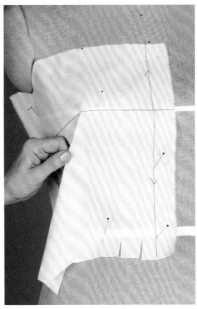

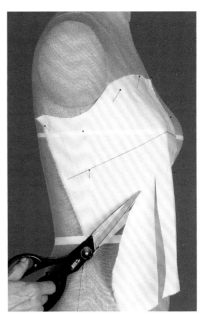

第1步

- 将前片覆在人台上，使其前中心线、胸围线分别与人台的前中心线、胸围线对齐，沿着前中心线由上往下用珠针固定。在两胸点附近预留约1.5cm的松量，在胸和腰的位置用珠针固定。

- 将胸到侧缝线处的坯布捋顺，令松量集中于前部。

- 在侧缝线处用珠针固定，针距间隔约5cm。

- 一边将前中心线到公主线处的坯布捋顺，一边在腰围线处用珠针固定，并根据需要进行修剪。

第2步

- 从胸点向侧缝线收省，形成法式省。省道从胸点开始，在距腰围线上2.5cm处结束。

- 用划粉轻轻地画出省线。

> **胸侧部**
>
> 胸侧部上边缘线位置应当较高，而背部上边缘线位置则应当与文胸位置一致。

第3步

- 现在重新展开省道，按照划粉的痕迹剪去折进省道中多余的坯布，并留出2cm的缝份。这样操作有利于塑造有弧度的省道，使服装更加贴合人体。

- 将省道的上、下两条省线合并，注意下省线在上，而上省线在下，并且尽可能多地向里折进坯布，使下胸围处贴合人体。

- 在侧缝线处用珠针固定。

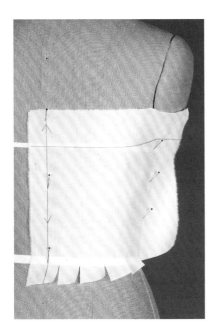

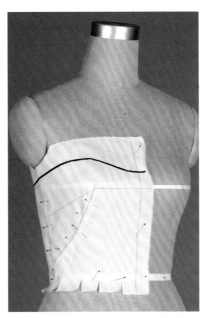

第4步

- 将后片覆在人台上，使其后中心线、胸围线分别与人台的后中心线、胸围线对齐，沿着后中心线用珠针固定。

- 捋顺后背的坯布，调整水平纱向线，使其保持自然水平状态。

- 将坯布由后中心线向侧缝线捋顺，一边在腰围线处打剪口，一边在侧缝线处用珠针固定，尽可能地使坯布平整、贴合。

第5步

- 与前面的照片进行对比，根据照片用斜纹带（或标记带）标记领口线。

无省道的摆裙

摆裙，由于不采用省道，因此所有余量从胸部向下自然散开，形成喇叭状。

这件连衣裙给人活泼可爱、富有活力的感觉，裙摆较大，裙长较短。这是一件白天穿的连衣裙，其后袖窿属于一种运动风格的袖窿造型。

✏️ **坯布准备**

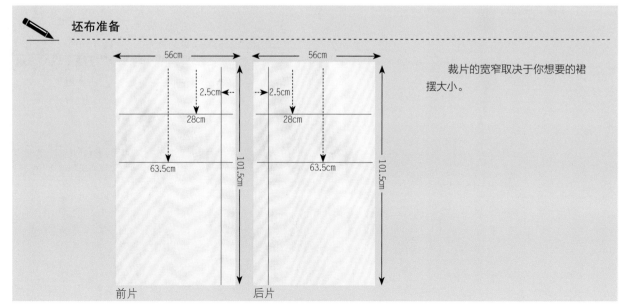

裁片的宽窄取决于你想要的裙摆大小。

56cm

2.5cm
28cm
63.5cm
101.5cm

56cm

2.5cm
28cm
63.5cm
101.5cm

前片

后片

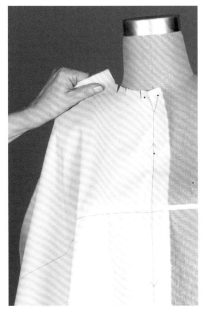

第1步

- 将前片覆在人台上，使其前中心线、臀围线分别与人台的前中心线、臀围线对齐，沿着前中心线由上往下用珠针固定。

- 修剪领口线，使肩部区域平整。注意肩斜角度，它会影响前片裙摆的造型。

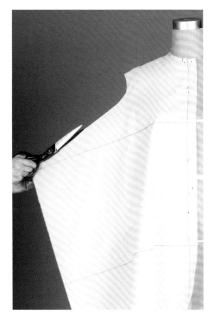

第2步

- 在肩部和袖窿上半部用珠针固定，剪掉多余的坯布，确保肩部外有2.5cm宽的余布，修剪袖窿，一直剪至胸围线附近。

- 取后片进行立裁，从第1步开始按照之前的操作制作后身。

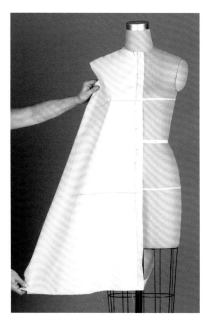

第3步

- 肩线处是前片压后片，并用珠针固定。

- 在腋下侧缝线处用珠针固定。

- 将前、后侧缝线对齐，检查裙摆的造型（最好利用一面镜子进行检查）。

- 轻轻地将侧缝线用珠针固定。

- 修剪侧缝线，留出2.5cm的缝份。

对齐经向线

坯布上所画的经向线，是操作时的参照线，有助于观察服装造型是否均衡。前、后片用珠针固定后，可以根据需要轻微地上下移动。

第4步

- 侧缝线处是前片压后片，用珠针固定（可以根据需要轻轻地在珠针固定处用划粉画线）。

- 利用人台架的水平框条为参照物，确保裙子底边水平。

- 标记领口线和袖窿弧线，前片袖窿弧线的弯度较小，而后片则为活动量偏大的工字造型，但仍需保持经典的蛋形袖窿造型。袖窿底点距人台腋下点约2cm。

第5步

- 做领口标记线时，注意保持领口造型的均衡。

- 请检查底边、袖窿、领口的造型。这件裙子的定位是青春活泼、富有活力。请观察裙子的造型与均衡性，并与前面照片中的裙子进行对比，看它们是否具有同样的风格——活泼可爱、富有活力。

- 尝试增加裙长、提高领口标记线，然后观察裙子外观的变化。

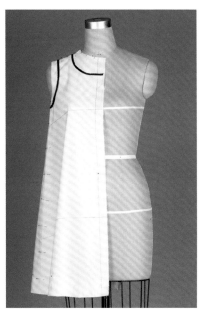

立体裁剪案例

——奥黛丽·赫本（Audrey Hepburn）在电影《蒂凡尼的早餐》（*Breakfast at Tiffany's*）中穿的小黑裙

这件一字领（船领）小黑裙是20世纪50年代的标志性服饰，著名影星奥黛丽·赫本就曾穿着它在电影《蒂凡尼的早餐》中亮相。其实，服装设计师可可香奈儿（Coco Chanel）早已掀起了小黑裙的时尚潮流。从照片中可以看到，奥黛丽·赫本完美地诠释了小黑裙的简洁、优雅与迷人。

这件裙子由前、后两片构成，由于采用了腋下省和竖直的腰省，因此形成了非常合体的造型。侧缝线处自然收身，造型如照片所示。

在开始立体裁剪前，请再观察一遍照片。认真审视线条明快的造型，由于裙子非常合体，因此，立体裁剪时需要把握好松量与舒适度。实际上，赫本在电影中穿着的这条裙子在腰部有接缝线，这样更容易塑造裙腰造型。在这里，我们对原设计进行了调整，这样你就可以练习制作长而直的腰省，以便塑造出苗条修长的裙型。

✏️ **坯布准备**

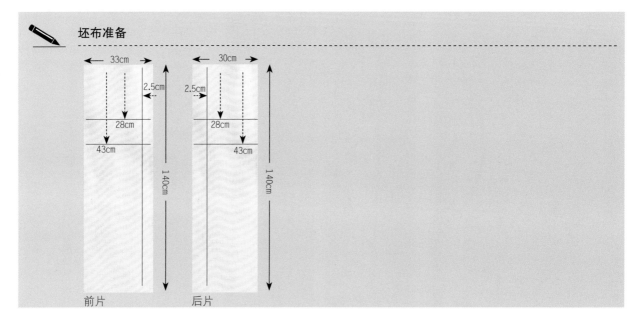

前片　　　　后片

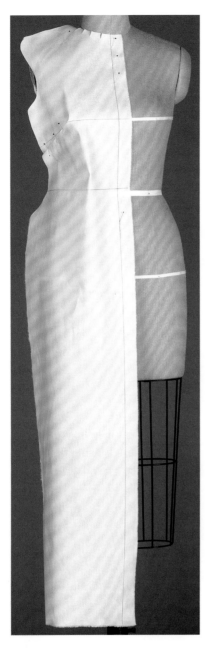

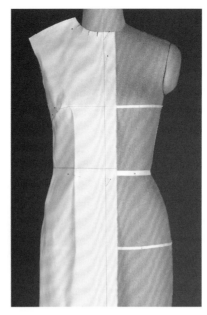

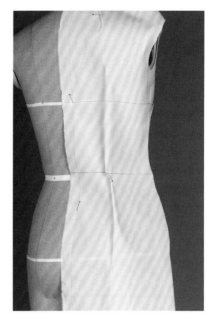

第1步

- 将前片覆在人台上，使其前中心线、胸围线分别与人台的前中心线、胸围线对齐。沿着前中心线由上往下用珠针固定，直至上臀围线，在胸点和腰围线之间留出松量。在前颈中心点及胸点处用珠针固定。

- 将肩部的坯布将顺，修剪领口，注意打剪口。

- 制作腋下省，使腰部的纬纱保持水平，这个省的倾斜度虽然不如前面讲到的法式省，但是比第44~45页中的腋下省更大，有利于坯布在侧缝线处自然下垂。

- 在侧缝线处用珠针固定，从腋下开始一直固定至上臀围线，修剪肩部、袖窿以及侧缝线腰线以上多余的坯布，仅留出2.5cm的缝份。

第2步

- 观察前片的宽松度，思考收省效果。

- 制作垂直的腰省，从腰围线开始收省，正面收的省道倒向侧缝线（即背面省道倒向前中心线）。省道呈菱形，上方指向胸点，在距胸点1.5cm处结束；下方指向臀部，在腰围线下10~12.5cm处结束。

- 在人台的侧缝线处用珠针固定坯布并留出松量，使这件修身连衣裙并不紧贴皮肤。通常，在胸部留出1.5cm的松量，在腰部留出1.5cm的松量，而在臀部留出2cm的松量。

第3步

- 将后片覆在人台上，沿着后中心线由上往下用珠针固定，然后在领口线和臀围线处用珠针固定。

- 在肩胛骨处（肩胛骨位于公主线位置，后颈中心点向下约18cm处）收省，形成后领省，正面收的省道倒向后中心线，省量2cm，用珠针固定省道。

- 修剪后领口线及肩线处。

- 将前、后肩线用珠针固定，注意是前片压后片。

- 制作垂直的腰省，从腰围线开始收省，省量4cm。由于后片只有一个腰省，因此省道较长，从而确保臀部的松量。为了使后身造型更加优美，故将后片的一个腰省分解为两个腰省。

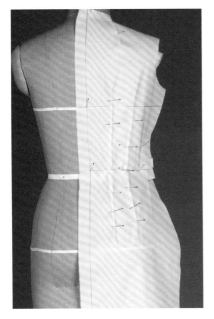

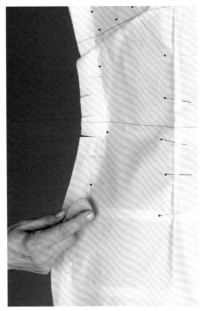

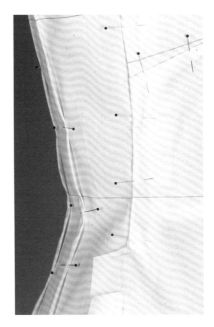

第4步

- 腰省尖指向肩胛骨，但并未到达肩胛骨区域，腰围线上省长15～18cm。后片腰省比前片腰省更长，后片腰省的省尖指向臀凸，接近臀围线。后片有两个腰省，一个距离后中心线更近，一个距离侧缝线更近，前者比后者略长。

- 沿着人台侧缝线，将前、后片的反面与反面相对，用珠针固定在一起，后片松量与前片一致，并修剪后片多余的坯布，留出2.5cm的缝份。对照前面的平面款式图，确定锥形省道的省尖指向臀围线。

- 修剪缝份至2.5cm。

第5步

- 在侧缝线处，进行将缝份向里扣折（使前片压后片）的准备工作，请小心操作，不能破坏立体裁剪的效果。具体而言，在前、后裙身侧缝线处每隔7.5～10cm用划粉轻轻地做对位点、线标记，从而确保拆去珠针后也不会出差错。

- 在腰部打几个剪口，这样更有利于扣折缝份。

第6步

- 拆去侧缝线处的珠针，仍在侧缝线处每隔几厘米重新用珠针固定，确保坯布的位置不变。

- 从腰部开始将缝份向里扣折，然后由下至上一直操作到胸部，再由上至下一直操作到底边。

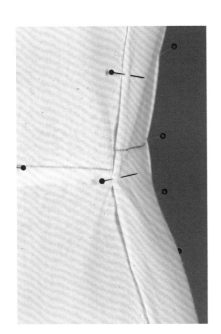

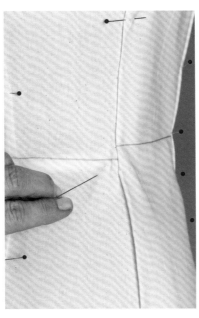

第7步

- 侧缝线用珠针固定好，检查侧缝线处是否平顺。如图所示，这是腰围线附近的操作图，显而易见其中的一根珠针将坯布拉扯得太紧，请观察珠针的起褶情况。

第8步

- 解决该问题的办法就是拆去珠针，在这个位置多留出一些余量。如果仍有褶皱，则在曲线转折部位打剪口。

第9步

■ 观察缝合处的平顺情况。

第10步

■ 在扣折底边前，请用直角尺和划粉画出底边标记线。

第11步

■ 在袖窿和领口处用斜纹带（或标记带）进行标记，对照前面的平面款式图，确定标记的位置。

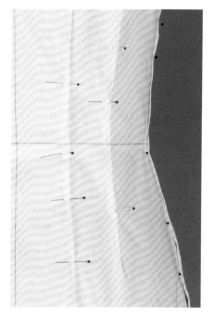

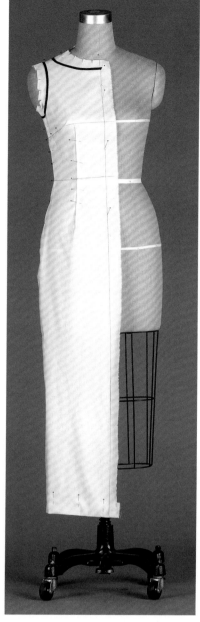

标记和修正

　　标记和修正布片是立体裁剪的工作之一，虽然做起来比较困难，但如果你掌握了大量的经典板型后，这项工作就会变得容易。当然，有时判断坯布上的造型标记是精准还是有偏差很难。如果出现造型不符，则应在人台上重新用珠针固定并核对。

裁剪坯布

　　最终服装的前片应当是一整片裁剪，中间没有接缝线。但之前立体裁剪的前片仅仅是右前片，为了节约坯布并了解最终的服装效果，可以再裁剪另一块前片，并将左、右前片简单地缝合在一起。

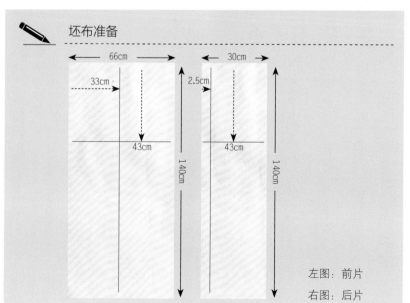

坯布准备

左图：前片

右图：后片

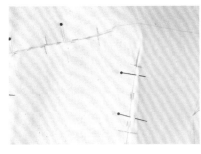

第1步

- 用铅笔在斜纹带的外边缘标记领口线和袖窿弧线。

- 标记省道的两条省边以及上、下省尖，每7.5~10cm做一个十字标记。

- 标记前、后片侧缝线，每25cm做几个十字标记，注意，侧缝线的腰围线处也要做一个十字标记，以便修正曲线时作为对位参照点。

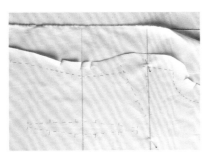

第2步

- 拆去珠针，用熨斗轻轻熨烫，注意蒸汽要很小，确保坯布不会起褶和扭曲。

- 应检查完整的样裙造型，此时需要裁剪新的坯布衣片，即前片为将左前片、右前片裁剪为一整片，后片只准备一块右后片。

- 熨烫新裁剪的前片，按照第54页的坯布准备示意图，画出经、纬纱向线。

- 对折新裁剪的前片，对折线即前中心线，在水平纱向线处用珠针固定以确保对位准确。

- 然后在对折后的前片上放置立裁的前片，对齐两块前片的经、纬纱向线，并在合适的位置用珠针固定。

第3步

- 用打板尺顺直标记线，例如：前中心线附近的领口线是直线，该领口线从领口前中心点起至少有2.5cm的长度与前中心线垂直；肩线是直线；腋下省线是直线；底边也是直线。

- 根据立裁中所做的标记收腋下省，然后从腰围侧位线到腋下画一条直线作为侧缝线。

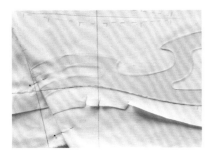

第4步

- 用曲线尺画出一字领的领口线和袖窿弧线。

- 绘制从腰部到臀部的侧缝线，注意这是一条由凹到凸的曲线。绘制时可以借助曲线尺，非常好用。

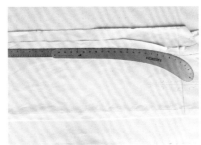

第5步

- 借助长曲线尺，绘制从上臀围线到底边的侧缝线。

- 对于从臀部到底边的平直的侧缝线，则可借助金属直尺绘制。

第6步

- 有时候，坯布上的造型标记和修正线并不相符。在这种情况下，可以采用纸样制图的方法对造型标记进行判断，并合理修正。以此确定造型标记是操作时特意设定的、是精准的。如图所示，该案例中臀围线以下的标记呈曲线，但是你知道你想要的侧缝线是竖直的，仅仅在下摆微微向里收。因此，需要忽略那些偏离的标记，绘制一条圆顺的曲线。

在坯布上做标记

对人台上的坯布进行标记时，请用铅笔或划粉画虚线。拆去珠针，在坯布上用尺子绘制圆顺的曲线。

第7步

- 使用放码尺，按照下面加放缝份：
  - 领口线、袖窿弧线：1.5cm缝份。
  - 肩线、侧缝线：2cm缝份。
  - 底边：5cm缝份。
- 然后沿着新画的毛缝线进行裁剪。
- 在十字标记处打剪口，长度不超过0.5cm。

第8步

- 为了标记省道和内部结构线，请使用滚轮与复写纸。
- 一边移动坯布下面的复写纸，一边用滚轮对省线进行拓印。由于需要两块衣片，因此，请将复写纸放在对折的坯布的另一侧，用同样的方法再拓印一次。

分析

- 将立体裁剪的服装与前面的照片进行对比。首先观察整体廓型，看它们是否一致？你是否已经捕捉到设计的精妙之处？

- 制作时，先制作服装的上部，再由上往下制作服装的下部。请对比服装与照片的一字领高度与弧度，看是否一致？再观察袖窿弧度，看是否一致？

- 最后，请观察侧缝线向里收的程度，看是否一致？在照片中，赫本一条腿叠交在另一条腿的前面，两腿交叉站立，裙子受到向后的拉力。而实际上，裙装通常不会制作得过于紧身窄瘦，不能限制身体行动。

- 请尝试用漂亮的黑色真丝绉来制作这件连衣裙。看它是否能呈现出奥黛丽·赫本的优雅与时尚？

将坯布衣片转换成纸样

　　一旦完成衣片的标记与校正工作，就可以制作纸样了。

　　1. 在点状坐标纸上画出水平和竖直的纱向线，以此来修正坯布衣片的纱向线。

　　2. 将衣片放在坐标纸上，调整衣片，对齐纱向线。如果纱向线是扭曲的或歪斜的，请轻轻地调整衣片，使衣片与坐标纸的纱向线对齐。

　　3. 用滚轮将衣片上所有的标记都拓印在坐标纸上，用复写纸可以使拓印的线迹更加清晰。对于衣片上的一些特殊的点，如省道上的关键点，请用锥子扎透衣片从而在坐标纸上留下记号。

　　4. 移走坯布，借助一些尺子对坐标纸上的每一条直线与曲线进行修正、圆顺，从而获得纸样。在重新用布料进行粗缝别针前，请一定确认修正的线条已经转移到纸样上了。

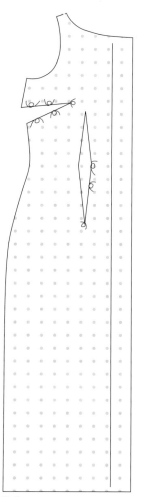

前片

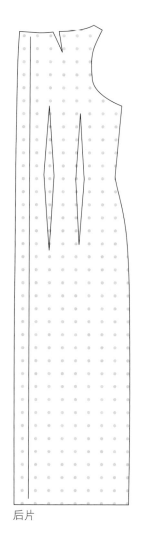

后片

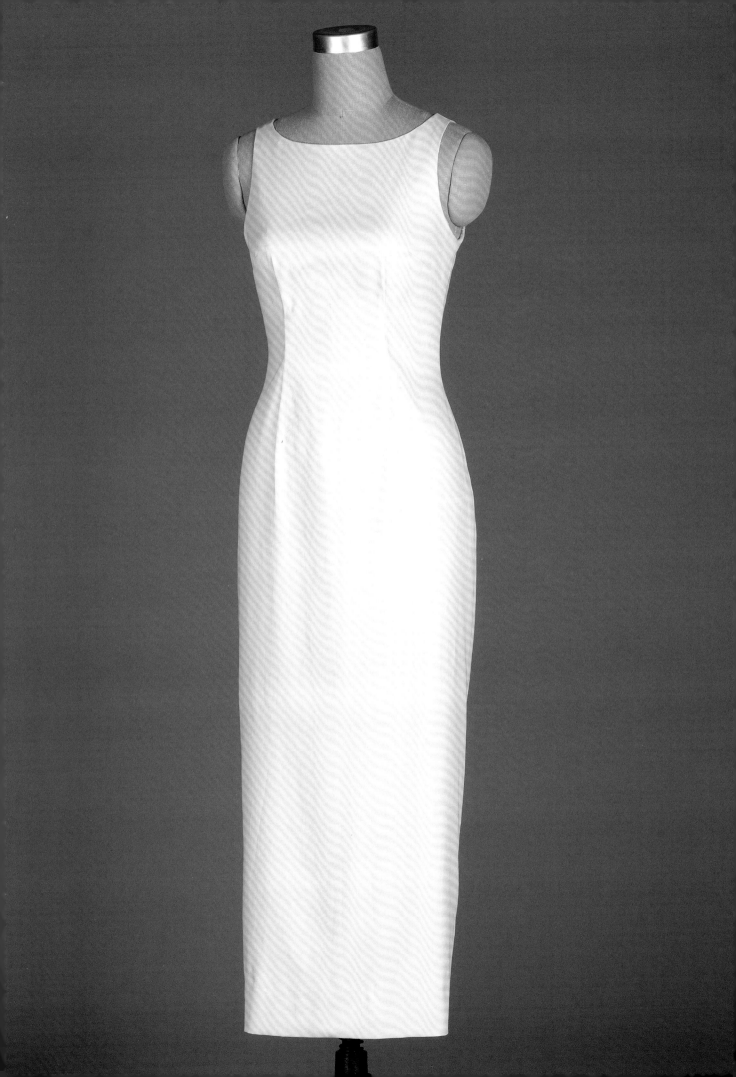

变化
将公主线变化为育克

在当代服装设计中，上衣的合体性可以通过胸部上方的育克线以及纵向的公主线来实现。这个基础造型与奥黛丽·赫本的连衣裙非常相似，而且更加贴合人体，衬托出着装者的坚强、自信、富有进取心。

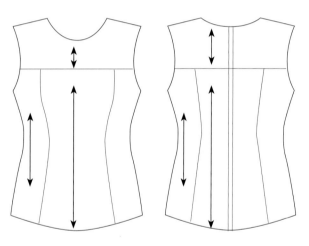

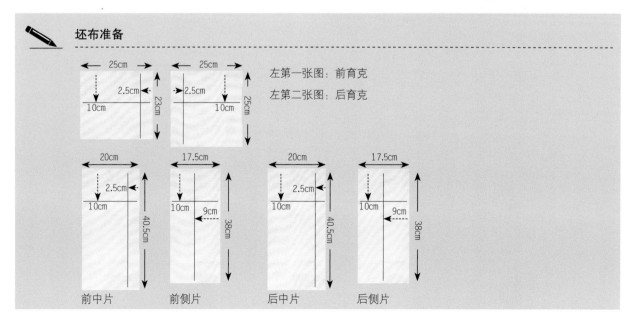

坯布准备

左第一张图：前育克
左第二张图：后育克

前中片　　前侧片　　后中片　　后侧片

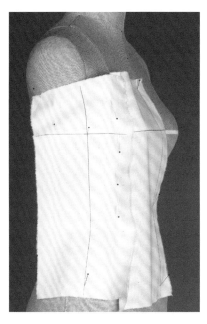

第1步

- 将前中片覆在人台上，使其前中心线、胸围线分别与人台的前中心线、胸围线对齐，并在胸围线处用珠针固定。

- 将前侧片覆在人台上，使其中心线约位于侧缝线和公主线的中间，确保经纱纵向垂下。

- 将前中片与前侧片的反面与反面相对，用珠针固定在一起，形成公主线。

- 请观察对页照片，这是一件宽松式有公主线的连衣裙，衣片较为宽阔，造型近似箱型。上衣前侧片在胸部的造型近乎竖直，在腰部则是微微向里凹的造型。从照片中很难辨别服装收腰的量，但是我们可以使立裁的服装保持箱型，当然腰部仍然会有细微的弧度变化，从而起到美化造型的作用。

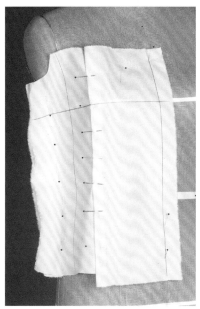

第2步

- 用珠针将前中片固定到前侧片上。

- 修剪袖窿并留出约2.5cm的缝份。

在育克线中隐藏省道的设计

　　在这里，育克线的作用与省道的作用比较相似。上、下两衣片的接缝处是育克线，其从前、后中心线起往袖窿方向约7.5cm处确定一点，该线段为水平直线造型，再从此点起，剪掉两衣片省道的量，使衣服更加吻合人体形态。

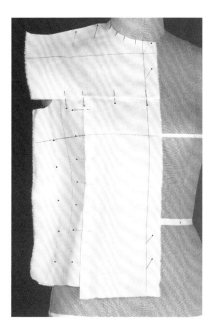

第3步

- 将前育克片覆在人台上，使其前中心线与人台的前中心线对齐，沿纬纱方向用珠针固定，注意保持纬纱与地面平行。

- 在领口处打剪口，使其平顺。

- 在前育克与前中片的接缝处，将前育克压前中片，参照前面的照片形成前育克线。

- 前育克线应与公主线保持垂直，轻轻地将前育克沿前育克线向里扣折1.5cm缝份，注意袖窿处的扣折量要稍大一些，前育克线要保持水平。

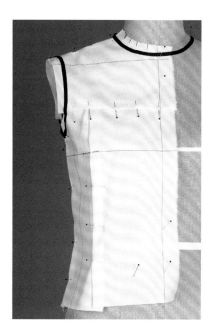

第4步

- 从第1步开始按照之前的操作制作后身。取后育克立裁，后育克宽度与前育克宽度相同。

- 在侧缝线处，将前侧片压后侧片。

- 在肩线处，将前育克压后育克。

- 标记领口线和袖窿弧线。请注意这件连衣裙的袖窿，与第44页中的经典紧身衣相比，这件连衣裙的袖窿挖得稍低，在人台腋下约2.5cm。

将肩省与腰省连接合并为公主线

丹麦的亚历山大（Alexandra）公主推动了一种连衣裙的流行，其特征为：衣身与裙身上下连为一体，从肩线中点到胸点再到臀部有一条长长的纵向分割线，约位于前中心线与侧缝线的中间位置。这条分割线也因此而被命名为公主线。

这种连衣裙的合体度与有肩省（第43页上衣）和纵向腰省（第50页奥黛丽·赫本小黑裙）的服装相当。如果将肩省与腰省连接合并，你就可以看见具有公主线的两衣片的外观。

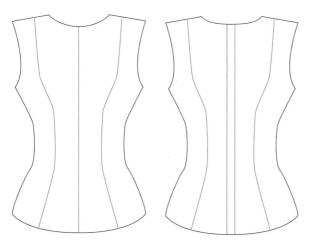

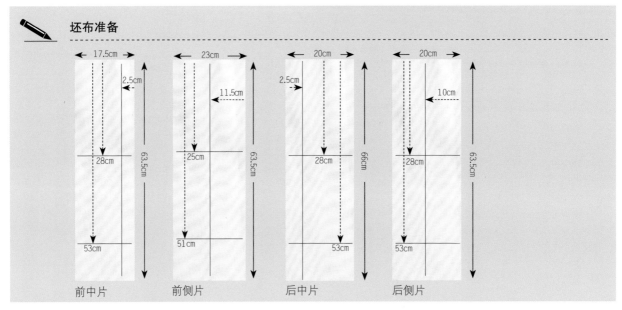

坯布准备

前中片　　　前侧片　　　后中片　　　后侧片

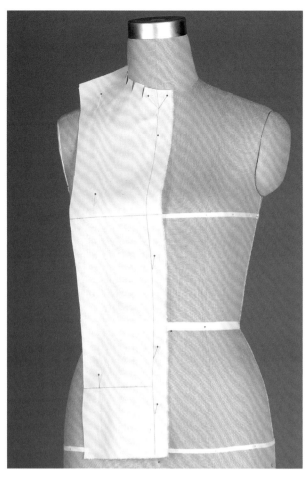

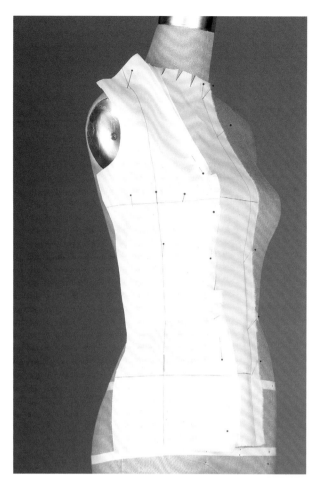

第1步

- 将前中片覆在人台上，使其前中心线、胸围线分别与人台的前中心线、胸围线对齐，并沿着前中心线由上往下用珠针固定，直至上臀围线附近，在胸点和腰部之间留有松量。用珠针固定前领口处，再固定胸围线以确保纬纱水平。

- 将顺肩部的坯布，并根据需要在领口打剪口。

- 按人台上的公主线修剪多余坯布，并留出2.5cm的缝份。

制作领口造型

　　立体裁剪上身衣片时，领口线处的坯布要一直保留完好，防止发生移动或扭曲，这非常重要。一旦用标记带或斜纹带标记好坯布后，则可修剪掉多余的坯布。

对齐纬纱

　　对齐纬纱并不是最关键的，将坯布覆在人台上进行立裁时，纬纱主要作为指导线使用。例如立裁前侧片时，其经纱应与地面垂直，这比对齐纬纱更重要。

第2步

- 将前侧片覆在人台上，使其纵向中心线位于人台前侧部的中间，并使其胸围线与人台的胸围线对齐。注意保持经纱与地面垂直。

- 如图所示，沿着纵向中心线与胸围线用珠针固定。

- 在肩部区域进行立裁时，请在袖窿处留出0.5cm或更多的松量。

- 将前中片、前侧片的反面与反面相对，用珠针沿着公主线固定在一起。用珠针固定时，注意用珠针从胸部开始往上固定，然后再往下固定直至上臀围线。

修剪缝份

　　按照一定的缝份修剪坯布，操作中不要停下来测量，修剪多余的坯布既避免其妨碍立裁操作，又可保持坯布平整。当立体裁剪时，常规缝份为：

- 领口缝份：1.5cm。

- 袖窿、侧缝线和肩线缝份：2cm。

- 底边缝份：最少2.5cm。

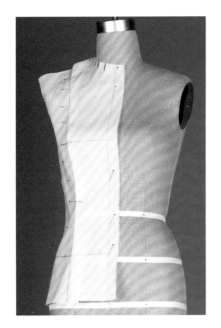

第3步

- 修剪前侧片缝份，从下胸围至腰部打剪口。

- 修剪袖窿和肩线，留出2.5cm的缝份。

- 将前中片压前侧片并用珠针固定（可以轻轻地用划粉在两衣片合缝线处做标记，并用珠针固定）。

- 根据人台的侧缝线，修剪前侧片的侧缝线，并留出2.5cm缝份。

- 后身立裁操作与前身相同。将后中片覆在人台上，使其后中心线、胸围线分别与人台的后中心线、胸围线对齐。沿着后中心线由上往下用珠针固定至上臀围线，坯布在腰部自然下垂。在后领口处用珠针固定，然后在胸围线处用珠针固定，以确保纬纱水平。

- 将领口到肩部的坯布捋顺，按照需要修剪领口线。

- 按照人台的后公主线，修剪多余的坯布，留出2.5cm的缝份。

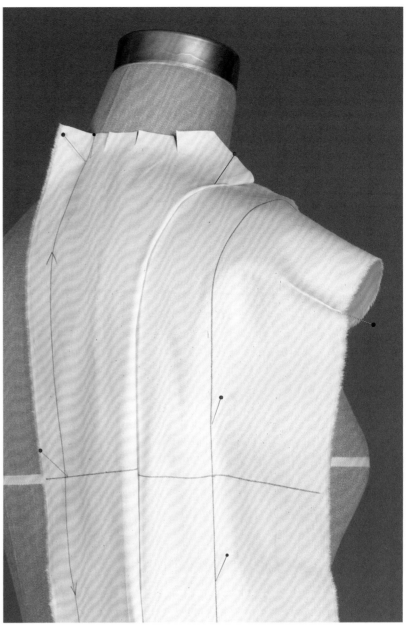

第4步

- 将后侧片覆在人台上，使其纵向中心线位于人台后侧部中间，并使其胸围线与人台的胸围线对齐。注意保持经纱与地面垂直。

- 沿着纵向中心线由上往下用珠针固定。

- 当立裁肩与袖窿区域时，请在袖窿处留出0.5cm或更多的松量。

避免肩线偏移

调整肩头的直纱角度，给袖窿提供必要的松量，避免纱向朝后袖窿处倾斜，同时也要避免纱线的偏移，斜纱会削弱肩线造型，而肩线是支撑服装的关键部位。

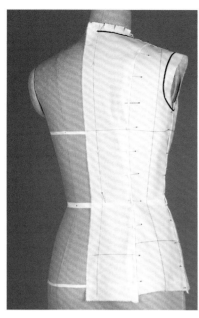
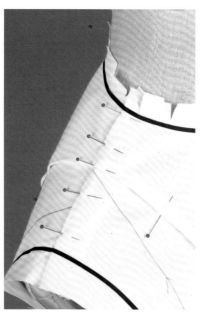

第5步

- 将后中片、后侧片的反面与反面相对，用珠针沿着公主线固定在一起。在用珠针固定时，注意将珠针从胸围线开始往上固定，然后再往下固定直至上臀围线。
- 将侧缝线用珠针固定在一起，修剪缝份，并在曲线部位打剪口。
- 将前、后中片分别压前、后侧片。

第6步

- 将前肩压后肩，调整肩部的公主线，一定要前、后公主线对合。

第7步

- 用标记带标记袖窿弧线和领口线。

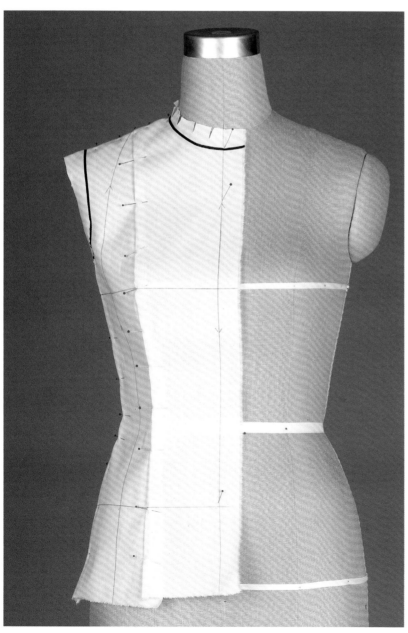

刀背缝合体上衣

杰奎琳·肯尼迪·奥纳西斯（Jacqueline Kennedy Onassis），美国前总统约翰·F.肯尼迪（John F.Kennedy）的遗孀，作为年轻漂亮的美国第一夫人，她是时尚的典范，引领了时髦前卫的服装潮流。杰奎琳选择奥莱格·卡西尼（Oleg Cassini）作为自己的专属服装设计师，同时她也穿着Dior、Givenchy、Chanel品牌的服装。

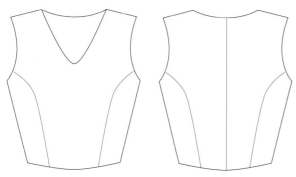

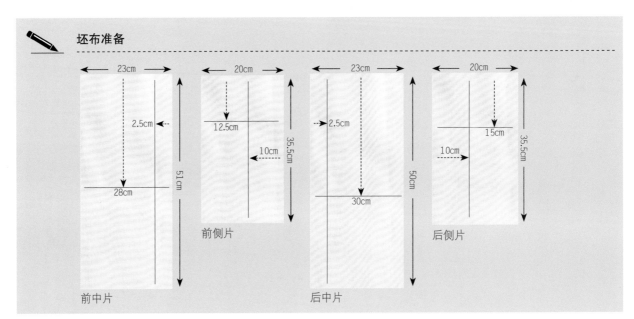

✏️ **坯布准备**

前中片

前侧片

后中片

后侧片

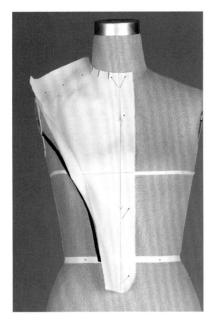

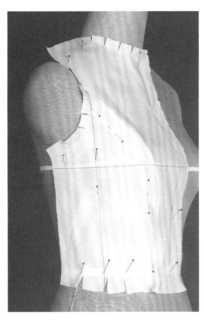

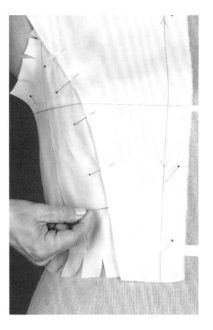

第1步

- 将前中片覆在人台上，使其前中心线、胸围线分别与人台的前中心线、胸围线对齐，并沿着前中心线由上往下用珠针固定，直至腰围线附近，在胸点和腰部之间留有松量。

- 用珠针固定前领口处，再固定胸部以确保纬纱呈水平状态。

- 捋顺肩部的坯布，并根据需要在领口线处打剪口。

- 标记袖窿处的刀背缝并用珠针固定，刀背缝的起点根据设计而定，终点则落于腰围线上。图片中的刀背缝起于袖窿深的二分之一处，结束于公主线中心部位。

- 修剪多余的坯布，并留出2.5cm的缝份。

第2步

- 将前侧片覆在人台上，使其纵向中心线位于人台前侧部中间，并使其胸围线与人台的胸围线对齐。注意保持经纱与地面垂直。

- 如图所示，用珠针固定经纱与纬纱。

- 根据标记的斜纹带进行操作，将前中片、前侧片的反面与反面相对，用珠针固定在一起。用珠针固定时，注意用珠针从胸点开始往上固定至袖窿，然后再往下固定至腰部。

- 修剪袖窿及刀背缝处多余的坯布，在腰部保持坯布平顺。

检查松量

> 记得这是一件有松量的连衣裙，因此不能紧贴于人台。袖窿处的松量为1.5cm或者更多，另一些松量如下胸围处的松量是为了使面料看起来更顺滑。

第3步

- 取后中片、后侧片进行立裁，从第1步开始按照之前的操作制作后身。

- 在肩线处，将前中片压后中片。在侧缝线处，将前侧片压后侧片。

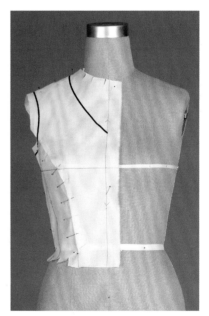

第4步

- 一边观察照片，一边用标记带标记袖窿弧线和领口线，力求符合照片中的裙装风格。照片中展示的是20世纪60年代的裙装，其特征为：袖窿挖得浅；V领的领口弧线呈平缓的内凹状，整体呈现出一种优雅风格。

1.3

紧身胸衣

历史

如今，紧身胸衣在生活中非常普遍，这说明：此类服装虽然看起来束缚性大，但其实具备着出人意料的舒适性，且极富吸引力，从而经久不衰。

紧身胸衣最早是为了保护、支撑以及塑造女性胸部的造型，其基本构成至今几乎保持不变，仅仅通过变化造型来迎合流行的风尚。

在乔治王朝时代（Georgian），紧身胸衣线条平直，通过推压上身来塑型。而维多利亚时代（Victorian）的紧身胸衣则更加性感，通过分割线和

撑条塑造沙漏造型。在20世纪，服装中流行一种圆锥形的胸部设计，这是典型的20世纪50年代的服装风格。

前文"1.2 连衣裙"中是通过省道和分割线设计，呈现出不同的造型效果。立体裁剪紧身胸衣时，则需要更加贴合人台，但应当遵循相同的造型原理，

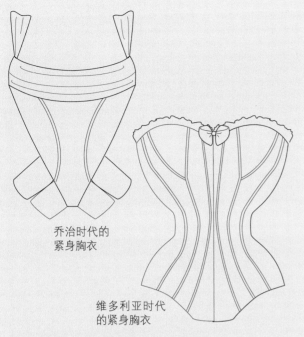

乔治时代的
紧身胸衣

维多利亚时代
的紧身胸衣

以达到特定的合体度和人体塑型效果。

想要创作一件完美的紧身胸衣，需要正确理解和应用纱向线，这至关重要。操作时，需要将纱向线与撑条结合起来以支撑胸部并塑型。尤其要注意，经纱和纬纱应当保持平衡，否则当紧身胸衣穿在身上后，会在张力的作用下发生扭曲，从而丧失对胸部的支撑作用。可以联想到建筑设计图，这很有帮助。在建筑物中，钢架结构起到固定建筑物的作用，同样，纱线强度与撑条位置决定了紧身胸衣的支撑和塑型作用。

对页图：在这张《乱世佳人》（*Gone with the Wind*）电影剧照中，女仆正在为斯佳丽·奥哈拉[Scarlett O'Hara，由女星费雯·丽（Vivien Leigh）扮演]穿着紧身胸衣。女仆将胸衣的带子拉紧，以便达到时下*Vogue*杂志推崇的纤纤细腰。这件紧身胸衣使用的撑条可能超过了12根，且沿着经纱方向竖向排列，后背系带，通过束缚腰身塑造紧身效果。

左上图：纵观历史，通过紧身胸衣可以塑造出不同的造型，满足不同历史时期的审美需求。在这里，展示了乔治王朝与维多利亚时代的紧身胸衣造型，从而可以看到存在明显差异，前者外轮廓平直，而后者则趋于圆润。

右上图：设计师三宅一生（Issey Miyake）的雕塑作品，展示了复杂的女性人体曲线。

这是一件锥形紧身胸衣，由法国服装设计师让-保罗·高缇耶（Jean-Paul Gaultier）专门为麦当娜（Madonna）1990年的世界巡回演唱会"金发雄心"（Blond Ambition Tour）创作的，极其性感。这是20世纪50年代胸罩的一种设计回归，并开启了内衣外穿的先河。

练习
准备立体裁剪紧身
胸衣的人台

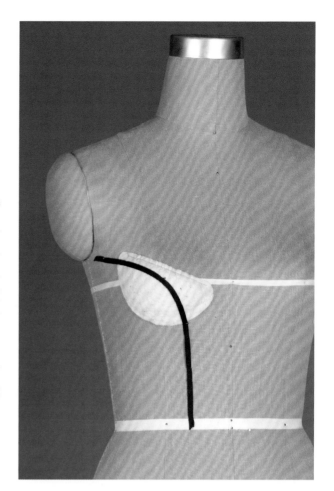

　　一定要学习测量人台尺寸。如果你要为一个特定的人体立体裁剪紧身胸衣，则请将人台和人体的尺寸进行比较。很多人台的胸部轮廓造型并不明显。通常，普通女性的上胸围在胸点上7～10cm处测量，尺寸要比人台的上胸围略小；而普通女性的下胸围在胸点下即文胸下围线处测量，尺寸要比人台的下胸围略小。

　　在立体裁剪紧身胸衣时，一定要先明确紧身胸衣的造型和号型尺寸，如果需要，可以在人台的胸部加一个胸垫或文胸棉垫，使其更加贴近真实的人体。

第1步

- 根据需要的胸垫大小，确定如图所示的纸样，并据此裁剪毡絮（或纤维絮），每一个胸垫都是由1～3层毡絮组成。

- 沿着上边缘将它们缝合在一起，轻轻地拉扯缝线使其呈现出一个弧度。

- 用蒸汽处理该弧度直至达到想要的效果。

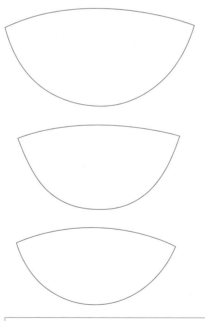

第2步

- 将胸垫轻轻地放置在胸部并在合适的位置用珠针固定。人体胸点以下的胸围造型比人台胸点以下的胸围造型要更加饱满。

- 思考你想创造的胸部造型，确定实现它的最佳缝合方法。切记，缝线离胸点越近，面料越平顺。

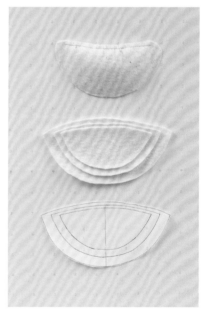

准备人台

　　要想极好地完成紧身胸衣的立体裁剪，可在人台上安装臂甲，从而创造一个更柔和的造型，这种造型从腋下到胸点与女性体型非常相似。

准备立体裁剪紧身
胸衣的材料

抽出一根纱线

对于常规的服装，正确的纱向线极其重要，以一件紧身胸衣为例，抽出一根纱线作为面料裁剪的标记，而不采用撕布的方式。或者用铅笔画出标记线。

- 标记布片尺寸，剪开1.5cm，找到需要抽出的这根纱线，轻轻地将其从坯布中抽出。

- 如果将这根纱线从头到尾抽出来，就能清晰地看到坯布上留出的可以裁剪的标记线。如果在抽纱的过程中出现了断线，那么请用珠针轻轻地将纱线挑出，继续抽纱。

- 用铅笔沿着抽出纱线的地方进行标记。

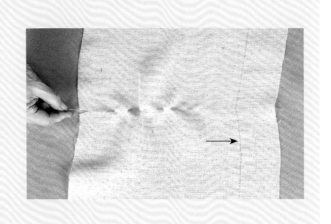

面料： 现代的紧身胸衣采用各种面料制作而成，甚至包括针织面料或含有莱卡（Lycra）的弹性面料。现代女性非常幸运，因为现在的紧身胸衣弹性更好、也更利于呼吸。当然，想要达到更好的保型、支撑作用和合体性，则应采用较为密实的机织面料。

紧身胸衣广泛应用于礼服裙中，是塑造廓型的基础。紧身胸衣最好采用经纬纱线强度相同的面料，例如锦缎或细棉布。也可以采用雪纺、巴厘纱和丝绢等，这类面料纤薄、美丽，使用时必须确保纱线强度张力平衡，同时使用充足的撑条以确保紧身胸衣的紧密度。

衬料： 坯布或者最终使用的面料常常要经过压衬处理，目的是使其更加挺括。

撑条： 要谨慎决定撑条的位置与走向，它对紧身胸衣的廓型和外观起到了举足轻重的作用。撑条经常放置在最需要支撑的位置，例如前侧片，从而支撑胸部朝前挺立。在传统的紧身胸衣制作中，前中片和后侧片也会放置撑条。其实，当撑条放置在两侧时，常常会令穿着者感觉不适。

撑条的形式多种多样：有时可以将其直接缝在衬里上，或者将撑条包起来再置入服装材料中。金属撑条需要插在面料与面料之间的专用套管或缝道中。

彼得沙姆（Petersham）棱条丝带： 非常好用，有利于塑造紧身胸衣的造型。可以在腰围线缉缝一根长长的彼得沙姆棱条丝带，这种丝带结实耐用，如果采用蒸汽熨烫，丝带还会弯曲。这种丝带具有双重用途：其一，在腰部用丝带固定紧身胸衣，可以准确掌握胸点到腰部的距离，并使胸部趋于合体；其二，当穿着紧身胸衣时，如果腰部有丝带，拉紧后对于其他扣合件而言，也更容易系好，否则如果没有他人帮助则常常较为费力。

扣合件： 紧身胸衣的扣合件形式多样，有拉链、纽扣、风钩、排扣带等。纽扣容易咧开，除非紧身胸衣不太紧或者在内层配有更安全的扣合件；拉链很好用，但在时装秀或者演出场合要小心，因为有时会在关键时刻坏掉。风钩、挂钩带等扣合件使用非常普遍。

质地： 丝麻混纺面料适合制作紧身胸衣，因为容易辨别纱向。在人台上立体裁剪紧身胸衣时，要求立裁服装与人体非常贴合，如果你能清晰地看清纱向，就能及时辨别衣片是否扭曲或者受到拉拽。

刀背缝紧身胸衣

如照片所示，这件刀背缝紧身胸衣的前中片采用了蕾丝，整体造型柔软而贴身，结构并不过于复杂。刀背缝经过胸部，强化了曲线造型。在这个案例中，大面积使用蕾丝使人一眼就能看见刀背缝分割线。这件紧身胸衣不是很紧身，因此前方的纽扣不会被拉扯。与第64、65页中展示的连衣裙一样，这件紧身胸衣也采用了刀背缝，分割线从袖窿处开始，然后通过胸点向下到达腰部。

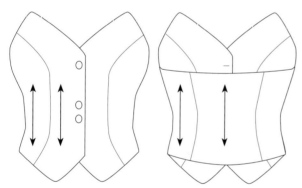

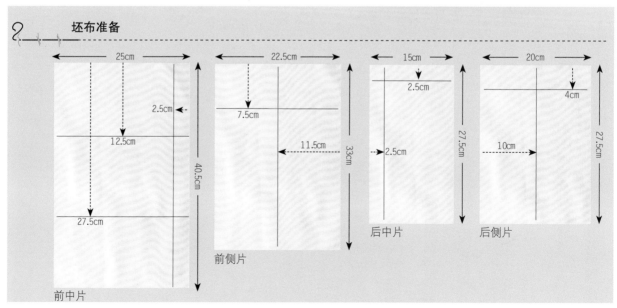

坯布准备

前中片

前侧片

后中片

后侧片

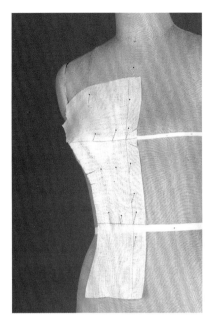

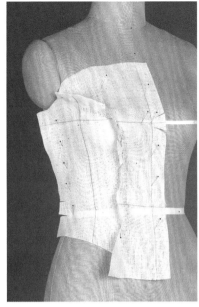

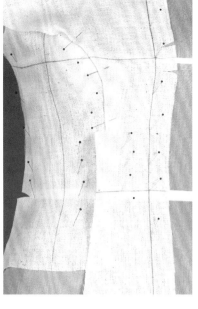

第1步

- 将前中片覆在人台上，使其前中心线、胸围线分别与人台的前中心线、胸围线对齐，沿着前中心线由上往下用珠针固定，在胸围线处打剪口使坯布平顺。

- 根据你想塑造的刀背缝，沿着刀背缝修剪多余的坯布，并留出2.5cm的缝份。

- 在下胸围和腰围线处打剪口，使坯布平整地贴合人台。

第2步

- 将前侧片覆在人台上，使其胸围线与人台的胸围线对齐，并使其纵向中心线位于刀背缝与侧缝线的中间，注意保持经纱与地面垂直。

- 沿着纱向线，用珠针固定侧缝线。

- 将前中片、前侧片的反面与反面相对，用珠针沿着刀背缝将它们固定在一起。

- 修剪刀背缝处多余的坯布，仅留出2cm的缝份，每隔约2.5cm打剪口以便用珠针固定。

- 坯布现在应非常自然地贴合人台，其经、纬纱线应该分别保持水平、竖直，且状态稳定。认真检查铅笔标记线，如果出现起伏、扭曲或拉拽现象，请小心地拆去珠针并思考如何调整。

第3步

- 在刀背缝处，一边拆去珠针，一边将前中片压前侧片并再次用珠针固定。注意，固定时珠针应与刀背缝垂直，且每隔几厘米就要用一个珠针固定，以防止移动，如图所示。

用珠针固定

当立裁非常合体的服装时，请切记，如果立裁的服装越紧身，则珠针应固定得越密集。

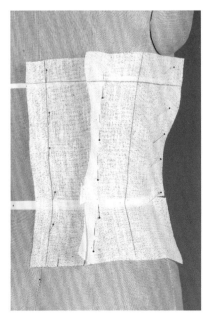

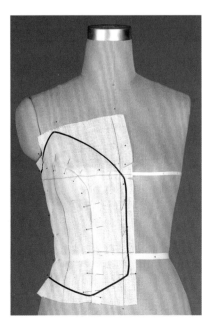

第4步

- 将后中片覆在人台上，使其后中心线、胸围线分别与人台的后中心线、胸围线对齐。

- 沿着后中片的刀背缝由上往下用珠针固定。

- 修剪刀背缝处多余的坯布，留出2.5cm的缝份，在腰部打剪口。

- 将后侧片覆在人台上，操作方法与前侧片相同，注意保持纵向纱向线垂直。

第5步

- 在侧缝线处，将前侧片压后侧片并用珠针固定；而在后刀背缝处，则为后中片压后侧片并用珠针固定。

- 用标记带标记底边线和领口线。

乔治时代风格的紧身胸衣

请将本页照片中的紧身胸衣与第72页的紧身胸衣进行对比。本页展示的是范思哲（Versace）的紧身胸衣，线条刚硬、棱角分明，金属拉链和密集的缉缝线赋予其盔甲般的外观。

纱线的走向体现了乔治时代的造型。前中心线是竖直的，侧面的纱向线向前中心线倾斜，使力量感集中于腰围线。

前身由多条分割线分成3片，以塑造胸部造型，而之前的刀背缝紧身胸衣则是由两条分割线分成两片以塑造胸部造型。因此，这件紧身胸衣的胸部造型比之前的紧身胸衣更柔和、平顺。

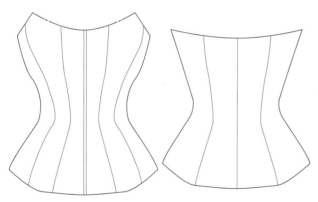

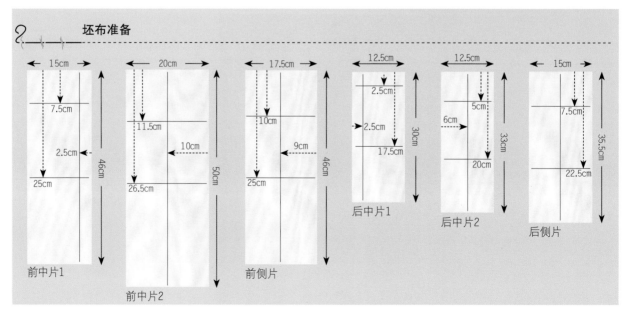

坯布准备

前中片1　　前中片2　　前侧片　　后中片1　　后中片2　　后侧片

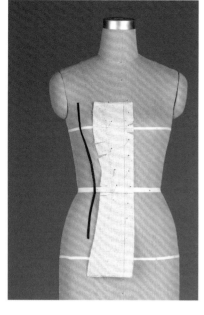 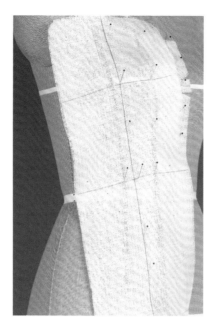 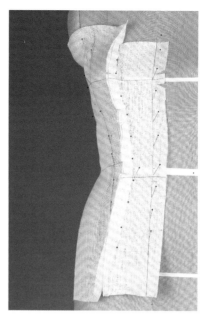

第1步

- 在人台的前身上用黑色斜纹带标记两条分割线，在公主线到侧缝线之间，从袖窿一直标记到腰部。

- 将前中片1覆在人台上，使其前中心线、胸围线分别与人台的前中心线、胸围线对齐，并沿着前中心线由上往下用珠针固定，在胸围线处打剪口使坯布贴合人体。

- 根据斜纹带，修剪多余的坯布，留出2.5cm的缝份。

- 在下胸围和腰围线处打剪口，使坯布紧贴人台。

- 在胸围线、下胸围、腰部用珠针固定。

第2步

- 将前中片2覆在人台上，使其胸围线、腰围线分别与人台的胸围线、腰围线对齐。

- 在胸部的经向线会发生一定的角度变化，从而为侧胸部位提供支撑。

- 沿着经向线由上往下用珠针固定，并经过胸部和腰围线。

第3步

- 将前中片2和前中片1的反面与反面相对，将其用珠针紧紧地贴着人台固定在一起。

- 修剪缝份，缝份为2cm。

- 在腰部和下胸围处打剪口，修剪边缘多余的坯布，留出2cm的缝份。

运用斜纱，加强塑型性

请注意，腰围线以下的一些纱线变成了斜向，塑型性更强，从而满足臀部凸起的造型。

调整水平纱线

请记住，当你将两衣片用珠针固定在一起的时候，水平纱向线不一定完全匹配，它们只是一些参考线。在紧身胸衣中，纬纱应该始终呈水平状态，但这不是绝对的。

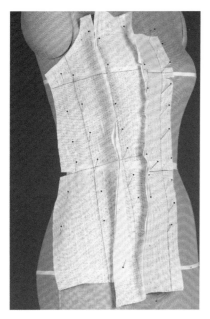 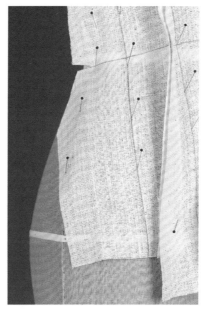 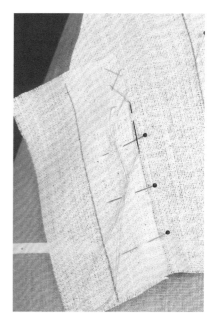

第4步

- 将前侧片覆在人台上，使其胸围线、腰围线分别与人台的胸围线、腰围线对齐。

- 经向线会发生一定的角度变化，并与前中片2的经向线平行。

- 沿着经向线由上往下用珠针固定。

第5步

- 将前侧片与前中片2用珠针固定，沿着拼接缝修剪多余的坯布，留出2cm的缝份。

- 在需要的部位打剪口。

- 观察侧缝线，坯布不够了，需要添加一小块。

第6步

- 裁剪一小块坯片以便继续立体裁剪。对齐纱向线，在合适的地方用人字针固定。

- 继续立体裁剪，在侧缝线处用珠针将坯布固定在人台上，修剪多余的坯布。

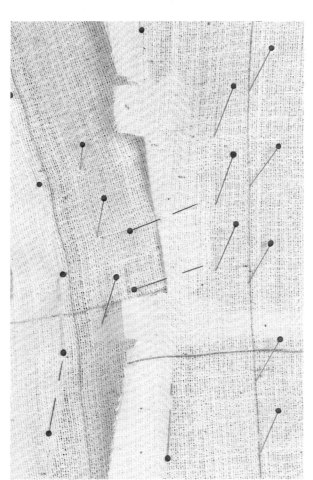

添加面料

　　在立体裁剪的时候，如果最初的衣片不够用了，可以再添加一块衣片。但必须注意：立裁时，添加的衣片要与最初的衣片在纱向线上保持一致。

对合体服装接缝线的缝份处理方法

　　对于紧身合体的服装而言，最好的处理缝份的方法是在接缝线的两侧用珠针固定。然后拆去接缝线处的珠针，扣折整理好缝份后再用珠针重新固定。注意，此时要前片压后片，而两侧的珠针则要确保衣片固定不移动。

第7步

- 将前、后侧片在侧缝线处用珠针固定，注意是前侧片压后侧片。

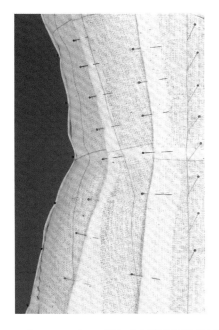
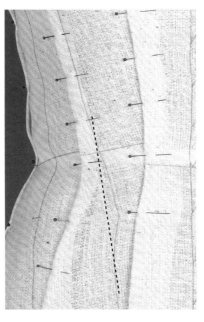

第8步

- 与立裁服装保持一段距离，一边观察平面款式图，一边对立裁服装分割线进行必要的调整。

- 观察纱向线，检查其是否扭曲和受到拉拽。在布片下方的经向线应当沿着直线方向自然延伸。注意，前中片2腰下位置的铅笔线呈现出曲度变化，这表示布纹发生歪斜，需要修正。

- 拆去引起拉拽的珠针，重新调整布片并用珠针固定。

- 从第1步开始按照之前的操作方法制作后身。

第9步

- 用标记带或斜纹带标记上、下边缘线。

- 保持上边缘线高于前袖窿，以支撑胸部。

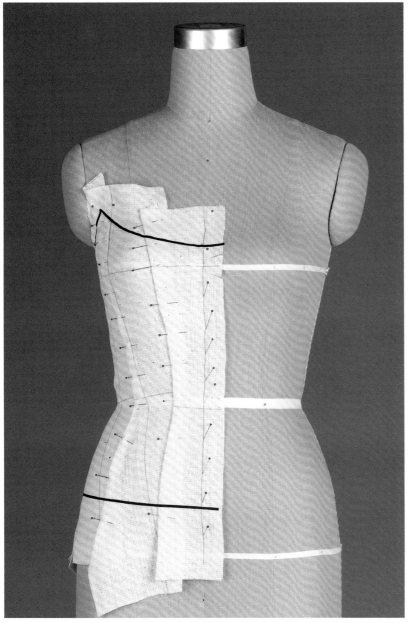

立体裁剪案例

——设计师克里斯汀·拉克鲁瓦（Christian Lacroix）的紧身胸衣

　　这件紧身胸衣是克里斯汀·拉克鲁瓦1997年秋冬作品，采用了花朵装饰与S曲线造型，分割线为曲线，其柔美风格与硬朗紧身的衣身结构形成一定的对比。装饰花朵向前伸出，颇具动感，配以束腰和支撑身体的纵向分割线，两者相得益彰。

　　领口线低且性感，被装饰花朵所遮挡。搭配的裙子在风格上与上装谐调。裙子上饰有一条皮革腰带，通过卡住裙料产生柔和的褶皱，极具动感与吸引力。

　　这是维多利亚式服装的造型，在胸部和腰部表现得尤为明显。紧身胸衣挺直，从而令穿着者显得挺拔，要达到这样的效果，面料的经纱必须保持竖直，即使分割线是弯曲的也没有关系。

　　利用公主线塑造胸部造型。正如第74～77页的乔治时代风格的紧身胸衣，前面的两条分割线会使胸、腰部格外合体。

　　上身的两条分割线处使用了撑条，有助于支撑腰部。当衣片随人体起伏时，纱向线会发生歪斜，对上臀围区域进行塑型。

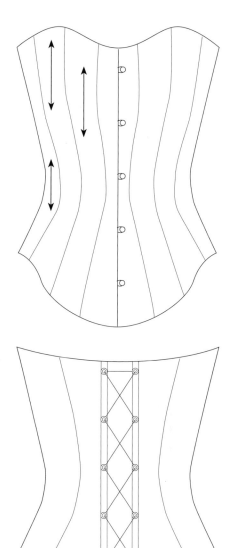

目测坯布用量

在准备坯布之前，要观察并判断大约用量，注意：布片前斜的角度，确保衣片宽度够用，经纱从上到下应呈竖直状态。

前面照片中，服装是以模特体型比例制作的，而人台体型比例接近常人，因此在人台上标注的分割线看起来会有点短。

当开始立体裁剪的时候，请注意权衡服装的柔软度和保型性，并想象一下如果女士穿上这件紧身胸衣会有什么样的感觉。紧身胸衣的撑条有助于身体保持挺直，这种约束不是消极的，它会让人感觉有魅力、有自信。

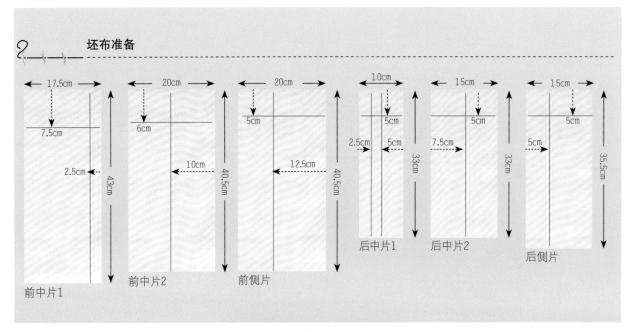

坯布准备

前中片1　前中片2　前侧片　后中片1　后中片2　后侧片

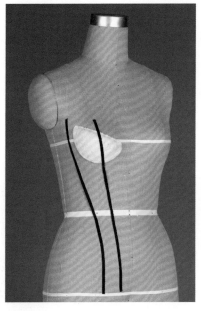

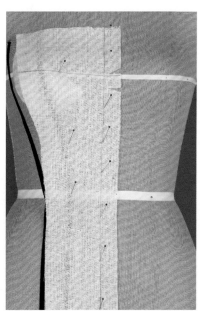

第1步

- 根据第78页的平面款式图，在人台上用黑色斜纹带标记两条分割线。

- 在胸下围合适的位置放一个胸垫或者在人台上戴一文胸。

- 以黑色斜纹带在人台前身标记两条分割线，不要让弯曲的纵向分割线紧靠前中心线，这条分割线仅作为装饰轮廓线而并非结构线。

第2步

- 将前中片1覆在人台上，使其前中心线、胸围线分别与人台的前中心线、胸围线对齐，并用珠针固定。

- 在胸围线处打剪口使坯布平顺。

- 根据标记的斜纹带，修剪多余的坯布，留出2.5cm的缝份。

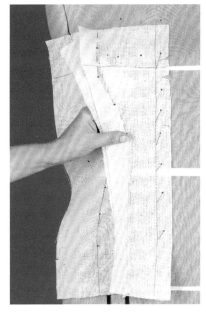

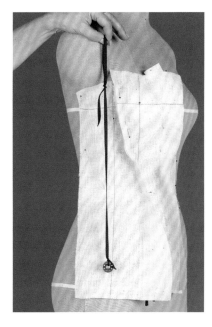

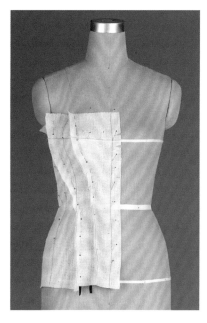

第3步

- 将前中片2覆在人台上，使其胸围线与人台的胸围线对齐，并使其纵向中心线位于之前预设的两条分割线（即黑色斜纹带）的中间。

- 将前中片2、前中片1的反面与反面相对，用珠针将它们固定在一起，注意要固得密一些，力求紧身。不要忘记重点塑造下胸围的形态。

- 修剪两衣片多余的坯布，留出2cm的缝份，在腰部和下胸围的曲线处打剪口。

第4步

- 沿着另一条黑色斜纹带用珠针固定前中片2，修剪多余的坯布，留出2.5cm的缝份。

- 将前侧片覆在人台上，使其胸围线与人台的胸围线对齐，并使经向线保持垂直，如果不太容易确定经向线是否垂直，可如图所示，做一条铅垂线来判断、调整纱向线。

- 将前中片2和前侧片的反面与反面相对，用珠针固定在一起。

- 沿着人台侧缝线修剪前侧片侧缝线，留出2.5cm的缝份。

第5步

- 现在请检查前身三块衣片的分割线，并与平面款式图做对比。

- 对于珠针固定的分割线，可以在上面粘贴斜纹带，这有助于观察分割线是否具有拉克鲁瓦作品的动态之美。

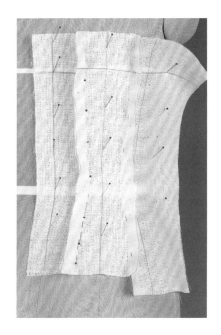

第6步

- 将后中片1覆在人台上，使其后中心线、胸围线分别与人台的后中心线、胸围线对齐。

- 将后中片2覆在人台上，使其纵向中心线与后公主线对齐，胸围线与人台的胸围线对齐。

- 在后中片2的中间收一个纵向省道，从而令腰部非常贴合人台。

- 将后中片2和后中片1的反面与反面相对，用珠针固定在一起。

- 像后中片2一样将后侧片覆在人台上，也在腰部收一个省道。

合体度

　　紧身胸衣通常非常合体，因此，可以夸大后身的曲线造型，这有助于塑型。

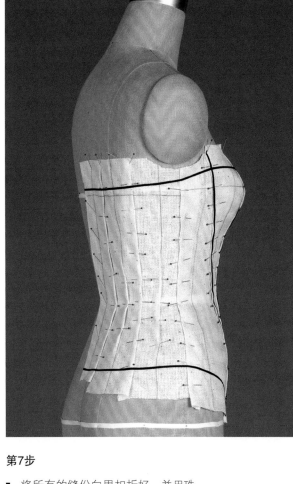

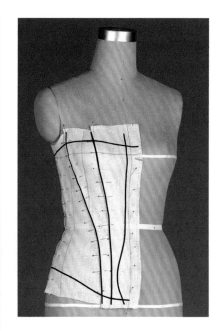

第8步

- 标记前中心处的门襟片，它对紧身胸衣的外观起着重要作用。

- 用标记带标记上、下边缘线。

- 再一次仔细观察照片中的分割线，并在立裁作品上用黑色标记带强调分割线，这样当你站在远处观看时，很容易识别并判断出立体裁剪是否达到要求。

- 修正线条。

第7步

- 将所有的缝份向里扣折好，并用珠针固定。

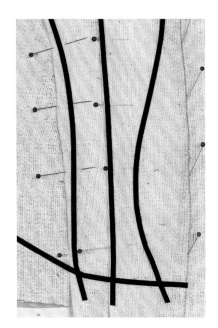

第9步

- 前侧片纱向线会微微向前斜，从而突显臀部造型。

- 站在远处观察这些线条，根据需要重新用珠针固定。

- 用十字标记做分割线的对位点，十字标记非常有用，利于将立裁好的各衣片拆开后再重新匹配。利用制板技术，在不同的地方做标记——打剪口（刀眼）或做十字标记。在所有的布片上都要标记腰围线以便作为参照。

标记和修正

试穿准备

　　明确试穿的目的。请注意分割线设计与纱向设置，其最终效果是否能满足你的雇主或潜在顾客？在最终的试穿环节，展示的结构细节越多，则越容易对各种比例关系做出精准的判断，如缝合线和装饰细节的比例关系。

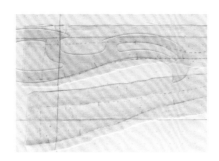

第1步

- 修正前中片1。对于从凸到凹的曲线，如胸部到腰部再到臀部的曲线，请用曲线尺修正圆顺。

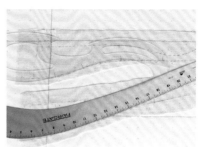

第2步

- 修正前中片2。请用金属长曲线尺修正圆顺更长、弧度更小的曲线。

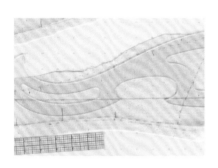

第3步

- 用小型放码尺修正直线并画出毛缝线。注意，大身前、后中心线的缝份为4cm，其余衣片缝份为1.5cm。

第4步

- 在十字标记处，修正前中片2到前侧片的线条。
- 这件紧身胸衣需要整件缝制完毕，因此，所有的衣片都要裁剪成左、右完全对称的两份。

- 首先，准备新的衣片，根据第80页的坯布准备示意图画出经向线与纬向线。
- 将两衣片的经向线、纬向线分别对齐，并用珠针固定。
- 沿着修正过的线迹一起裁剪两块衣片。

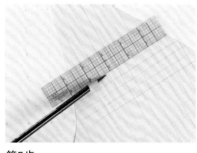

第5步

- 现在调整衣片所有的细节。在服装缝制前需处理绗缝部位。用铅笔和放码尺绘制绗缝线，把握好合适的绗缝线距。

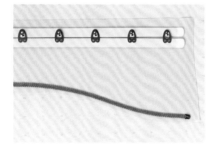

第6步

- 扣合件采用金属排扣，它由金属的扣与环两部分构成。当然也可以用风钩。
- 对于撑条，建议使用金属撑条，而不是塑料撑条。金属撑条放置于分割线处，可以弯曲，这对前身衣片的两条分割线非常重要，有助于塑造S曲线造型。

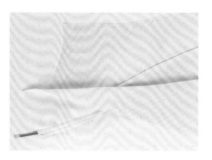

第7步

- 完成分割线的缝合，然后在靠近毛缝的地方机缝另一条缝线，从而形成一条管道，即可以插入撑条的撑条管道。
- 在前面的照片中，分割线与撑条可能是分别缉缝的。

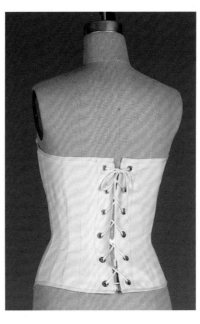

第8步

■ 裁剪一些平纹细布并随意卷绕，按照自己的想法确定花朵的结构与形状，完成花朵的制作。虽然设计助理最终会挑选丝绸质地的花朵来搭配最终的服装，但是在挑选时可以这些立裁花朵作为参照。

■ 将花朵附在衣片的上边缘，可以采用珠针固定或假缝。

第9步

■ 后中心线采用系带式，这样有利于穿着者调整紧身胸衣，达到适当的合体度。

■ 在后中心线折边的撑条管道中已放入撑条，同时做金属气眼，从而确保后背挺直。

分析

■ 认真观察前面照片中的拉克鲁瓦的紧身胸衣，同时与立裁服装进行对比。立裁服装通过前身的两条分割线，形成了维多利亚式廓型。但拉克鲁瓦的紧身胸衣从上边缘到腰部的S曲线更加明显，且看起来从上边缘到腰部的距离也更短些，似乎这是因拉克鲁瓦的紧身胸衣的衣片比立裁服装的衣片更短。

■ 模特的腰可能比人台更细，不管什么原因，拉克鲁瓦的紧身胸衣的腰看起来更细。请注意，如果前身两条分割线距离更近一些，则会产生腰部更细的视错。

■ 请发挥设计师的想象力，思考：如果服装采用真正的面料来制作，并配以丝绸质地的花朵，其效果将会如何？会给人以收放自如、极具动态与平衡之感。

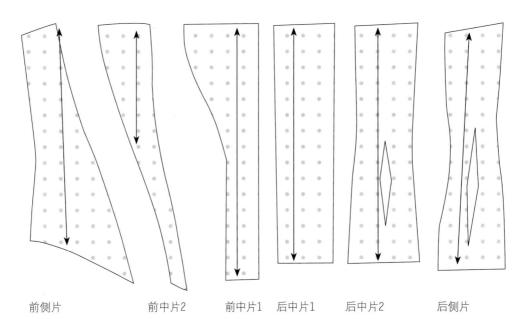

前侧片　　　　　前中片2　　　　前中片1　　后中片1　　　后中片2　　　　后侧片

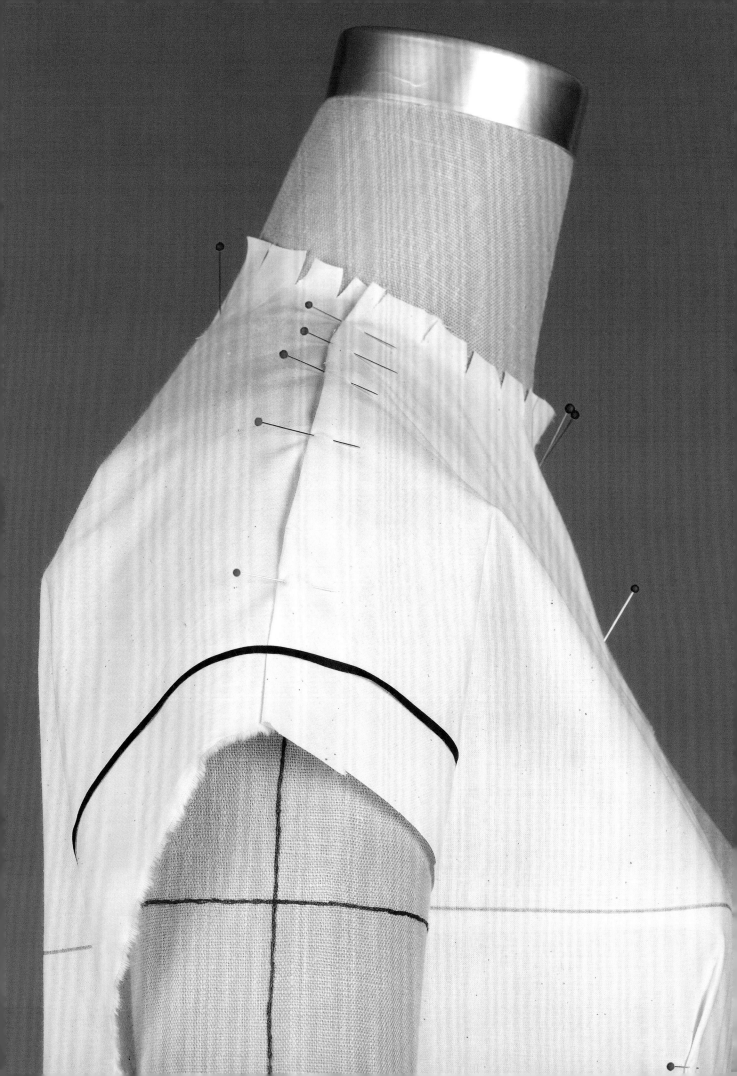

2 中级立体裁剪

在这一部分中，学习的重点是单件服装或套装的平衡性。这里展示的服装（如衬衫或短上衣）采用了多种元素，相比前一部分造型简单的服装，操作处理更为复杂。经过观察训练，你可以渐渐识别出什么是既匀称又合体，什么是均衡的线条，什么是有趣的焦点，又或什么是新廓型。

现在，你已经具备了一定立体裁剪的经验，请多加练习，确保立裁操作更加精准、手法更加灵巧，基础技巧很重要，要熟练掌握。一定要学会利用褶裥、活褶和碎褶来创造空间体积，也要学会处理复杂的曲线，这些都有助于你更好地把握服装的廓型。

当你获得自信时，你将会拥有一双"好眼睛"，既要力求创造性，又要具备洞察力。当样衣成形的时候，你的鉴别力也在渐渐加强，并开始形成个人风格。

2.1
半身裙

历史

　　在2004年，品牌普拉达（Prada）举办了一个名为"Waist Down"的裙装展，展示了从1988年至今的半身裙设计。半身裙的造型丰富多样、层出不穷，处理手法有打褶、收省、打裥、拼接、抽褶和分割线等，从而形成各具特色、造型不一的半身裙廓型。

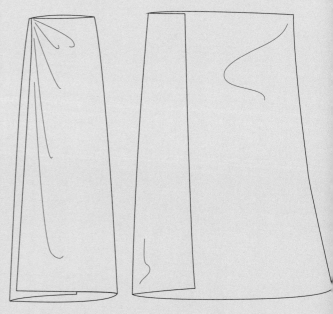

　　展会的特点之一是通过连接到屋顶的金属丝将裙子悬挂起来，排列在半空中。不同的裙子采用了不同的廓型，突显了动态中的裙料之美。

　　前文"1.2 连衣裙"中呈现了紧身胸衣的特征，并采用收省和分割线来实现。上面列出的处理方法，都可以用于半身裙的设计中，从而产生摇曳生姿的着装效果。也正是源于此，历史长河中才出现了各种各

左图：两位女士身着莎笼（Sarong），显而易见，这是长围裙，其面料为简单的矩形布，穿着时系在腰间。站在右边的女士，其裙装可以通过立体裁剪完成，即将裙片在身上缠绕包裹，并在上边缘系扎。

上图：缅甸莎笼的平面款式图，显而易见，裙片形状非常简单。

样的裙装风格。

最早的半身裙采用简单的机织面料制作而成，男女皆可穿着。在不同的文化圈中，半身裙的区别仅在于裙片包裹或系扎方式的不同，例如非洲坦桑尼亚人（Tanzania）的裹身布——肯加女服（Kanga）、阿拉伯半岛的前伊斯兰部落的伊札尔服装（Izaar）。莎笼是一种马来人的服装，曾盛行于南亚和太平洋群岛。现代时尚中的缠绕式泳装和休闲裙仍可以看见莎笼的形式。

在人体上固定面料的方式会决定或影响服装的廓型。例如，西欧的农民曾用一个简单的类似绳子的腰带穿过短裙的上边缘，通过抽褶塑造出丰满的裙型。传统的印度裙［或称为加格拉裙（Ghagra）］，面料采用的是非常轻薄的丝绸，制作方法非常简单，即将面料反复折绕以适合腰部。

随着时间的推移，女士的紧身胸衣变得更加合体、有型，与此同时，半身裙也同样裁剪得越来越合体。当然，半身裙仍然多为长裙，适当地盖住脚踝，对于女性而言（至少是对不用工作的女性而言），其

变化体现在宽度和廓型上，例如，18世纪50年代裙子流行矩形廓型［以裙撑帕尼埃（Pannier）为代表］，到19世纪初则为帝政样式的窄衣廓型，再到19世纪50年代则流行圆形廓型［这种裙子廓型借助克里诺林（Crinoline）裙撑形成，制作这种裙撑需要很多面料］。之后，带臀垫的半身短裙开始流行。然后裙子逐渐变短，直到1915年裙摆在地面以上。

直到1947年设计师克里斯汀·迪奥（Christian Dior）发布了"新样式"（New Look），带裙撑的裙装才又重新出现在日装中。由于人们经历了艰难的战争时期，因此对迪奥的细腰蓬裙大为追捧，这种裙型也成为之后十年的主要裙型，并由此重新确立了巴黎时尚之都的地位。

之后，裙摆底边线不断上升、下降，郁金香裙一会流行、一会消失。现在，很多时尚短裙都采用了省道、打褶和抽褶这些惯用的塑型方法，其廓型既让人感到新颖又觉得熟悉。

腰部捏了很多褶裥，并向下展开，塑造了传统的加格拉裙丰满的造型。

练习
苏格兰褶裥短裙
（Kilt）

　　苏格兰褶裥短裙，是一种男女均可穿着的苏格兰传统服装，其材料为一块长方形的苏格兰格子呢料。裙身前面是平整的，其余区域则制作了均匀的褶裥。褶裥须缝合得平顺笔直，止于上臀位线处，下面则散开、不缉缝以便于活动。将第91页的加格拉裙与苏格兰褶裥短裙相比较，两者在结构上都制作了大量的纵向褶裥。

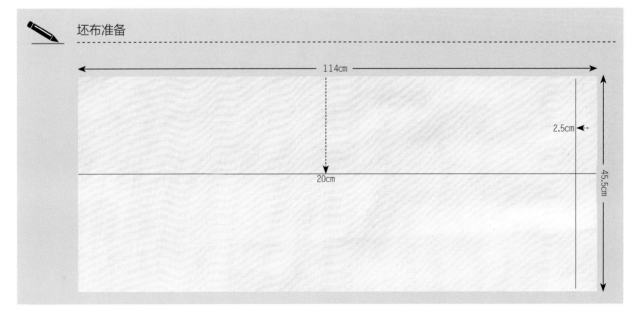

✏ 坯布准备

114cm

20cm

2.5cm

45.5cm

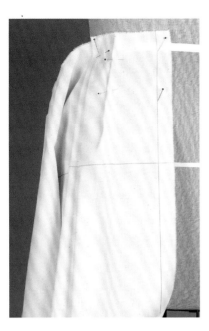
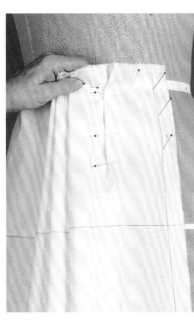

第1步

- 将裙片覆在人台上，用珠针固定其前中心线，并使臀围线与人台的臀围线对齐。
- 在公主线处收一个小省道，使腰部合体，同时确保裙片的臀围线水平。

第2步

- 制作褶裥，每个褶裥量约10cm。

第3步

- 观察褶裥与廓型。通常，每一个褶裥缉缝长度约10cm，之后不缉缝。采用这种方法制作的裙子，呈现出随着臀部曲线裙片向外展开的廓型。

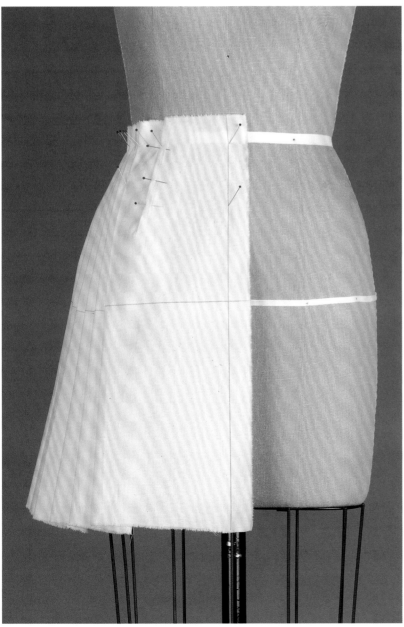

裙型

正如苏格兰褶裥短裙一样，旦多尔裙（Dirndl）和芭蕾舞裙也采用了长方形面料并在腰部进行结构设计，这两种裙子流行了数百年，着装者来自于不同的文化背景。褶裥使苏格兰短裙造型饱满；而旦多尔裙和芭蕾舞裙则是通过在腰部抽褶加强体量感。

在本次练习中，虽然使用的是坯布，但是通过裙长与褶量的变化，可以形成不同的裙型。

旦多尔裙和芭蕾舞裙

旦多尔裙：这是一种欧洲民俗风格的半身裙，各地农民已经穿着了数百年。这种半身裙采用简朴的机织面料，并用带子或细绳在腰部系扎。

芭蕾舞裙：其设计灵感很明显源自于舞蹈，通常面料质地轻盈，通过腰部抽褶塑造蓬起的空间感。

✏ **坯布准备**

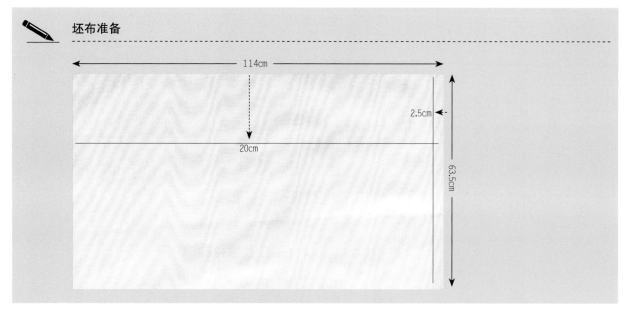

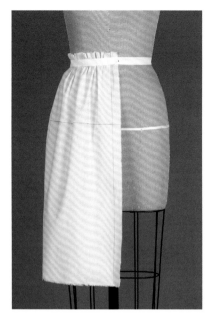

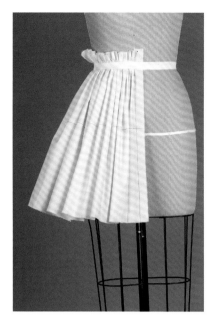

旦多尔裙

- 在立体裁剪前做一项准备工作——在人台腰部系一根松紧带。

- 将裙片覆在人台上，沿着前中心线用珠针固定，将裙片的上边缘从松紧带下面穿过。

- 调整坯布，从前往后均匀地在腰部抽褶，同时注意保持臀围线处的纬向线水平。

- 观察裙型，腰部的抽褶使面料在垂下时向外轻微张开。

芭蕾舞裙

- 以旦多尔裙为参照，从其上边缘向下45.5cm，以此为裙长，撕掉剩余的坯布。

- 向前调整抽褶量，使原来的后中心线位于人台侧缝线位置。

- 现在裙子的长度变短，裙幅增加，请观察由此引起的裙型变化。由于面料抽褶，从而导致裙子下摆向外张开。

三种半身裙

请认真学习、研究这三种半身裙的廓型，这样能训练你的眼睛，捕捉因结构处理形成的细微差别。

请记住打褶、打裥、抽褶的方法，如果在袖和领口运用这些方法，可以达到相同的视觉效果。

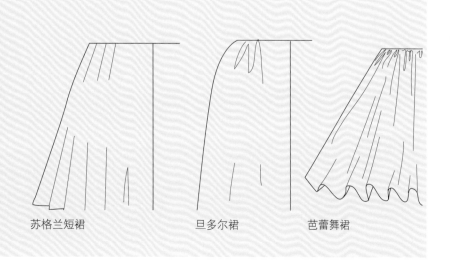

苏格兰短裙　　　　　旦多尔裙　　　　　芭蕾舞裙

直身裙

　　直身裙可以视为旦多尔裙的现代翻版，因为它也是选用长方形的机织面料并形成包裹下身的造型。但是两者有区别，旦多尔裙在腰部抽褶，而直身裙却是收省，因此直身裙没有向外蓬起的丰满造型，其表面更为平整。通常为了活动方便，会在直身裙的后中心线下摆处做褶裥或开衩。

　　非常合体的窄裙，有时也称为"铅笔裙"，曾在第二次世界大战期间盛行一时，那时由于经济危机，裙料的用量受到了限制。对于职业女性而言，窄裙是一种裙装基本款，非常实用，它已经成为一种永不过时的主打产品。

✏ 坯布准备

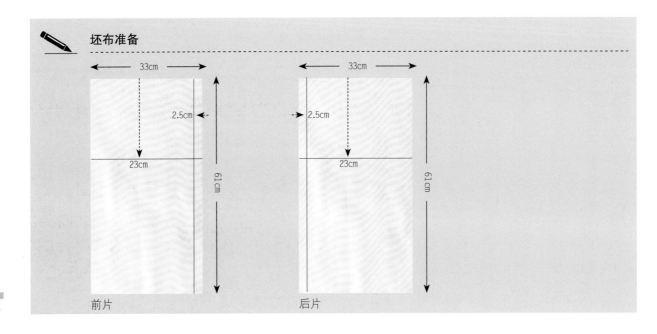

前片

后片

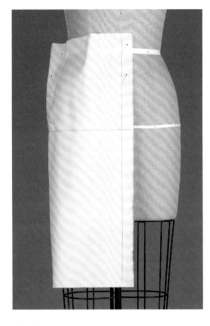

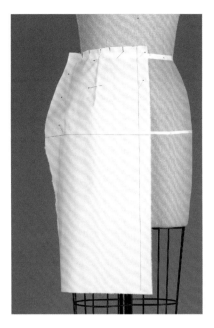

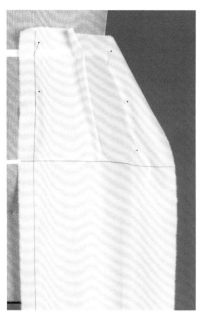

第1步

- 将裙片覆在人台上，用珠针固定其前中心线，并使其前中心线与人台的前中心线对齐。腰线往下15cm处用珠针固定。

- 在臀围线处用珠针固定，并留出2.5cm的松量，注意保持纱向线水平。

- 将坯布从臀围线向腰围线抚平顺，观察前身形成的余量。

第2步

- 在公主线处收腰省，省量约2.5cm。

- 腰省从腰围线向下约10cm长，用珠针固定腰省。为了使前臀围线部位的造型丰满，省道应稍微偏向侧缝线。

- 在腰围线处修剪坯布并打剪口，使其平顺。

第3步

- 取后片进行立裁，从第1步开始按照前片的操作方法制作后身。

- 在侧缝线处用珠针固定时，可以看出后片比前片多，这是由于多出的量符合翘起的臀部造型。

- 尝试收腰省。如果只收一个腰省，则省尖比较明显，省道很长。

- 试着将后身腰部的余量分到两个腰省中，即收两个腰省，故省道可以变短，使后片平顺。

纬向线对齐

纬向线对齐并不是非常重要，这只是用来保持各布片纱线均衡。对齐纬向线并不是操作的目的。

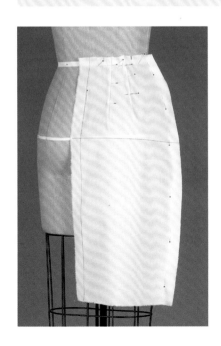

第4步

- 在侧缝线处，将前、后片的反面与反面相对，用珠针固定在一起，修剪侧缝线多余的坯布，留出约2.5cm的缝份。

- 拆去侧缝线处的珠针，将缝份向里扣折，使前片压后片，确保前、后片松量相等。

第5步

- 沿着腰围线粘贴标记带。

- 扣折底边，并根据人台架的水平框条把裙子底边调整水平。

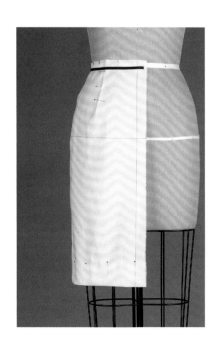

A型裙

　　A型裙或喇叭裙主要指腰部（或臀部）合体而裙摆向外展开的裙装，其立体裁剪的廓型取决于最终使用的面料。如果裙料采用轻薄的丝绸面料，裙片很长，则裙摆更显柔软、飘动。

　　由于A型裙立裁时主要集中于中臀围以上，这样多余的面料将沿着中臀围自然下垂，也因此导致A型裙较直身裙的腰省量小。

　　不要忘记扣合件，请确定是要绱侧拉链还是后拉链。

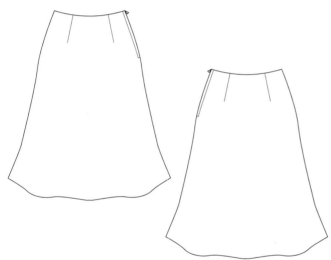

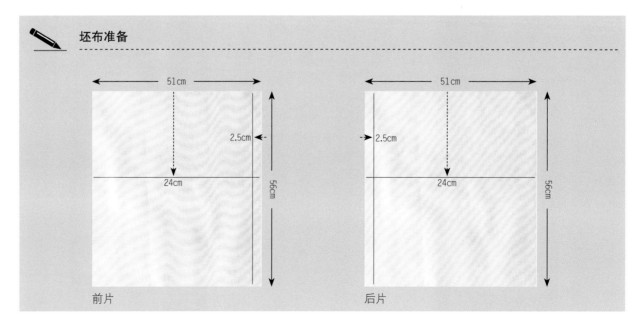

✏ **坯布准备**

前片

后片

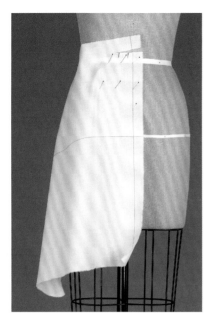

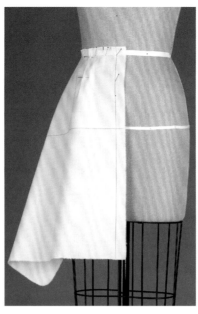

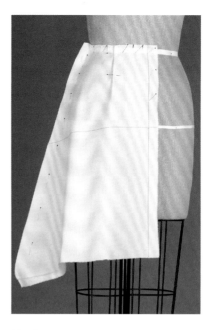

第1步

- 将前片覆在人台上，并使其前中心线与人台的前中心线对齐。腰线往下15cm处用珠针固定。

- 从距前中心线约7.5cm的上臀围线处开始用珠针固定。

- 沿着腰围线一边修剪多余的坯布，一边打剪口，并用珠针固定。面料沿着剪口自然下垂，形成喇叭造型。

第2步

- 继续在腰围线处打剪口，使腰部和上臀围处的坯布平顺。

- 在公主线的位置收一个小腰省，以防喇叭造型变得过于夸张。

- 与前面的照片进行对比。短裙的前面相当平整，由于腰省较小，因此限制了向外蓬起的喇叭造型，平衡感较好。

第3步

- 根据人台的侧缝线修剪裙片侧缝线，留出约2.5cm的缝份。

- 取后片进行立裁，从第1步开始按照前片的操作方法制作后身。

- 在侧缝线处，将前、后片的反面与反面相对，将两裙片沿着人台侧缝线向下10cm处由上往下用珠针固定，之后则按直线用珠针固定至底边，以塑造喇叭造型。

- 从侧面检查喇叭造型。对于这款半身裙而言，喇叭造型应该均匀丰满。请注意，一般而言，后身蓬起的喇叭造型会比前身更明显一些，要确保裙装在行动中散发出飘逸之美。

第4步

- 拆去侧缝线处的珠针，将缝份向里扣折，使前片压后片。具体操作时，首先在前、后片的臀围线处轻轻地做十字标记，这样当重新用珠针固定的时候，能够将前、后片重新对齐。然后拆去珠针，将缝份向里扣折，使前片压后片。

- 保持造型平衡。如果前侧缝线较后侧缝线上移，将会影响喇叭型，反之亦然。小心别破坏了刚刚立裁好的廓型风格。

- 用斜纹带固定腰部造型。

- 用一把长尺或带直角的钢尺画出裙摆底边并扣折好。

侧缝线

请注意，当前片或后片的腰围线上移或下移时，侧缝线会发生偏斜。短裙的侧缝线应当与人台的侧缝线对齐。

圆裙

在圆裙中，没有用到省道和分割线，在人台的腰部和上臀围线处将面料贴合人台，余下面料自然下垂，形成喇叭造型。前、后中心线为经纱，保持自然下垂，侧缝线为纬纱，两者之间为斜纱。由于裙下摆很大，并采用了斜裁法，因此创造了着装时飘逸流动之美。

圆裙廓型优雅、美观，是20世纪50年代乐观主义的标志性形象。正如照片所示，电影《罗马假日》（*Roman Holiday*）中的奥黛丽·赫本穿着的正是圆裙。

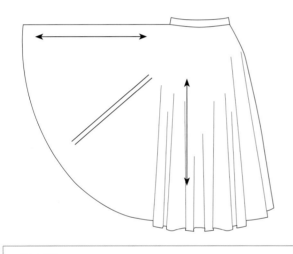

斜向线

斜向线用两条平行线标识，双线间距为0.5cm。

✏️ **坯布准备**

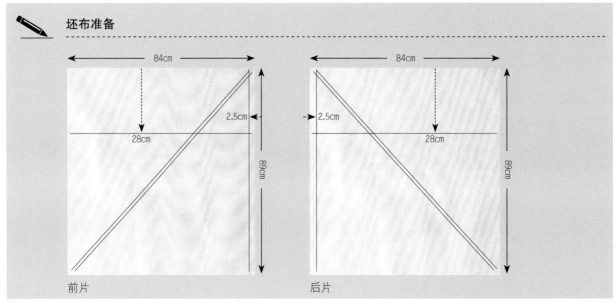

前片　　　　　　　　　　　　　　后片

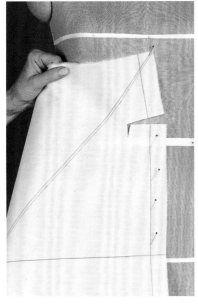

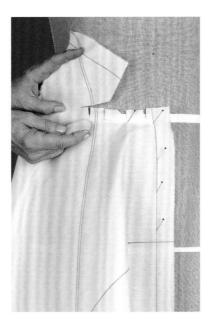

第1步

- 将前片覆在人台上，并使其前中心线、纬向线分别与人台的前中心线、臀围线对齐。坯布的上边缘接近胸围线。

- 沿着前中心线向下12.5cm处用珠针固定，然后每隔2.5cm用珠针固定。

- 在腰围线上方2.5cm处，水平打剪口，长度约2.5cm；然后再向腰围线方向打剪口。

第2步

- 因为使用了1/4圆的规格的坯布来制作右前身，故使前片上边缘自然下垂，从而使纬纱与人台的侧缝线平行，而斜向线保持垂直，此线位于公主线上。

- 为给以后做参照，用划粉在腰围线上轻轻地做标记线。

第3步

- 开始修剪腰口线并打剪口，每1.5cm打1个剪口，使裙褶展开均匀。

- 取后片进行立裁，从第1步开始按照前片的操作方法制作后身。

- 在侧缝线处，将前、后片用珠针固定，注意以前片压后片。

打剪口和珠针固定

请牢记：在打剪口和用珠针固定时，要力求精准。即使珠针固定位置仅相差0.5cm，也会影响下摆的形态。

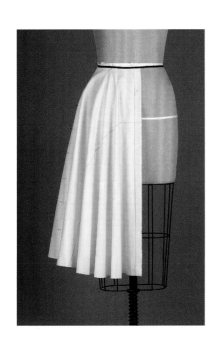

第4步

- 利用带直角的钢尺或人台架的水平框条，衡量底边，使其保持水平。从侧缝线开始，剪短裙子。

- 记住，通过在腰围线处进一步打剪口，可以调整下摆的形态。

- 完成腰围线的珠针固定，用斜纹带沿着腰部围绕一周，作为腰围线标记。

立体裁剪案例

——品牌Bill Blass短裙

　　这件Bill Blass的短裙与第96页的直身裙相似，也是基本款，但相比直身裙，两者在廓型上仍然存在微小的差异。Bill Blass的短裙更具有动感。这件Bill Blass短裙的侧缝线随着人体曲线起伏，裙摆变窄，高腰、紧身突出了沙漏造型，表现出经典的女性曲线美。

　　T台上的模特一般都很高。当你准备立体裁剪的坯布时，请考虑照片上的模特尺寸与你要做的最终尺寸之间的差异。在开始立裁之前，请先确定裙长，这样其他比例关系就容易确定了；还需要确定松量或者余量，这些都有助于控制裙子的合体度。我们看到模特所穿的半身裙非常紧身，但实际上，臀部至少需要2.5~5cm的松量。

　　当你开始立裁时，请既要考虑穿着者的体型，也要思考半身裙的造型。

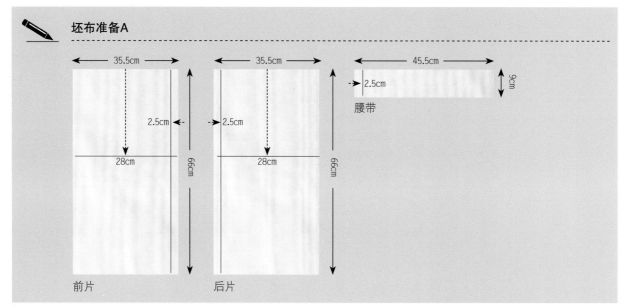

坯布准备A

35.5cm　　　35.5cm　　　45.5cm

2.5cm　　2.5cm　　2.5cm　9cm

腰带

28cm　　28cm　　66cm

66cm

前片　　　后片

第1步

- 将前裙片覆在人台上，并使其前中心线、臀围线与人台的前中心线、臀围线对齐。在前中心线由上往下15cm用珠针固定。

- 计算臀围线与侧缝线的松量，从臀围线向腰部用珠针固定。

- 为了确定省位，请观察前面的照片，注意上臀围线区域给人感觉较宽。究其原因，一是因为裙身上面有水平的条纹，二是因为腰省下端收省量逐渐变小，因此省道偏向侧缝线。从腰围线开始向下收省并用珠针固定。

- 由于腰省下端偏向侧缝线，因此当省道向上经过腰围线时会自然地保持这种斜向角度，导致造型不美观。这时就需要剪开腰省进行调整，使腰围线上方的省道也偏向侧缝线。

第2步

- 拆去前中心线处的珠针并重新用珠针固定，剪开省中心直至腰围线上方。

第3步

- 重新用珠针固定腰省，使其上端朝向侧缝线，从而突出腰部造型。

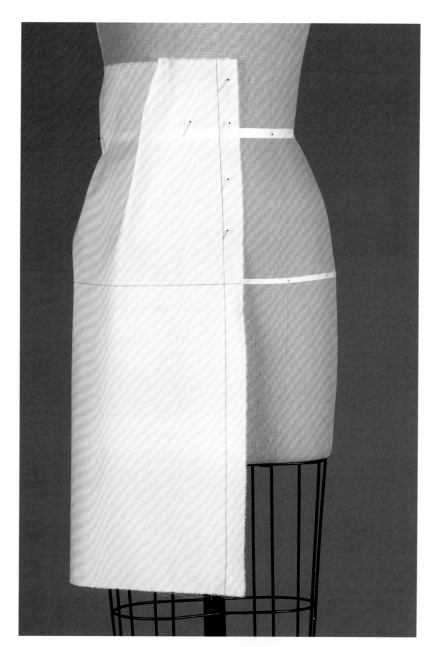

珠针固定精准

立裁操作越精准，越容易将它转化成纸样。请认真练习珠针固定的技法，如图所示，用珠针固定时，将珠针水平别向分割线。尽可能均匀地折叠褶裥，如果出现不平整，请试着重新用珠针固定，查出问题所在。

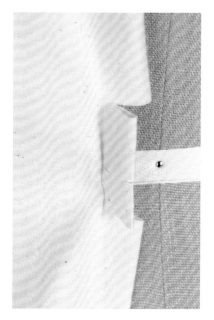

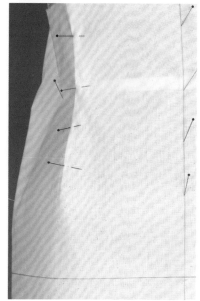

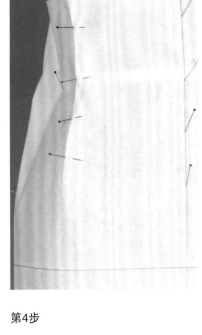

第4步

- 请观察前面的照片，确定侧缝线。保持纬纱呈水平状态。

- 在镜子中检查侧缝线，并对照平面款式图。

- 用珠针固定前片侧缝线到人台上，并留出一些松量。

- 修剪侧缝线并留出约2.5cm的缝份。

- 在腰围线处打剪口。

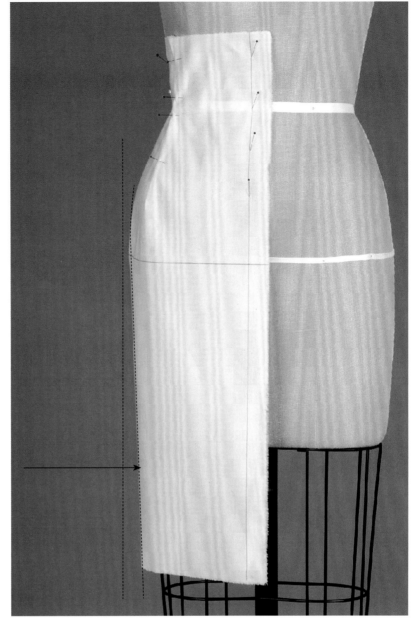

第5步

- 取后片进行立裁，使其后中心线、纬向线分别与人台的后中心线、臀围线对齐。

- 在后腰处收两个腰省，像前片一样剪开腰省。

- 从上臀围线往上，用珠针将后片侧缝线固定到人台上。修剪侧缝线并留出约2.5cm的缝份。

第6步

- 从臀围线向下，用珠针将后片侧缝线固定到前片上。

- 照镜子检查立裁效果，并与平面款式图进行对比。

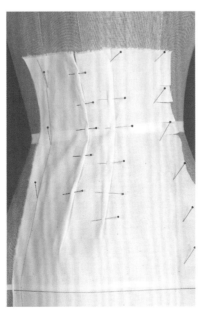

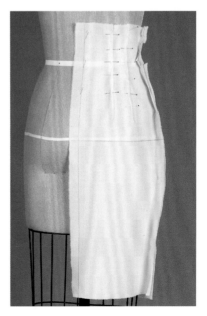

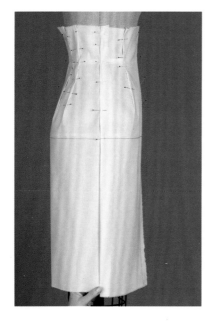 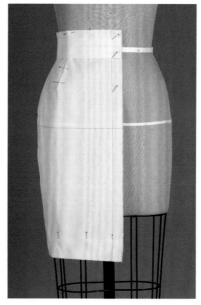 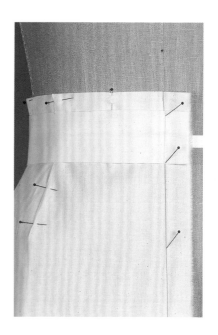

第7步

- 在侧缝线处,将缝份向里扣折,使前片压后片,并从臀围线开始向上用珠针固定。

- 现在抓住底边,仍然前片压后片,拉紧面料使坯布平顺垂下。

- 360° 检查廓型。从腰到膝的侧缝线是否方向正确?裙装是不是呈沙漏造型?

第8步

- 在立裁腰带前,请先检查平面款式图。腰带宽应为5cm。

- 取腰带裁片进行立裁,在上面用划粉画直线,沿直线烫压两边的毛缝,得到宽5cm的腰带。

- 将腰带围绕人台腰部立裁,约2/3在腰上,1/3在腰下。

- 扣折裙上边缘与底边缝份。

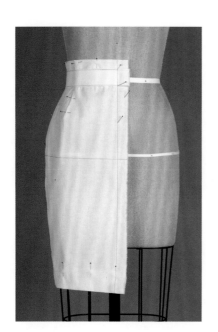

第9步

- 如果腰带看起来太宽,可以尝试制作更窄的腰带。然而即使将腰带裁片的宽度减少0.5cm,也会产生较大差距。

- 标记所有的接缝线与省道。

检查比例

　　一些细节,例如腰带宽度,确定其比例的大小非常重要。请研究两种宽窄不同的腰带对短裙外观的影响,宽腰带会显得拙朴,窄腰带则显得精巧。

标记和修正

　　前、后片的缝合线有些为曲线，且不一定总是相匹配的，尤其是一些特殊的风格会需要不同形态的缝合线。但是，在这个案例中，前、后片很相似，请力求侧缝线平顺一致。

　　在本案例中，底边呈凹形曲线，为使底边扣折得平整，扣折边必须足够小，或许是2.5~4cm，否则就用贴边完成。

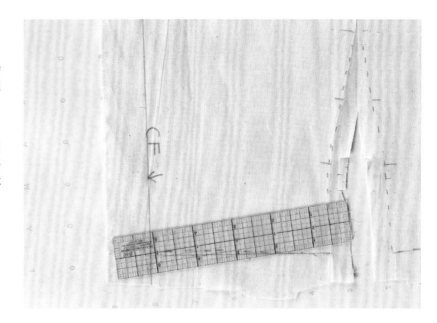

第1步

- 画省道线，修剪缝份至1.5cm。

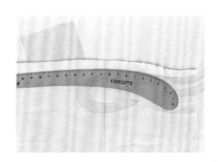

第2步

- 画前、后片的侧缝线。
- 将前、后片用珠针固定在一起，对齐腰围线和底边。
- 在后片下面放一张复写纸，用滚轮将前片侧缝线拓印到后片侧缝线上。

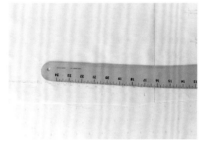

第3步

- 比较两条侧缝线，它们应该长短一致。如果看起来一条侧缝线比另一条侧缝线长，则要测量一下。将较短的那条侧缝线增长一些，较长的那条侧缝线剪短一些，使两者保持长短一致。

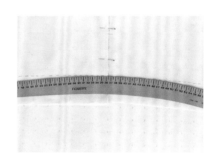

第4步

- 利用长曲线尺画底边线，有微微的弧度。根据制板要求，侧缝线与底边线通常呈直角，故底边线会自然地向上倾斜。先画侧缝线附近的底边线，确保夹角为直角，然后继续画剩余的前、后中心线处的底边线，呈直线。

- 如下所示，利用放码尺给各边缘线加放缝份：
  - 侧缝线缝份：2.5cm。
  - 上边缘缝份：1.5cm。
  - 底边缝份：2.5cm。

坯布准备B

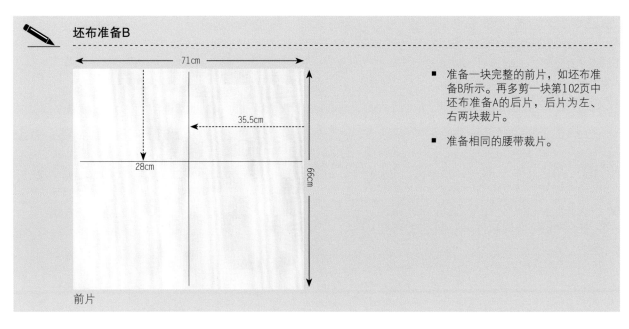

71cm

35.5cm

28cm

66cm

前片

- 准备一块完整的前片，如坯布准备B所示。再多剪一块第102页中坯布准备A的后片，后片为左、右两块裁片。

- 准备相同的腰带裁片。

对于这款半身裙，如果要缝制完整的半身裙样衣，则需要裁剪左右对称的前、后片。

- 首先，准备新的坯布裁片，根据坯布准备示意图，画出经向线与纬向线。

- 取前片，沿纵向前中心线对折，将之前立裁好的前片放在新对折好的前片上，对齐前中心线。再对齐纬向线并用珠针固定。

- 顺着之前校正好的线条将两块布片一起裁剪，并留出相应的缝份。

- 取后片，将两块后片的经、纬向线分别对齐，并用珠针固定，顺着之前校正好的线条裁剪，并留出适当的缝份。

- 在十字标记处打剪口，长度不超过0.5cm。

- 利用坐标纸和滚轮拓印省道和净缝线。操作时，在坯布下面放一张坐标纸，用滚轮画出省道线。因为是在两块后片上操作，因此，你必须在已扣折缝份的后片下面放坐标纸，然后再画一次线条，从而在另一块后片上做标记线。

分析

- 为了分析立裁半身裙的效果，请离开人台一些距离，一边拿着照片一边观察。判断立裁作品的造型效果如何？穿着是否舒适且合体？是否同照片一样显示出迷人的曲线？

- 观察侧缝线，判断从腰部到底边是否通过立裁手法塑造出了与照片侧缝线相同的立体效果？

- 腰带虽然只是配件，但它对这件裙装的比例关系起到了重要作用。在立裁过程中可以对腰带进行调整，使其外观达到最佳效果。

- 将坯布设想成黑色条纹面料，虽然有一定难度，但这样练习很有效。

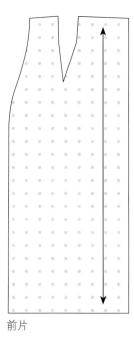

前片

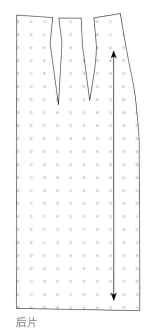

后片

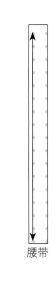

腰带

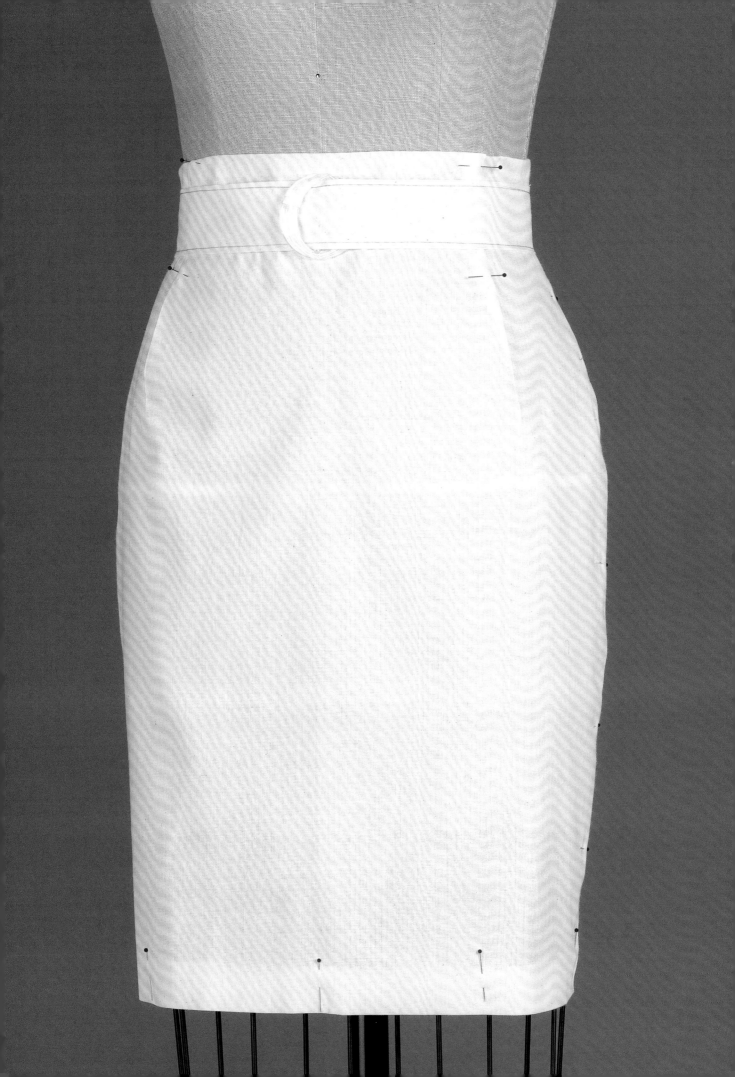

变化
抽褶喇叭育克裙

如果半身裙上采用了育克或其他收腰裁片，则可以在其下面进行抽褶设计，形成喇叭造型。因为育克通常在上臀围线处结束，所以腰省进行了转移设计，使半身裙腰口上边缘线自然弯曲，达到腰身适体的效果。注意，下摆下垂呈波浪状喇叭造型，类似于圆裙。由于半身裙裙片不是矩形而是呈扇形，所以侧缝线区域为斜纱，从而使穿着半身裙时产生飘逸流动之美。

✏ **坯布准备**

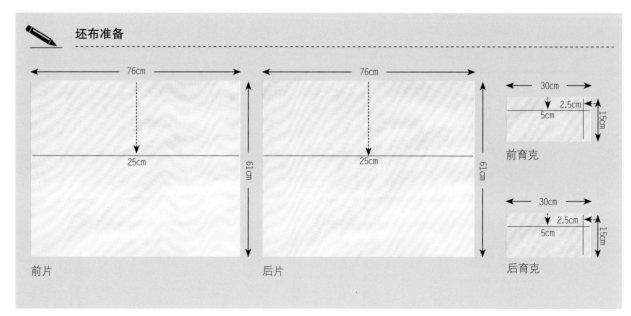

76cm

25cm

61cm

前片

76cm

25cm

61cm

后片

30cm

2.5cm

5cm

15cm

前育克

30cm

2.5cm

5cm

15cm

后育克

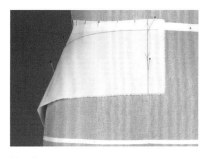

第1步

- 将前育克覆在人台上，使其前中心线、腰围线分别与人台的前中心线、腰围线对齐。

- 由上往下固定珠针，使布面平整，并使上端距腰围线2.5cm。

- 一边修剪布片一边打剪口，使前育克向侧缝线方向平顺地贴合人台。

- 将后育克覆在人台上，重复以上操作。

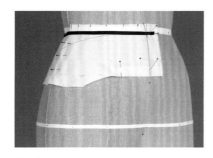

第2步

- 将前育克和后育克的反面与反面相对，用珠针将它们在侧锋线固定在一起。由于裙褶与育克缝合，因此在裙料重力的作用下，育克可以很好地贴合人台，没有余量。

- 将缝份向里扣折，使前片压后片，并用珠针固定。

- 在腰围线处粘贴斜纹带，用珠针在前、后中心线处固定。

- 一定要确定好育克的宽度，从而达到理想的比例关系，用划粉轻轻地画出育克线。

- 按照标记的育克线向里扣折育克缝份。

第3步

- 取半身裙的前片，准备抽褶、完成喇叭造型。与第26~29页的束腰丘尼克舞蹈服练习一样，这里也可以利用一条松紧带来调整坯布，使其均匀分布。

- 向上轻轻地拉起育克裁片，在育克线的上方2.5cm处固定一条松紧带，保持松紧带与地面水平。

- 将半身裙的前片放置在松紧带下面，并按前中心线对齐。将前片从松紧带下向上拉出10~15cm。

- 请注意现在的廓型是否与第94~95页的旦多尔裙一样？由于想使这件半身裙呈一定的喇叭造型，需要将长方形的裙片转变为曲线造型。

第5步

- 将侧缝线用珠针固定在一起。

- 在紧贴松紧带的上方修剪上边缘。

- 完成抽褶。请注意，根据前面照片中裙侧部自然平顺的造型，调整立裁半身裙侧部的褶量，将碎褶更多地向前、后中心线集中。

- 向下扣折育克，用珠针固定扣折处。

- 根据人台的水平框条，扣折裙子的底边，使底边与人台的水平框条保持平行。

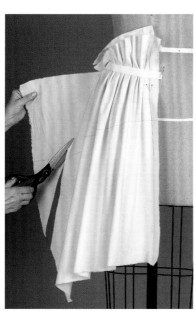

第4步

- 操作时请参照第100~101页的圆裙立裁，当修剪侧缝线处的坯布、形成曲线造型时，请注意面料垂下的方式。从侧缝线开始，抓住底边的面料向下拉，对抽褶进行调整并注意其造型。继续调整，直至达到理想的造型。

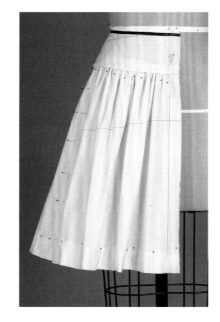

- 请注意，此时前片的纬向线已经不再保持水平状态，而是倒向侧缝线，现在侧缝线是斜纱，因此可以剪掉下边缘的大三角形。

- 取半身裙的后片进行立裁，从第3步开始按照前片的操作方法制作后身。

2.2
女式衬衫

历史

　　早期服装常常是不同造型、不同层数的丘尼克服装，尤其对于特定地区或部落而言，服装通常采用机织面料，通过包裹、系扎制作而成。在西方社会中，这些简单的服装形式早已演变为农民的罩衫，即农民衫，并采用矩形裁片与抽褶设计。

　　到14世纪后期，人们已经能够裁剪制作形式精良的男式衬衫。

　　但是对于女性而言，直到19世纪60年代女式衬衫才开始出现在她们的衣橱中，当时法国皇后尤金妮（Eugenie）推崇一种红色的宽大衬衫——加里巴尔迪（Garibaldi）衬衫。这种衬衫以意大利革命命名，模仿了男式衬衫的廓型，采用一系列的方形和长方形面料制作，没有过多的浪费。

　　当女式衬衫中采用了育克以及合体的袖窿、袖头时，其舒适性与合体性都有所提高，可以说这种造型是女式衬衫的雏形。直到19世纪90年代，大量女性进入职场，她们需要新颖又实用的服装，这推动了男式女衬衫的发展，满足了职业女性的需求。

　　在现代时装中，女式衬衫通常裁剪复杂、细节美观、装饰精巧，过去的农民衫已经成为历史。

意大利画家卡巴乔（Carpaccio）1494年画作的局部，从中可以看到，男士穿着的服装裁剪得非常合体、复杂。

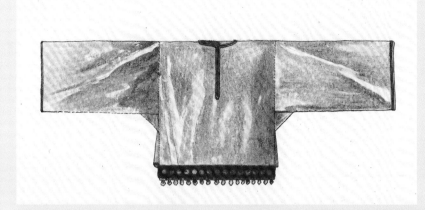

这是一件鞑靼（Tartar）妇女的衬衫，可以看到，早期的女式衬衫采用了传统结构，构造非常简单。衬衫底边装饰了缎带、金片和金币，这也印证了在很多人类文化圈中存在着精美的装饰设计。

这是一件1866~1890年的纯棉衬衫，与农民衫有着相似的构造，前、后片为矩形布片，腋下插入三角形布片。

折叠布片 ⟶

这是农民衫的现代版。这件衬衫与本页第一张图鞑靼妇女衬衫采用了相同的裁剪方式。请注意，腋下的三角形布片是用正方形面料折叠而成，给予胳膊更多的活动量。

练习
立体裁剪女式衬衫

　　一些结构处理，如褶裥、打褶和抽褶等，既运用于半身裙中，目的是塑造空间造型；也常常运用于女式衬衫中，使衬衫造型符合女性肩、胸和腰部的曲线形态。

　　在女式衬衫中，需要协调的因素很多，但比例最为重要。领口线的高度、袖子的形状和侧缝线的裁剪都必须同时兼顾、相互谐调。衣领、袖头和纽扣也必须调整适当，确保整体的平衡。

　　女式衬衫通常有些修身，这样穿起来比较舒服。在立体裁剪中，会使用抽褶或褶裥的处理方法，因此平时必须进行相关练习，要对塑型非常敏感。对于需要松量的部位，如胸、上臂和肩胛骨部

位，立裁布片时应离开人台一定的距离，而不是紧贴人台。这些都需要操作技巧，且需要不断的练习。

　　现代的女式衬衫中采用了较为合体的袖身与袖窿，将现代这种造型与前面介绍的用方形或长方形机织面料制作的服装造型相比较，前者构造复杂、精细，而后者则优雅、单纯。在结构设计中，采用曲线可以更好地塑造美观、合体的袖子，虽然这比较复杂，但是必须重点掌握。此外，现代衬衫的袖身通常向前一定的弯度。如果袖窿不合适，会导致服装看起来很别扭，虽然普通人可能不知道原因所在，但是会本能地意识到某些部位发生了歪斜。

袖片和袖窿：丰富的曲线

　　袖山弧线和袖窿弧线必须匹配。对于袖子而言，微小的弧线差异也会导致迥然不同的外观和合体度。

在立体裁剪中，袖子的制作相对较难，因此，在开始立体裁剪之前，应当掌握一些袖子纸样的原理，这非常有用。本页展示了三种不同袖型的袖片、袖窿。请认真研究袖片纸样上的弧线差异，它们会影响腋下的合体度。应掌握：在袖山弧线的下半部分，要去除一部分量，其作用就像收省一样，为减少腋下区域的空间。对此一定要掌握，这是研究的目的。

传统非洲套衫

这件传统非洲套衫其实是丘尼克，袖和大身都裁剪成方形或长方形。这种服装造型宽松、优雅。但请注意，当袖子垂下时，腋下会形成大量的皱褶，人体活动时很方便。

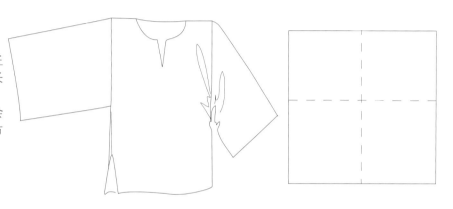

经典衬衫

这件经典衬衫运用育克转移了胸部和袖窿的一些余量。没有使用省道，衣身较为宽松。但请注意，在袖山弧线处去掉了一块楔形的布片。在衬衫腋下部位的皱褶较传统套衫的量少了很多。穿着这件衬衫，手臂可以抬到一定的高度。

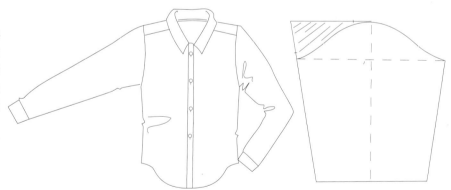

塔士多（Tuxedo）女衫

这件塔士多女衫非常合体，在公主线中隐藏了省道。此袖袖山高偏高，袖肥减小，故腋下合体。需注意的是在袖山弧线处剪掉了更多的余量，使衬衫腋下部位的堆叠量也大大减少。穿着这件衬衫时，手臂抬高会受到限制。

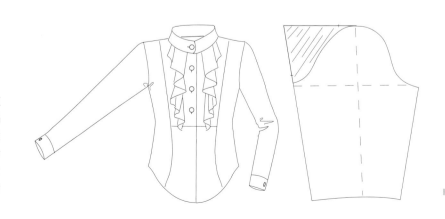

农妇衫

这件农妇衫灵感来自于莫斯奇诺（Moschino）2008年春夏发布会上的连衣裤。农妇衫的前片、后片和袖片都被裁剪成长方形，形成插肩袖造型，领口线处抽褶。这件服装在比例上处理得非常好。此外，宽的肩襻、袖头和门襟突出了修长的前、后身。

风格的调试

在服装设计中，设计师经常调整现存的设计风格或经典的裁剪方式以达到自己的设计目的。在这里，将原本的连衣裙从上臀围线以下剪开，改为女式衬衫。

✏️ **坯布准备**

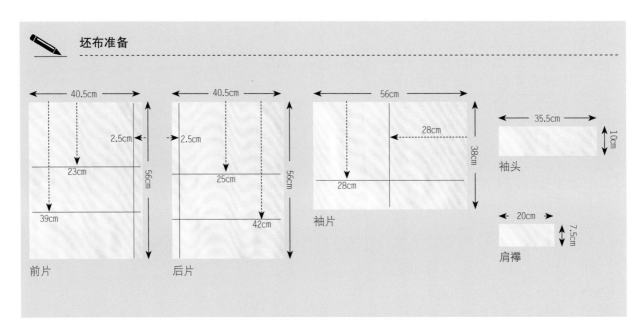

前片 40.5cm / 56cm / 2.5cm / 23cm / 39cm

后片 40.5cm / 56cm / 2.5cm / 25cm / 42cm

袖片 56cm / 38cm / 28cm / 28cm

袖头 35.5cm / 10cm

肩襻 20cm / 7.5cm

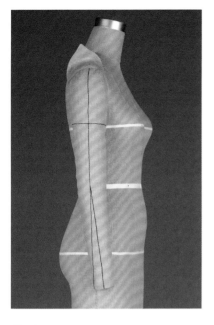

第1步

- 取装有絮棉的手臂，将其上的三角形布片放在肩部，使其袖山顶点对准肩点，同时将絮棉手臂对准两侧的边缘线，并用珠针固定，从而将絮棉手臂固定在人台上。将手臂上端的标记线分别与人台肩线、臂根边缘线对齐，并用珠针固定。

- 请注意，手臂应当稍稍向前倾斜，其倾斜角度应与正常人体手臂自然下垂的倾斜角度一致。

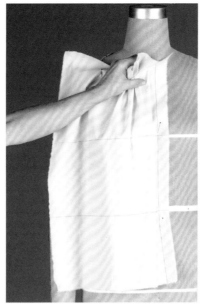

第2步

- 将前片覆在人台上，使其前中心线与人台的前中心线对齐，并用珠针固定。将前片的两条纬向线与人台标记线对齐，第一条纬向线对齐胸围线，第二条对齐腰围线。

- 对照前面的照片，确定衬衫前身的空间造型，在侧缝线处用珠针固定（图上没有显示），保持胸围线处的纬纱水平。

- 在坯布上确定抽褶的量，在适当的位置用珠针固定。

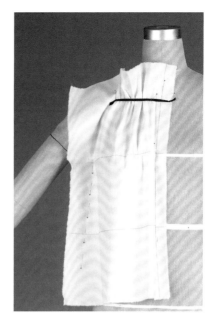

第3步

- 在抽褶的部位用珠针固定斜纹带，确保抽褶量均匀分布。

- 取后片进行立裁，从第1步开始按照前片的操作方法制作后身。调整前、后片的抽褶，使其抽褶量相当，并保持均衡。

- 在侧缝线处，将前、后片的反面与反面相对，用珠针固定在一起，并使其下摆呈轻微的喇叭造型。

第4步

- 将袖片覆在絮棉手臂上，使布片袖中线与絮棉手臂的纵向中心线对齐。

- 修剪腋下缝份，将侧缝线缝份向里扣折，使前片压后片并用珠针固定（图中未显示）。

女式衬衫的基础构造

　　这里的衬衫与第115页展示的衬衫在构造上很相似，都是采用了两块正方形的前、后片。女式衬衫的基础构造很近似，请认真观察，这有助于思考袖子与大身连接的形式。

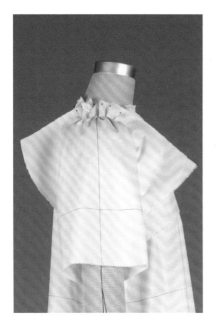 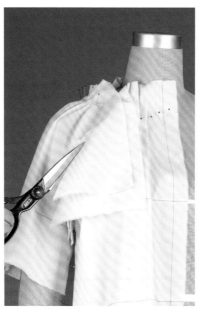 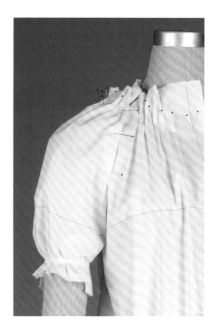

第5步

- 将袖片的袖中线分别与肩线、絮棉手臂外侧纵向线对齐，将袖片的纬向线与絮棉手臂的腋窝线对齐。

- 保证肩部造型丰满，在适当的位置用珠针固定。

- 抬起絮棉手臂，对照前面的照片，确定袖子的空间。

- 将前、后袖底缝线用珠针固定。注意坯布的反面与反面相对并用珠针固定，确保纬向线对齐。

- 修剪袖底缝，留出约7cm的余量，在腋下部位重新用珠针固定，使前片压后片。

第6步

- 修剪袖子上方前、后多余的三角形坯布。

- 再修剪与前一步骤相似的大身前、后三角形坯布。

第7步

- 为了塑造袖山的体积感，围绕袖头位置系一条斜纹带或松紧带。

- 用珠针将袖片固定在前、后片上。固定时应从袖子中部开始，向上固定到领口线，向下固定到腋下。

- 当前后移动袖身缝合线时，偏袖角度会发生变化，移入袖窿的坯布也会增加或减少，请认真观察袖子的造型变化。现在请上下移动袖身缝合线，再次观察袖子的造型变化。对照前面的照片，力求立裁的袖型与照片一致。

腋下部位的珠针固定方法

腋下部位是廓型塑造的关键，较难用珠针直接固定，需要多加练习。当用珠针固定时，试着用絮棉手臂抵住。袖底缝线与侧缝线最后约7cm的位置可以先不用珠针固定，待从人台上取下样衣放在桌上时，再完成这部分的操作。

第8步

- 在调整服装最终的比例时，请将照片放在立裁服装的旁边，这有利于不断检查立裁服装的细节。

- 将袖头裁片环绕袖底边，调整袖山抽褶，确定抽褶量与抽褶的长度。

- 根据照片，用斜纹带标记领口线与底边线。设想完整的服装造型，修剪领口线与下摆底边线多余的坯布。

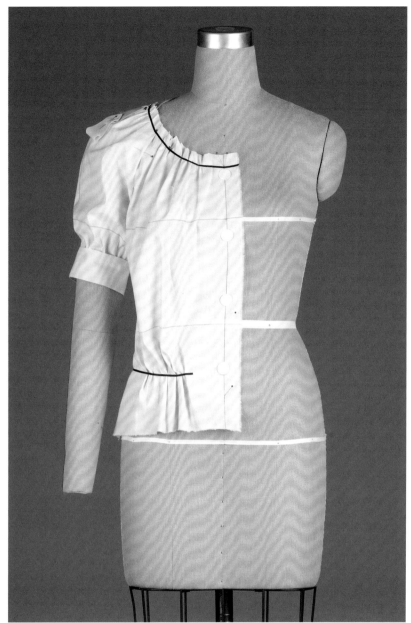

第9步

- 完成装饰细节，如肩襻、纽扣和门襟，确保比例协调。

调整服装各部位的细节比例

　　立裁这件女式衬衫的关键在于处理好服装各部位细节的比例关系。如袖头、肩襻的尺寸必须相互协调，同时还要与衬衫的体量相辅相成，不宜太小或太大。

　　多做练习，观察细微的尺寸变化对造型的影响。

吉布森少女衫

　　著名插画家查尔斯·达纳·吉布森（Charles Dana Gibson）创造了20世纪美国理想女性形象。他笔下的吉布森少女身材笔直、腰肢纤细并拥有一头秀发。吉布森少女身上的衬衫非常经典，即育克、后背由上至下系一排扣子、蓬蓬袖与立领。这种衬衫有上百种变化款，颇受女性青睐。

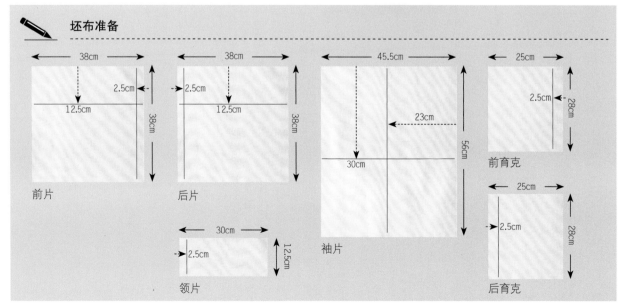

坯布准备

前片　38cm　12.5cm　2.5cm　38cm

后片　38cm　2.5cm　12.5cm　38cm

袖片　45.5cm　30cm　23cm　56cm

前育克　25cm　2.5cm　28cm

后育克　25cm　2.5cm　28cm

领片　30cm　2.5cm　12.5cm

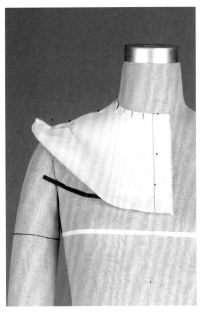

第1步

- 在人台上做育克标记线。

- 将前育克覆在人台上，使其前中心线与人台的前中心线对齐，并用珠针固定。修剪领口线，使其平顺。

- 沿着人台上的前育克标记线，修剪前育克多余的坯布，并留出至少2.5cm的缝份。

- 将后育克覆在人台上，使其后中心线与人台的后中心线对齐，并用珠针固定。如前育克操作，修剪后身领口线并打剪口（图中未显示）。

- 修剪肩部多余的坯布，将前片压在后片上并用珠针固定。

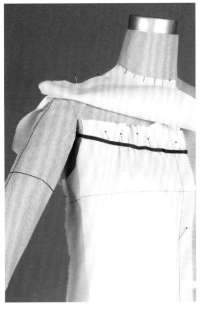

第2步

- 掀起前育克，将前片覆在人台上，使其前中心线、胸围线分别与人台的前中心线、胸围线对齐。

- 对照前面的照片，在侧缝线处固定一针，试着确定前片的空间造型。

- 沿着前育克线在前片上固定一条斜纹带，然后调整下方的前片，以便确定抽褶的效果。确保胸部造型丰满，而靠近侧缝线的位置则减少抽褶量，从而减少体积感。

- 剪掉袖窿处多余的坯布，使侧缝线腋下部位平顺。

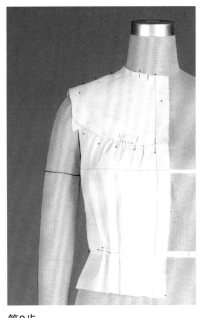

第3步

- 在腰围线的位置打褶，控制上身造型。

- 对照前面的照片，确保胸部造型丰满。

- 取后片进行立裁，从第2步开始按照前片的操作方法制作后身。

- 在侧缝线处，将前、后片的反面与反面相对并用珠针固定。然后拆去珠针，将缝份向里扣折，使前片压后片。

- 将育克翻下来，将缝份向里扣折，使前育克压前片，并用珠针固定，注意确保育克线为曲线。继续调整抽褶效果，使其均匀。

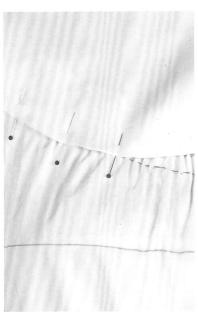

第4步

- 如果抽褶看起来不均匀，可以顺着分割线粗缝。

- 用标记带（或斜纹带）标记袖窿弧线。袖窿采用经典造型：前袖窿弧线下方弧度较大，而后袖窿弧线下方弧度较小。由于是装袖，所以其袖窿比无袖挖得稍深。

- 用标记带标记领口线，其前中位置应该比人台领口线低1.5cm，其后中位置与人台领口线一致。

- 对照前面的照片，检查所做的标记线，并用划粉轻轻做标记。在开始立裁袖子之前，拆去所做的标记线。

（下接第126页）

2 中级立体裁剪

袖子简易平面纸样制图

接下来的步骤就是袖子平面纸样的制图。当然，你可以按照第126页第5步的方法从头开始立裁袖子，也可以按照现在介绍的袖子简易平面纸样制图的方法进行立裁操作。

袖子平面纸样制图需要准确的尺寸测量，这有别于立体裁剪。但是立体裁剪袖子也有其明显的优势，在立裁过程中可以根据效果随时调整袖子的造型。

这里介绍的袖子平面纸样制图有助于袖子的立裁。在立裁之前，应掌握一些量体数据，并确定可以参照的基本形，这非常有效。虽然这里的袖子纸样制图并不是最终的袖子纸样，但是它有助于确定袖子空间造型的基本参数，节省立裁的时间。

操作时，可以先在纸上进行袖子纸样的绘制，然后按照纸样裁剪坯布，也可以直接在坯布上进行袖子纸样的绘制。

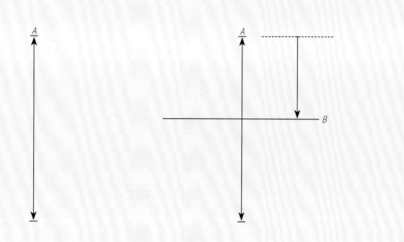
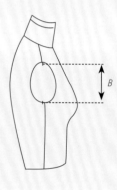

第1步

- **A**：确定为袖长。测量方法是：从肩点到腕部，或者到袖长所需要的位置。
- 画一条竖直线，长度为袖长，标记为**A**（既表示袖中线，也代表袖长）。竖直线段也是经向线的标识。

吉布森少女衫的袖长尺寸：袖长 $A=51\text{cm}$（3/4臂长）。

第2步

- 接下来确定袖山高**B**，即从袖山顶点到袖窿底点的长度。测量袖山高有三种方法：

  1. 将袖窿弧线三等分，1/3的袖窿弧线长度即为袖山高；
  2. 从肩点垂直至袖窿底点的长度；
  3. 估计手臂的内长——手臂上抬，测量从腕部到袖窿底点的距离。从之前绘制的竖直线的底部向上取该长度，画一条水平线。

- 采用三种方法中的一种或多种方法（可以是平均值），确定袖山高，据此从竖直线段的顶点向下画一条水平线，并以经向线为对称轴左右居中。标记这条水平线为**B**，即为袖窿深线（**B**也代表袖山高），也可以称之为纬向线。

吉布森少女衫的袖窿深尺寸：$B=23\text{cm}$。

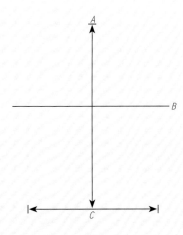

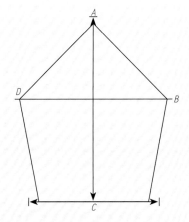

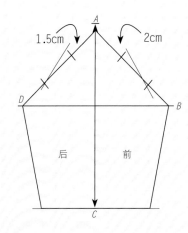

第3步

- 确定袖口围尺寸C。在经向线下端画一条水平线，其长度为袖口围，并以经向线A为对称轴左右居中。标记这条水平线为C（C既是袖口线，也代表袖口围）。

吉布森少女衫的袖口围尺寸：C=35.5cm。

第4步

- 确定袖肥D。在此之前，需先在B线上确定点，从而确定袖山斜线角度。传统的做法是：测量袖窿弧线长度，然后分别在A线左、右两侧的B线上各取一点，使其与A线顶点的距离为1/2袖窿弧线长，标记新点为D（D既是袖窿深线，也代表袖肥），以此画出袖山斜线。

- 另一种做法是在袖窿深线的位置确定想要塑造的袖肥空间：对于较高袖窿，在袖窿深线的位置估计；而对于较低袖窿，则在低于袖窿深2.5cm的位置估计。以A线将其均分为二，在B线上确定左、右标记点，用斜线将其与A线顶点连接。

- 用斜线将B线的左、右点分别与C线的左、右两个端点连接。

吉布森少女衫的袖肥尺寸：D=28cm。

第5步

- 现在画袖山弧线。

- 标记袖子的前、后，通常前在右边，后在左边。

- 分别将前、后袖山斜线AB、AD平均分为3份。

- 在前袖山弧线第1个1/3处向外2cm确定一点。

- 在后袖山弧线第1个1/3处向外1.5cm确定一点。

- 如图所示，用线将上面两点与前、后第2个1/3处的点连接。而这第2个1/3上的点被称为"转移定点"，即标示袖山弧线从外凸的袖山顶弧线转变为内凹的袖底弧线的转折点。

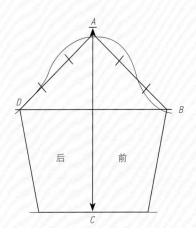

第6步

- 从A线的顶点起，经过"转移定点"，再到B线，画S曲线。

- 请研究袖子的造型，这有助于一边立裁、一边思考最终的袖片造型，即使这仅仅是袖子立裁前的起点。

袖山顶弧线的造型

前袖山弧线的第1个1/3凸起量要比后袖山弧线的第1个1/3凸起量大，这是为了适应肩点向下2.5～5cm肱骨部位的前面较后面突出。当手臂向前移动时，为了提供足够的活动空间，后袖山弧线需更加平缓。

测量袖山高

- 用一块方形的坯布包裹手臂，并拼接腋下缝线。观察效果不难发现，在袖山部位需要一块三角形来弥补肩部的缺失量，此量即为袖山高。

- 当坯布对接袖窿底点时，测量从肩端点到坯布的距离。这就是袖山高。

- 如果在开始时就借助一些参照物来进行测量，如图所示，那么在立裁袖子的这个阶段将会更加容易。

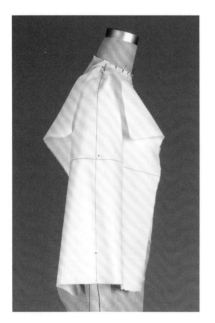
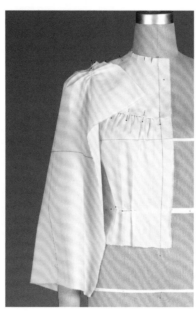

（上接第123页）

第5步

- 如果已经使用了前面介绍的宽松袖纸样制图的方法，那么请在坯布上轻轻地做袖子标记线，以此作为参考。如果已经直接开始立裁了，那么请测量袖山尺寸并标记到坯布上作为参考。

- 将袖片覆在絮棉手臂上，使袖中线与絮棉手臂的外侧纵向线对齐，并在袖窿深线和靠近腕部的位置分别用珠针固定。

- 根据絮棉手臂前倾的自然状态（如絮棉手臂上的蓝色线所示），也使袖子保持稍微前倾的状态。

- 将袖子上方多余的坯布折叠成三角形，这时可以看到袖子的基本形态逐渐形成。

第6步

- 在袖山顶部抽褶，按照前面照片所示，塑造袖山顶部的空间并用珠针固定。

第7步

- 从腕部开始，确定下部的空间，如前面照片所示，微微呈喇叭造型。

- 从袖中到肘部位置，用珠针固定前、后袖底缝线，注意用珠针固定时坯布的反面与反面相对。

第8步

- 确定袖子腋位转折点。从侧面观察袖子，确定袖窿深线对应处的袖子空间。围绕手臂，360°检查袖子并调整其空间造型，直到感觉与前面照片一致为止。袖子腋位转折点位于前、后腋点附近袖片向内转的位置。可以尝试在袖窿处将腋位转折点上、下移动2.5cm，观察袖子的平衡变化。确定最平衡、最好看的位置。

- 在前、后袖腋下位置用珠针固定。

- 修剪袖子上方多余的三角形坯布（图中未显示）。

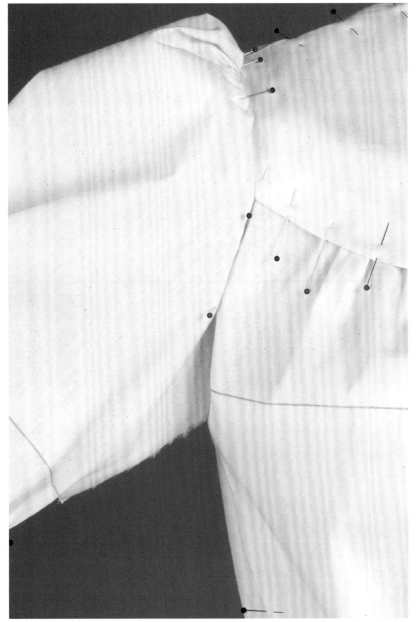

腋下位置用珠针固定

在腋下位置用珠针固定，其操作难度较大，需要多加练习。当用珠针固定时，试着用絮棉手臂作为支撑，巧妙使用珠针进行固定。

第9步

- 从腕部到肘部，将袖底缝的缝份向里扣折，使前袖压后袖。注意纬向线要对齐。

- 请在袖口系一条斜纹带或松紧带，并调整碎褶。

- 从侧面检查立裁效果，为了给肘部一定的活动量，应使后片比前片稍微长一点，修剪多余的坯布，留出1.5cm的缝份（图中未显示）。

第10步

- 再次检查袖山造型是否均衡，并沿着袖窿弧线将袖山缝份向里扣折，调整袖山造型。

- 将腋位转折点以下多余的三角形坯布向里扣折并顺着袖窿弧线下垂。

- 沿着袖底弧线用珠针固定，并根据操作需要抬起或放下手臂，研究袖子的活动量。理想效果是：袖窿弧线应被自然下垂的袖子所遮掩。

- 处理袖底缝线，往下、往上交替用

珠针固定。

- 往上至袖窿的最后7cm处较难用珠针固定。当完成立体裁剪之后，可以从人台上取下衬衫，最后完成这部分的珠针固定（参见第13步）。

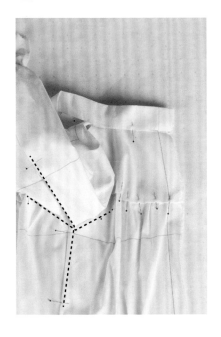

领子

立体裁剪领子时，可以从前往后操作，也可以从后往前操作。这里演示的是简单的立领，可以从前面开始操作，在后面结束。

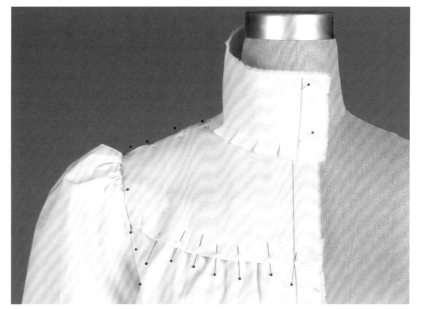

第11步

- 将领片覆在人台上，使其经向线与大身前中心线对齐并用珠针固定，然后沿着大身领口线将领片从前往后绕，一边打剪口、一边用珠针固定。

第12步

- 按照理想的领宽，扣折领上口线。

- 扣折领下口线，并沿着领下口线用珠针固定。

第13步

- 在袖子上做标记，然后从人台上取下袖子，将它放置在桌子上继续处理袖底缝线（参见第10步）。

- 研究袖型和袖山高。前、后袖窿底点应当位于同一条水平线上，并且形状如下图所示。

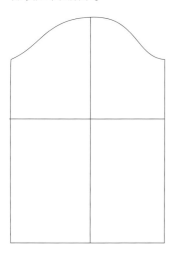

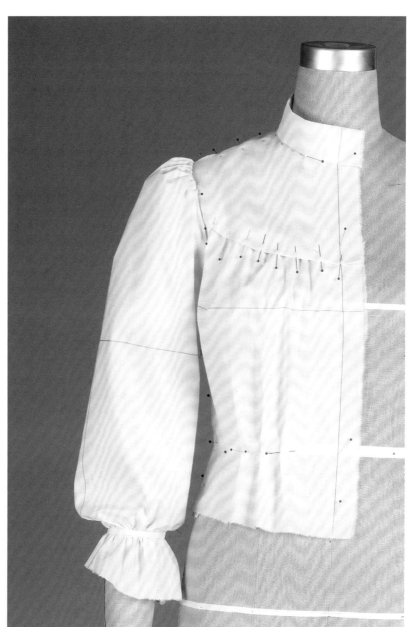

立体裁剪案例

——品牌Bill Blass欧根纱女式衬衫

这是一件品牌Bill Blass的女式衬衫，是吉布森少女衫的现代版。

这件衬衫与吉布森少女衫一样，在男性风格和女性风格之间取得了平衡。领、袖头以及一些细节元素体现了自强、自立的职业女性风格，而廓型则具有柔美的女性气息。开关领衬托出了脸部，而袖子衬托出大身。服装各部位比例关系恰当，这是设计制作的关键。

在塑造胸部合体度时，缎带装饰能巧妙地隐藏公主线。

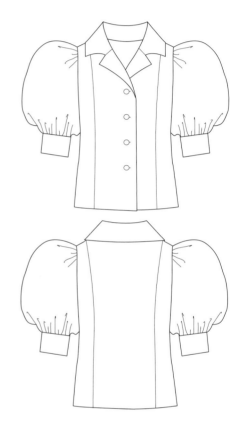

空间造型设计

这件衬衫的设计重点是夸张的袖子。由于材料选用了透明的欧根纱，质地轻薄，袖子造型很大，没有分割线。观察照片中的穿着者，试着确定与袖子相关的比例关系，用标记带测量出大约的围度尺寸。

当立裁这件衬衫时，先想象一下穿着的效果，衣身需要加放多少松量？袖子如果要比例协调，需要设计多少褶裥量？

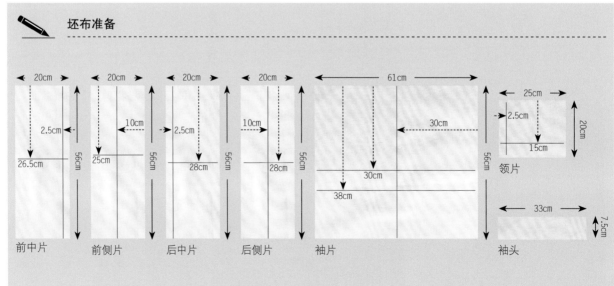

坯布准备

- 前中片：20cm宽，56cm高，2.5cm，26.5cm
- 前侧片：20cm宽，56cm高，10cm，25cm
- 后中片：20cm宽，56cm高，2.5cm，28cm
- 后侧片：20cm宽，56cm高，10cm，28cm
- 袖片：61cm宽，56cm高，30cm，30cm，38cm
- 领片：25cm宽，20cm高，2.5cm，15cm
- 袖头：33cm宽，7.5cm高

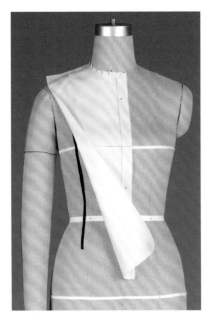

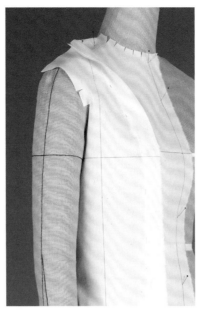

立体裁剪大身

第1步

- 用斜纹带在人台上标记粉色缎带的位置。

- 将前中片覆在人台上，并使其前中心线与人台的前中心线对齐。一边修剪领口线、一边打剪口，并使肩部区域的坯布平顺，沿着肩斜修剪肩部多余的坯布，留出2.5cm的缝份。

- 沿着标记的斜纹带修剪前中片，留出约2.5cm的缝份。

第2步

- 将前侧片覆在人台上，使其胸围线与人台的胸围线对齐，保持经向线竖直。

- 修剪袖窿多余的坯布，使手臂能够自由活动，尽量留出足够的缝份。在腋位转折点打剪口，使腋下的坯布自然服帖。

- 沿着侧缝线用珠针固定，满足衬衫所需要的围度量。

- 沿着公主线用珠针固定。实际上，设计的这条结构线并非真正的公主线，它比实际公主线距离侧缝线要远。此时要尽量保持前中片平直，将塑造胸部造型的坯布补充到前侧片。

- 在肩部区域用珠针固定。

- 这件衬衫不如第60~63页的服装合体，款式较为宽松，所以应尽量保持经向线竖直并在袖窿处留出约2.5cm的松量。

- 取后中片进行立裁，从第1步开始按照前身的操作方法制作后身。

第3步

- 在肩线处用珠针固定，注意是前中片压后中片，前侧片压后侧片，且前、后公主线在肩线处对齐。

- 在侧缝线处用珠针固定，注意先将前、后侧片的反面与反面相对，一边用珠针固定、一边修剪侧缝线并打剪口，之后将前侧片缝份向里扣折，使前侧片压后侧片。

- 在底边处用珠针固定。扣折底边时，如果将衬衫改为连衣裙，则一定要检查廓型。下摆要有一定的空间量（图中未显示）。

- 标记经典的袖窿弧线。为了适合蓬袖的造型，袖窿底点应往下约2cm（图中未显示）。

- 当对这条袖窿弧线满意时，用铅笔轻轻地在坯布上做标记，然后拆去黑色标记带。

- 修剪各部位缝份，注意留出约2cm的缝份。

装饰公主线

　　传统的公主线呈曲线。但是这里采用缎带装饰公主线，由于缎带在弯曲时较难缝合，因此需要将公主线变直，使缎带往下呈直线走向。

　　在做前中片公主线造型时，应尽量保持平直，从而使缎带像前面照片中一样竖直。而在做前侧片公主线造型时，为了塑造合适的胸部造型，应呈曲线。

标记和修正大身

在开始制作袖子之前，应当修正大身，确保袖窿弧线圆顺。

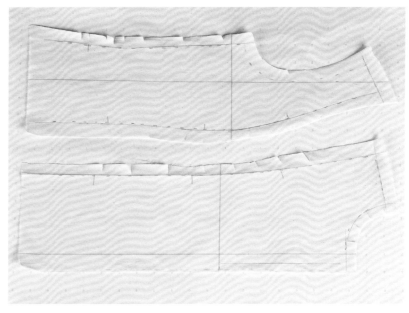

第1步

- 把所有衣片上的珠针拆去，并轻轻地压烫衣片。

- 观察前中片和前侧片，注意前中片公主线几乎呈直线，而前侧片公主线却呈明显的曲线。后中片和后侧片同样如此。

- 圆顺曲线，并在对位点上做十字标记。

第2步

- 重新将前中片和前侧片组装在一起，后中片和后侧片组装在一起，注意将多余的坯布或缝份按照所画的结构线扣折好，先用珠针固定公主线，再用珠针固定侧缝线和肩线。

第3步

- 标记袖窿弧线。

- 在腰部用珠针固定，使衬衫腰部起褶收腰，检查廓型与空间感。

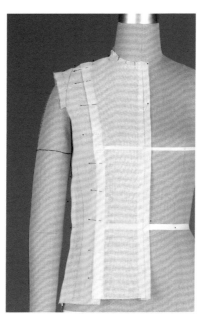 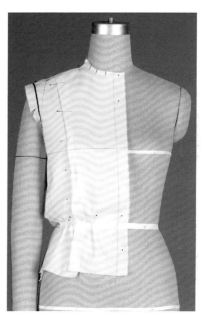

立体裁剪袖子

在开始立体裁剪袖子之前，需要复习立体裁剪袖子的步骤。

立体裁剪袖子的步骤

这里介绍的立体裁剪袖子的步骤非常有用，适合多种风格的袖子。从袖山到腕部，固定袖窿与袖底缝线，在袖窿底点结束。

1. 袖子角度要正确，袖中线微微向前倾。

2. 在肩部用珠针固定袖山。

3. 在腕部用珠针固定，确定袖口围，注意保持纬向线水平。

4. 确定腋位转折点。

5. 处理从腕部到肘部的袖底缝线。

6. 修剪多余的坯布并完善袖山。

7. 向上处理袖底缝线，将多余的坯布向里扣折并在肱二头肌位置确定袖肥。

8. 从腋位转折点到袖窿底点，处理靠下的袖窿弧线。

9. 连接袖窿底点，完成袖底缝线。

第4步

- 复习第133页立体裁剪袖子的步骤。

- 将袖片覆在人台上，使其袖中线与絮棉手臂外侧线对齐。

- 沿着絮棉手臂上的蓝线，使袖片稍稍向前倾。

- 使袖片的袖中线与肘部的外侧线对齐并用珠针固定，思考塑造袖子所需的空间量。

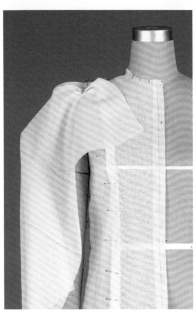

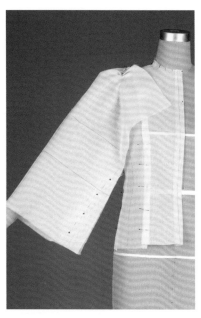

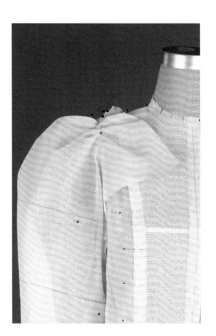

第5步

- 在肩头，塑造袖山褶量。

- 观察领口与肩线各部位的比例关系。塑造袖子造型的时候，一定要确保比例关系的协调。

第6步

- 在腕部，根据袖子造型，使袖口的空间造型小于袖山。当然，袖子在肘部的空间造型看起来也要略小于袖山，因此在合袖底缝线时，应使袖子由上往下收小。

- 腋下的纬向线应当对齐。用珠针固定前、后袖底缝线时，请对齐较低位置肘部的纬向线。

- 从腕部到肘部用珠针固定时，注意将坯布的反面与反面相对。

第7步

- 对照前面的照片，调整分配袖山褶量。

- 检查肩线以上的蓬袖高度，是否是想要的高度？

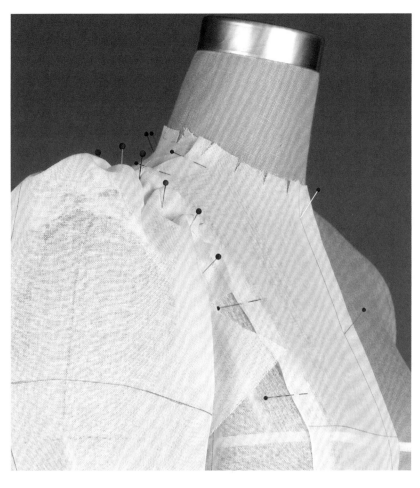

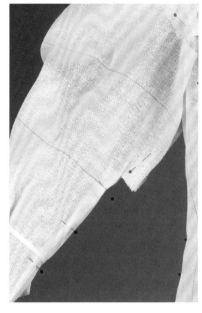

第8步

- 确定前腋位转折点。从侧面观察袖子，确定所要塑造的袖子空间。由于照片中的衬衫面料具有一定的透明度，因此这一步操作变得很简单。你可以看到袖子的宽度大约是手臂宽度的两倍。

- 全方位检查并调整立裁的袖子，直至确定它和前面照片中的袖子相符。

- 大约在1/2袖窿深的位置用珠针固定。

- 沿着珠针打剪口，修剪上方多余的三角形坯布。

- 后袖按照前袖的处理方法操作。

面料和坯布

制作袖子时，考虑面料性能很重要。经验丰富的服装设计师了解真实面料与坯布在衬衫成品效果上的差异。在这个案例中，采用的是欧根纱面料，其造型会比用坯布制作的袖子稍高一点，因为欧根纱质地比较轻薄、硬挺。

请尝试用欧根纱制作袖子，也在袖山上抽褶，然后将其放在坯布袖子旁边，对比两者廓型的差异。

第9步

- 如图所示，沿着袖底缝线打剪口至珠针位置。

- 从腕部到肘部，将袖底缝线缝份向里扣折，使前袖压后袖。注意纬向线要对齐。

- 在袖口系一条斜纹带或松紧带，并调整碎褶。

- 对照前面的照片，抬高絮棉手臂到同样的高度，观察塑造的袖子空间是否与前面照片相同。

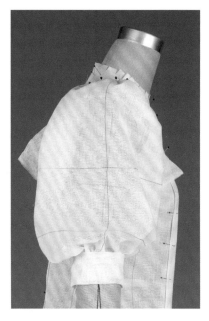 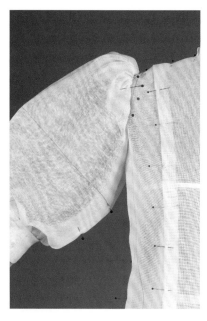 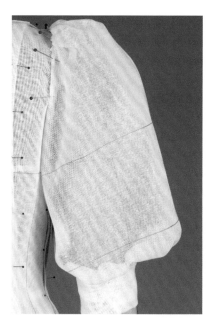

第10步

- 从侧面检查立体裁剪的造型，为了给肘部一定的空间量，应使后面比前面稍长一些。

- 修剪多余的坯布，留出约1.5cm的缝份。

- 当感觉廓型已经达到要求，就可立裁长方形的袖头了。

第11步

- 再次检查造型的平衡关系，沿着袖窿弧线将袖山缝份向里扣折，调整好袖山的造型。

- 继续在袖底缝线处用珠针固定，注意是前袖压后袖，并在肱二头肌位置确定袖肥。

- 将腋位转折点以下的三角形坯布向里扣折，使其顺着袖窿弧线自然下垂。

- 沿着袖窿弧线用珠针固定，并根据操作需要抬起或放下手臂，研究袖子的活动量。理想效果是：袖窿弧线应被自然下垂的袖子所遮掩。

第12步

- 沿着袖底缝线往下、往上交替用珠针固定。

- 往上至袖窿约7cm处较难用珠针固定。当完成立体裁剪之后，可以从人台上取下衬衫，最后完成这部分的珠针固定。

完成袖子立裁裁片

　　在第12步中，请注意后袖沿着袖窿弧线发生内凹。这意味着后袖有多余的量，需要在袖山弧线部位去除多余的坯布。如下图所示，虚线处标示了需要去除的量。

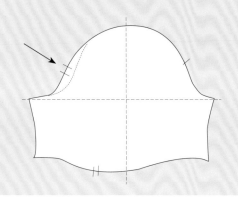 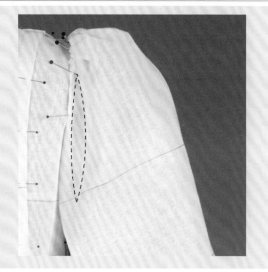

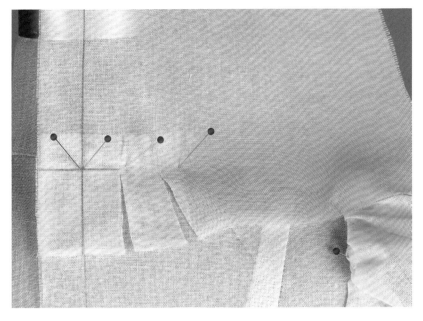

第13步

- 用划粉轻轻地画领下口线，以此作为领子立体裁剪的参照线。

- 开始立裁开关领，将领片覆在人台上，使其经向线与大身后中心线对齐并用珠针固定，然后沿着大身领口线每隔2.5cm用珠针固定，注意珠针应垂直于后中片扎针。

第14步

- 继续将领片沿着大身领口线从后往前绕，根据需要一边打剪口、一边用珠针固定，过肩线约2.5cm处再固定一针。

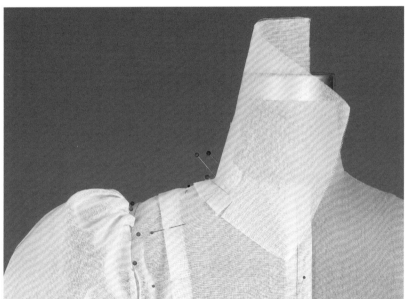

- 现在确定领座造型。一直保持领片后中心线与大身后中心线对齐。过肩线约2.5cm处，使领片与人台颈部相距一指宽，尝试上下移动领下口线，请注意领型的变化。

- 为了使领子更加平顺，请将领下口线向上拉。

第15步

- 将领面翻下来，检查人台颈部和领子之间的空间量。

- 对照前面的照片，根据款式设计领外口线。

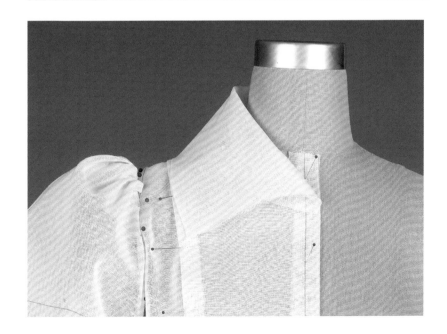

第16步

- 将领面翻起查看，确保领面各部位都很平顺。

- 对照前面的照片，请注意肩部的坯布是否有凹陷。如果有，说明剪口打得不到位。

第17步

- 在领下口线继续修剪领片，确保领子从后到前自然平顺。

第18步

- 将领下口线处理平顺。

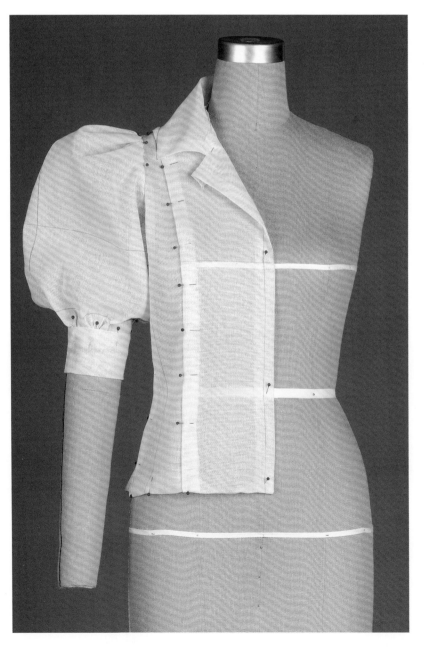

第19步

- 自然翻折驳头，确定第一粒纽扣的位置，完成衬衫。

标记和修正袖子和领子

第1步

- 用铅笔或划粉标记所有的缝合线，有些部位根据需要做十字标记。

- 对于开关领，需要在正、反面标记领口线和领下口线，这非常有用。使用复写纸和滚轮顺着领下口线标记，将其准确拓印在另一面上。

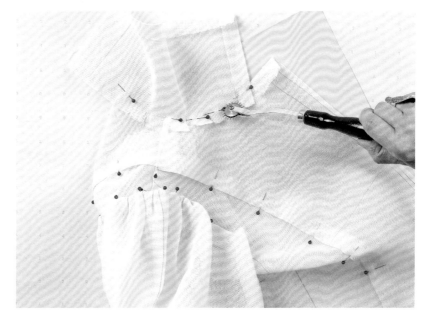

第2步

- 利用放码尺，修正领下口线，确保从后中心线起沿领下口线2.5cm处保持水平。

- 接着用曲线尺圆顺余下的领下口线。

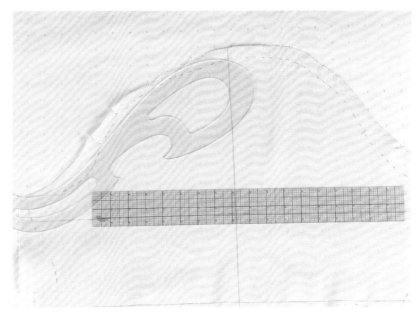

第3步

- 圆顺袖山弧线，后袖山弧线应当平缓一些，而前袖山弧线应当起伏大一些。请将此案例中的袖山弧线与常规袖山弧线进行比较。

- 确保前、后袖山底点在同一条水平线上。

- 因肘部活动所需，后袖口稍宽一点，前袖口稍窄一点。

- 利用放码尺，沿着净缝线画出毛缝线，各处缝份建议如下。如果希望衬衫适合体型更大的着装者，则需要适当加放，并在纸样上标记增加的量。

- 侧缝线、肩线缝份：2cm。
- 前、后公主线缝份：1.5cm。
- 领口线和领子缝份：1.5cm。
- 底边缝份：2.5cm。

第4步

- 此袖子是泡泡袖，在立裁过程中采用的是珠针固定或手工粗缝来塑型，因此要分析最终效果比较困难，最好是制作一件完整的衬衫，所有的衣片都要裁剪成左、右完全对称的两份。请参照第130页中的坯布准备示意图。

- 按照坯布准备示意图，在新准备的坯布衣片上画出经向线与纬向线。

- 将立裁的衣片放在新准备的衣片上，将经、纬纱线对齐，然后用珠针固定或用重物压住。

- 沿着毛缝线与修正线，将两片一起裁剪。

- 在十字标记处打剪口，剪口长度不超过0.5cm。

- 展示时，根据前面的照片在相应的分割线上粗缝缎带，并系上纽扣。

分析

- 首先观察衬衫的整体效果。很显然，坯布显得厚重些，但是服装设计师凭借设计眼光，可以预见选用轻薄硬挺面料的服装效果。

- 将立裁衬衫与前面的照片进行对比。立裁衬衫的领面和驳头略宽，而肩部则略窄，公主线处的缎带靠得更近。

- 如果在模特（如第131页中的模特）上进行衬衫设计，可以将后领竖高一点，领口略往下开一些，泡泡袖蓬起高些，那么这件衬衫则更显女性气息。

综合分析

在第102页 "2.1 半身裙" 的 "立体裁剪案例" 中，以Bill Blass短裙为例，立体裁剪了一件半身裙，用这件半身裙搭配刚刚立裁好的衬衫。

- 照片中的模特身高约180cm，将模特穿着的衬衫与立裁衬衫进行对比，第一感觉是立裁衬衫更显宽大。这就要求服装设计师应具备一定的鉴别力。模特在T台上的着装通常更好看，这是因为设计师按照模特的体型，特意将服装加长，腰围减小，肩宽变大。作为服装设计师，必须训练自己的眼光，能够判断出如果是普通女性穿着，其效果会如何。

- 把半身裙和衬衫进行组合，请研究其比例关系，二者需要协调一致，如：宽腰带似乎调和了大翻领和宽袖头。此外，衬衫的泡泡袖造型柔和、饱满，而半身裙则挺括、收身、富有曲线感，整体着装兼具柔美与刚强。

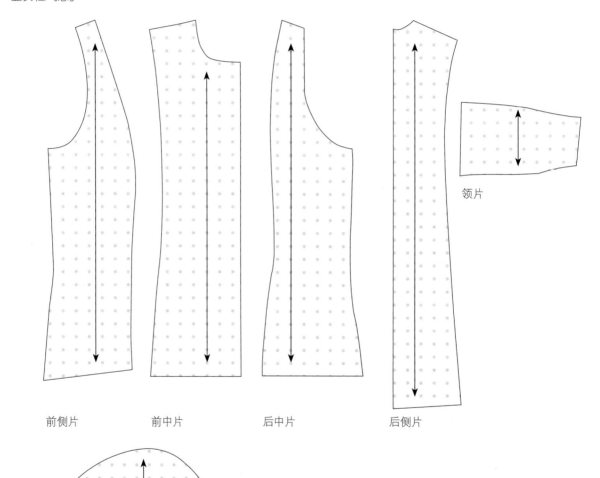

前侧片　　前中片　　后中片　　后侧片

领片

袖片

袖头

变化
喇叭袖丘尼克上衣

照片中的这件当代时装让人联想到丘尼克服装，在袖型设计上采用了喇叭袖。古代的丘尼克常常比较宽松，而这件现代版的丘尼克则因收省变得较为合身。袖子从肩部到肘部较为合体，再往下则张开呈喇叭状。

利用各空间细节确定外形

当立体裁剪时，要多训练自己的眼睛，认真观察各部位的空间造型，而不仅仅只关注样衣的细节。例如，对于喇叭袖而言，可以观察袖子与衣身侧缝线之间的空隙，这有助于圆顺侧缝线、完善袖型，注意袖子长至腕部，在腋下较窄，之后张开。

✏️ **坯布准备**

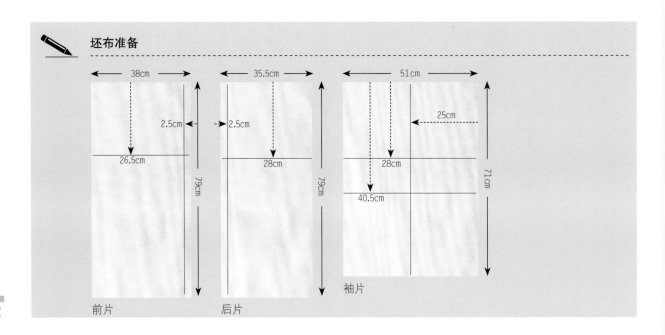

前片　　　　　后片　　　　　袖片

当开始立体裁剪袖子时，请记得参照第133页的步骤进行。

1. 设置合适的角度。

2. 用珠针固定袖山。

3. 处理腕部袖口。

4. 确定腋位转折点。

5. 处理从腕部到肘部的袖底缝线。

6. 修剪多余坯布，处理袖山弧线。

7. 完成袖底缝线，直至袖窿底点。

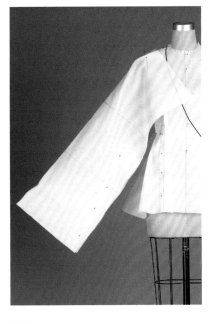

第7步

■ 将袖片覆在人台上，使其袖中线与絮棉手臂外侧线（即蓝线）对齐，在腋下用珠针固定（图中未显示）。

■ 使袖片随着手臂外侧线稍稍向前倾。

第8步

■ 在肩头区域，用珠针固定袖山吃量，前、后袖山吃量各约1.5cm。

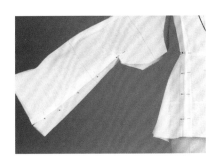

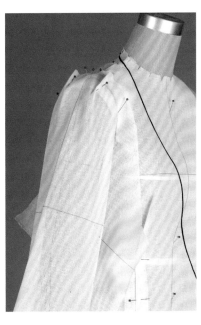

第9步

■ 在腕部，确定袖口空间的大小。注意，袖子在肘部的空间造型要小于袖口，因此在合袖底缝线时，应使袖子由下往上收小，腕部的袖口空间尽可能大。

■ 用珠针固定前、后袖袖底缝线时，腋下的纬向线应当对齐。

■ 从腕部到肘部用珠针固定时，要将坯布的反面与反面相对，并在肘部打剪口。

第10步

■ 确定腋位转折点。从侧面观察袖子，确定袖子空间造型。

■ 在腋位转折点用珠针固定。请注意，在肱二头肌的位置该灯笼袖比第142~145页的喇叭袖造型更饱满。虽然前、后袖山吃量设计各约1.5cm，但随着向腋位转折点方向移动，吃量可能会增多。

■ 用珠针固定袖山上半部。

■ 打剪口，修剪上方多余的三角形坯布。

■ 后袖按照前袖的处理方法操作。

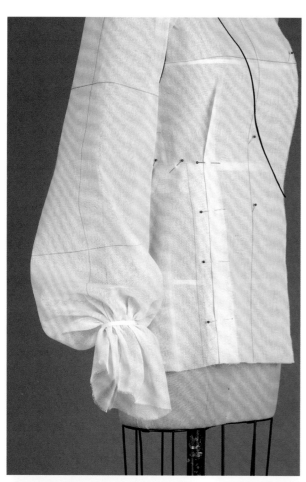

第11步

- 从腕部到肘部，将袖底线缝份向里扣折，使前袖压后袖。注意纬向线要对齐。这样操作可能不便，为使操作容易，用珠针固定时，试着用絮棉手臂抵住。

- 在袖口系一条斜纹带或松紧带，并调整碎褶。

- 对照前面的照片，检查造型。

- 一边调整袖口的碎褶，一边注意前面照片中的后袖略长于前袖，这既是便于肘部活动，也更符合传统优雅的袖型。

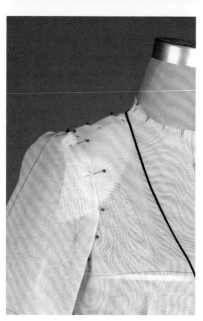

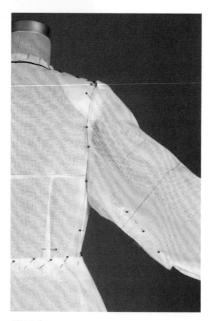

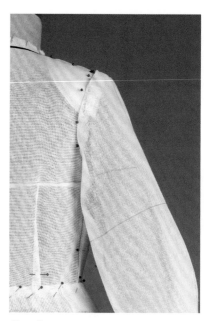

第12步

- 调整袖山松量，然后沿着袖窿弧线将袖山缝份向里扣折，完成袖山部分的制作。

- 修剪前、后袖底弧线多余的坯布并向里扣折。

第13步

- 处理袖底缝线，往下、往上交替用珠针固定。

第14步

- 顺着袖窿弧线用珠针固定，并根据操作需要抬起、放下絮棉手臂，研究袖子的活动量。理想效果是：袖窿弧线应被自然下垂的袖子所遮掩，正如图中所示。

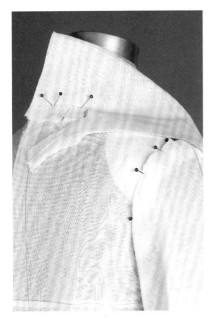

第15步

- 开始立体裁剪领子，首先将领片沿对角线折叠。

- 将领片覆在人台上，从大身后中的领口线开始并用珠针固定，以2.5cm间距扎第二针。根据需要一边修剪领下口线、一边打剪口，直至肩部。

- 按之前标记的领口线继续操作。

- 当达到满意的空间造型时，用珠针固定领下口线，然后翻折领片。

斜裁

面料如果采用斜裁，则会有延伸性，可以让面料自然下垂，不要拉伸它。需要注意的是，当领片采用斜裁时，其领下口线与衣身领口曲线更吻合，没有皱褶。

第16步

- 领片在右身腰围线处有剩余。选用一块更小的斜裁坯布，将其一端固定在左侧缝线处，使其与之前右身余下的领片一起，系成蝴蝶结。

- 蝴蝶结是设计的焦点，故必须认真检查其比例关系，确保蝴蝶结与衬衫各部位相协调。

- 扣折底边缝份。

- 站在较远处查看袖子造型是否饱满，裙腰片是否呈波浪状，两者是否协调。蝴蝶结大小也应该与其他元素相协调。

2.3
裤子

历史

在当代民族服装中，裤子多采用传统结构，正如照片所示，通过巧妙组合机织物裁片，使裤子满足人体最大的活动量，同时又经济实用。这些设计之所以能够保留长久，关键在于其造型单纯，具有简易性与功能性。

早期的裤子历经多个世纪的演变，最终形成了我们今天所穿着的舒适合体的裤子。可以对比这些裤子的基本裁剪方式、细节与处理手法，然后探究板型。对于当代服装设计师而言，牛仔裤是极具典型性的案例。

左上图：这类裤子产自叙利亚和伊拉克等国的库尔德斯坦（Kurdistan）地区，采用宽幅布制作而成。请注意传统服装中的几何结构。

左下图：这是中亚地区的传统女裤，请注意服装的几何结构。前中的三角形裁片为人体提供了活动空间。

19世纪画家法朗索瓦-爱德华·皮柯特（Francois-Edouard Picot）创作的肖像画，画中的绅士身着合体舒适的长裤。当裤子中出现了合体的上裆时，裤子就从传统的宽松裤逐渐过渡到合体裤。

现在，裤子是女性必备的服装品种之一。但纵观历史，裤子出现的时间相对较晚，正如我们所了解的，直到19世纪初期裤子才开始流行。在这之前，西方社会中穿着讲究的男士通常是穿及膝短裤，并配搭长筒袜。

在1792年左右，及膝短裤开始被庞塔龙长裤（Pantaloons）所取代。庞塔龙长裤选用浅色面料（如棉布），通过斜裁法形成窄瘦紧身的造型，这种裤子源自于水手的功能性服装，最初被用作海滩服。直到19世纪20年代中期，庞塔龙长裤才逐渐被便裤所取代。而在美国，直到1810年左右长裤才开始流行起来。到了1850年，李维·斯特劳斯（Levi Strauss）率先生产了丹宁布（Denim，即牛仔布），这是用靛蓝色经纱与白色纬纱织造的一种棉布，结实坚固。

由于社会与文化的原因，女性普遍穿着裤子的时间远晚于男性，过了很长的时间人们才慢慢认可女性穿着裤子。阿米莉亚·詹克斯·布鲁姆（Amelia Jenks Bloomer）是率先倡导女裤的革新者之一，她是美国女权运动的先驱，也是服装的改革者。在19世纪50年代，布鲁姆设计了一种宽松的灯笼裤，专门穿在及膝裙的下面，她和她的追随者却因这种穿着遭到世人的嘲笑，显而易见，当时的女性还没有完全准备好穿着裤子。

然而，女性还是逐渐在工作场合开始穿着裤子。据报道，19世纪40年代的英国煤矿女工穿着裤子，同样美国西部大牧场的女工也穿着裤子，很显然，对她们而言，装束的实用性比时尚性更重要。

1932年，人们护送明星玛琳·黛德丽（Marlene Dietrich）离开慕尼黑街道时，她正身着裤子。同时期的明星凯瑟琳·赫本（Katharine Hepburn）在其电影作品中也坚持穿着裤子。女性穿着裤子的时代到来了。在20世纪40年代，由于爆发了第二次世界大战，男人奔赴战场，女人则穿上裤子进入工厂工作。因资金短缺、材料匮乏，于是妻子们开始穿着丈夫的服装，缩衣节食。

到了20世纪50年代，裤子开始出现在园艺服和海滩服中。到了20世纪60年代，裤子已用于各种社会场合。

20世纪80年代，掀起了名牌牛仔裤的热潮，促使裤子更加合体、精确。顾客选购裤子时会关注时尚性、合体性，裤子板型的细微变化都可能对实际销售产生影响。

裤子类型

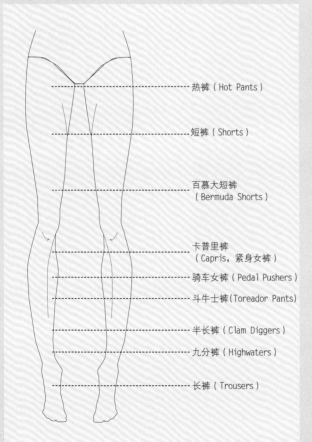

热裤（Hot Pants）

短裤（Shorts）

百慕大短裤（Bermuda Shorts）

卡普里裤（Capris，紧身女裤）

骑车女裤（Pedal Pushers）

斗牛士裤（Toreador Pants）

半长裤（Clam Diggers）

九分裤（Highwaters）

长裤（Trousers）

当今女裤的类型
多种多样。

练习
立体裁剪合体裤

　　现代裤子通常采用传统的直裁法进行立体裁剪，这样可以保持裤型顺直、修长。裆弯结构决定了裤子的合体度。应当处理好臀部、横裆与下裆处的结构线，保持造型均衡，不论裤子是肥是瘦，都应力求合身、平顺。

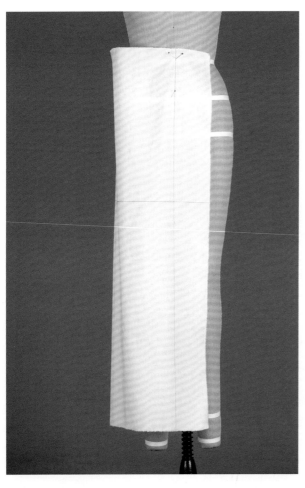

开始制作一条裤子

　　用一块长方形坯布包裹人台下半身躯干及腿部，观察廓型。

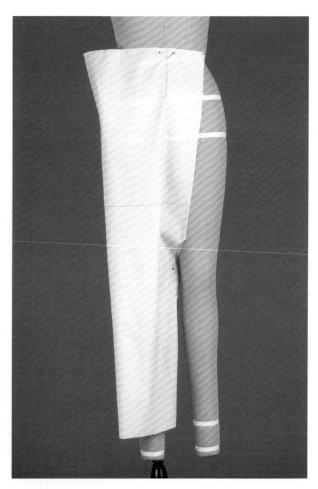

合下裆缝

　　请注意在前、后裆缝缝合后，面料裆部的皱褶是如何形成的。过去人们处理这种问题的办法就是在裆部增加裁片，如第158页中的传统民族裤装一样。

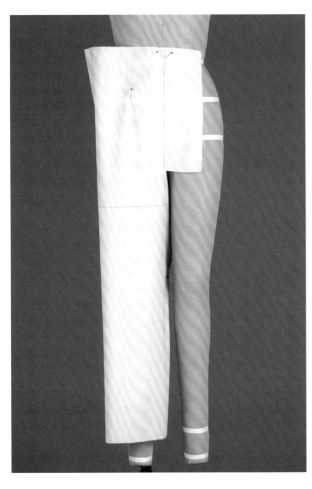

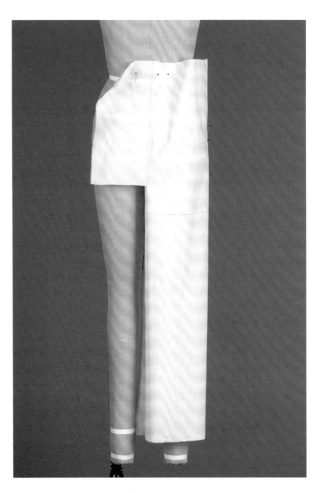

立体裁剪前裆

要解决前裆区域的褶皱和拉伸状态，需如图所示，水平剪开10～12.5cm，以使包裹腿部的坯布更加平顺。

立体裁剪后裆

在后裤身，需要较多的松量以塑造丰满的臀部造型。

请注意两张照片所展示的前、后裤身的差异，后裆宽要远大于前裆宽。

裆缝曲线

在前面"2.2 女式衬衫"中讲解了袖山弧线与袖窿弧线的匹配问题，这里又介绍了复杂曲线的组合——裤裆缝曲线的合缝问题，操作此步骤时，需要将裤腿侧缝前后对合，完成合缝。

在裤子的制作中，有多种裆缝形态。不同的裆缝形态会影响臀部、裆部以及下裆处的合体性。

简言之，裤子越宽松肥大，裆宽越大，前、后裆弧线越长。对于紧身裤，后裆弧线通常远长于前裆弧线，前、后裆弧线的交点在腿内侧靠前的位置。

哈伦裤

在1910年，俄国画家和戏剧服装设计师莱昂·巴克斯特（Leon Bakst）创造了哈伦裤——扎裤口宽松女长裤，俄国芭蕾舞演员尼金斯基（Nijinsky）曾身着哈伦裤表演芭蕾舞剧《天方夜谭》。这种裤子裁剪简单，为传统结构，历史上很多地区都曾出现过相似的结构。20世纪80年代，在服装设计师伊夫·圣·洛朗的引领下，哈伦裤又回归时尚舞台，之后周期性地出现在服装设计师的发布会中。哈伦裤也是现代肚皮舞的主打服装。

准备绘制平面款式图，力求饱满的空间造型，腿部线条要笔直。裤口收褶。

这种裤子采用无侧缝线设计，可以在长方形面料上直接挖裆。侧缝经纱保持竖直，纬纱保持水平。

面料决定裤子的空间造型

选用的面料不同，裤子的外观也不同。如果使用光滑下垂的薄绸，裤腿则显得很直，垂感好；如果使用厚实的棉织物，裤子则更显饱满。

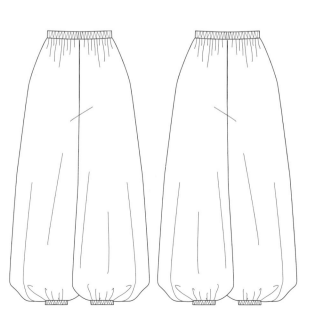

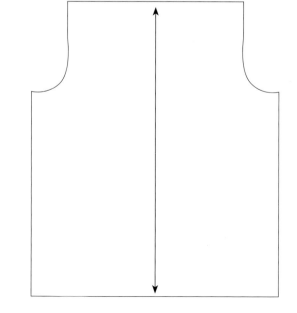

上裆长

被测人坐在椅子上，测量从腰围线到座椅面的垂直距离，该长度即为上裆长。

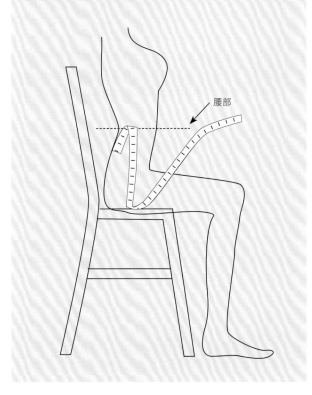

腰部

确定裤子空间大小

当准备坯布时，请先预估用量。

将一把皮尺环绕臀部，根据裤子款式，确定其空间大小。站在较远处，通过镜子观察裤子的宽度和长度，确定比例是否得当。想象尼金斯基或者其他你最喜欢的舞蹈演员，当其在舞台上翩翩起舞、跳跃旋转时可能希望的裤子活动量及表现效果，由此推断面料的用量。

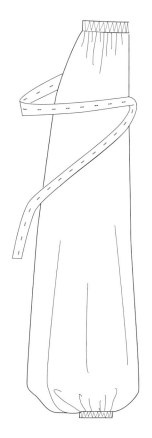

坯布准备

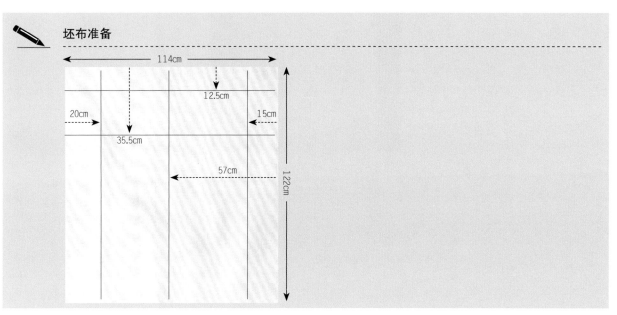

114cm

12.5cm

20cm

15cm

35.5cm

57cm

122cm

第1步

- 使用整幅坯布，先用珠针合下裆缝。

- 在桌面上操作，将前下裆缝1.5cm的缝份向里扣折，使前下裆缝压后下裆缝，由下往上用珠针固定至裤腿中部。可以在合缝处的坯布下面放一把放码尺，托起坯布，使操作更方便（图中未显示）。

第2步

- 将坯布覆在人台上，使其侧缝线与人台的侧缝线对齐，然后将其前、后中心线分别与人台的前、后中心线对齐。

- 在腰围线处系一条松紧带（或斜纹带），调整上端坯布，使上臀围处的纬纱保持水平（图中未显示）。

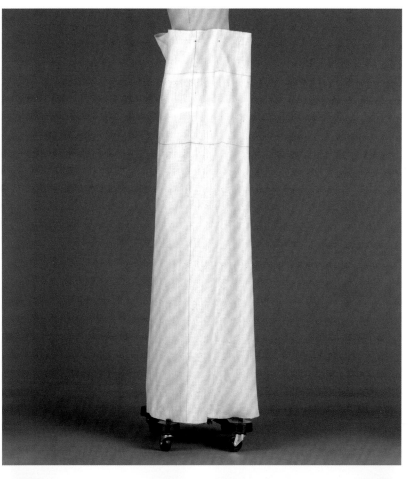

坯布和其他面料的比较

　　你需要具备一定的面料辨别力。例如，坯布有别于柔软的丝织物或针织物，当后期选用薄而柔软的面料时，你需要判断裤子的造型变化。

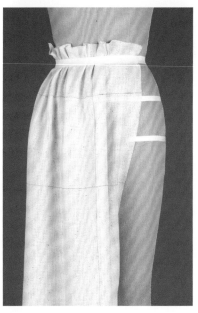
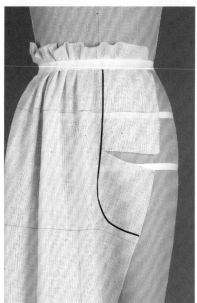

第3步

- 调整松紧带下的腰褶，前中心线和后中心线要与地面保持垂直。

第4步

- 如图所示，在臀围线上方的前裤裆缝处水平打剪口，然后按照人台曲线做前裆标记线。

- 修剪多余的坯布，沿着前裆缝弧线打剪口（图中未显示）。

- 修剪前裆缝弧线（图中未显示）。

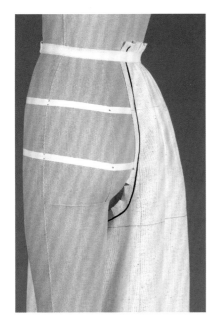

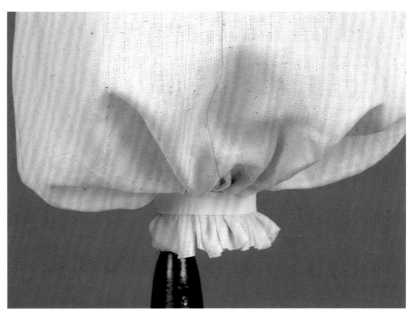

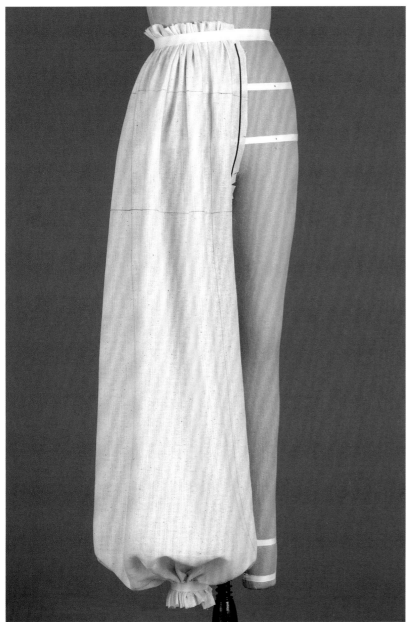

第5步

- 按照第4步制作后裤身，但是要注意，后裆缝比前裆缝要挖得深些。

- 修剪后裆，直至自然服帖。

- 用珠针固定膝以上的前、后下裆缝。

第6步

- 在脚踝处系一条松紧带（或斜纹带），调整碎褶，使其与前面照片造型一致。

第7步

- 观察完成的裤子造型，并与前面的照片进行对比。请注意坯布下垂的状态，通过坯布的丝缕线，很容易判断是否均衡。多进行观察，提高自己的判断力，例如，选用柔软的丝绸，像雪纺或双绉，请判断裤子的造型。

哈卡马裙裤
（Hakama）

哈卡马裙裤是日本传统武士的一种裙裤——袴，最初穿着在最外面，比较厚实。当穿着者在灌木丛中穿行时，哈卡马裙裤可以保护腿部，其功能类似于西方牛仔们穿着的皮护腿套裤。如照片所示，现在的男士、女士在练习弓箭和其他金属器物时，会穿着哈卡马裙裤。

哈卡马裙裤采用4块长方形的面料构成：2块前裤片、2块后裤片。裤身有纵向长褶，腰头系带，侧口开得很低。

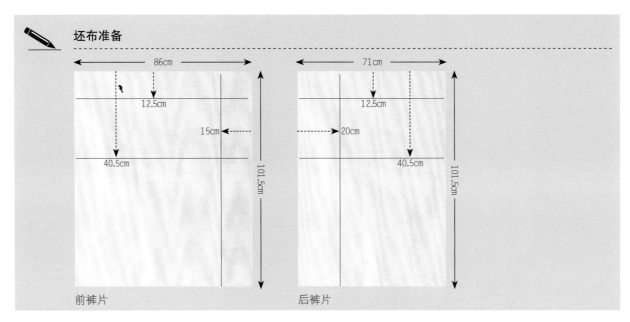

坯布准备

前裤片

后裤片

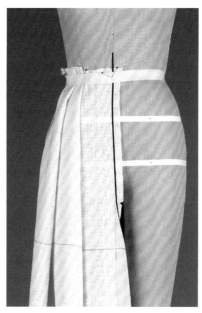

第1步

- 将前裤片覆在人台上，使其前中心线与人台的前中心线对齐，使纬向线保持水平，与地面平行。

- 在腰围线处系一条松紧带（或斜纹带），并根据前面照片的褶裥部位捏褶。

- 在侧缝线处用珠针固定。

- 做前裆缝标记线。照片中的前裆缝挖得较深，比正常前裆缝多挖深15~20.5cm。

第2步

- 沿着前裆标记线修剪多余的坯布，将下裆缝处的坯布向里扣折，并根据需要打剪口，使坯布平整。

第3步

- 将后裤片覆在人台上，使其后中心线与人台的后中心线对齐，使纬向线保持水平，与地面平行。

- 在腰围线处系一条松紧带（或斜纹带），并根据前面照片的褶裥部位捏褶。

- 在侧缝线处用珠针固定。

- 做后裆缝标记线。后裆缝同样挖得较深，参考前裆缝。

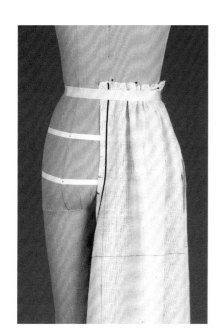

第4步

- 沿着后裆标记线修剪多余的坯布，将下裆缝处的坯布向里扣折，并根据需要打剪口，使坯布平整。

- 合前、后下裆缝并用珠针固定，注意保持下裆缝垂直，纬向线水平。

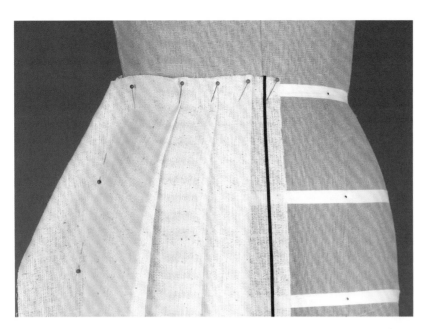

第5步

- 对照前面成品裤的照片，制作褶裥。

- 前裤片的褶裥应保持垂直，不能偏斜，裤子上边缘应平直。

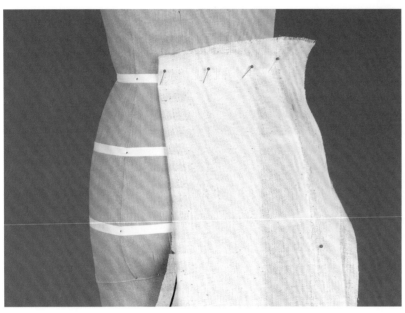

第6步

- 后裤片的褶裥倒向后中心线。请注意，为了达到理想效果，将后腰褶裥的折叠量集中于腰部。

- 在制作裤子褶裥、确定腰围线时，请观察下裆缝褶裥的形态，它应沿着人台下裆缝下垂。如果下裆缝褶裥向后倾斜，则说明后腰被拉得过高；如果下裆缝褶裥向前倾斜，则说明后腰太低了。请上下移动后裤片，认真观察下裆缝的变化。

保持下裆缝的平衡

　　裤子下裆缝必须垂直，保持平衡。如果裤腿发生向前或向后扭转，则穿着会不适。训练自己的眼睛，力求准确判断裤子是否均衡，这非常重要。将下裆缝向前、向后移动时，认真观察裤子的变化。

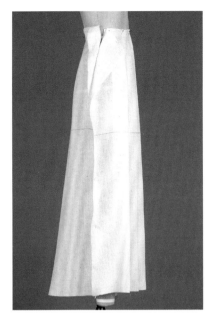

第7步

- 合前、后侧缝线，注意沿着人台侧缝线操作，使其顺直。这件裙裤为传统结构，侧缝线处的经纱应保持竖直。

- 请注意，这件裙裤造型颇具新意，从侧面观察裤型，不难发现，此裤前裤片的褶裥笔直；后裤片的褶裥则微微向后倾斜，形成外张的效果。

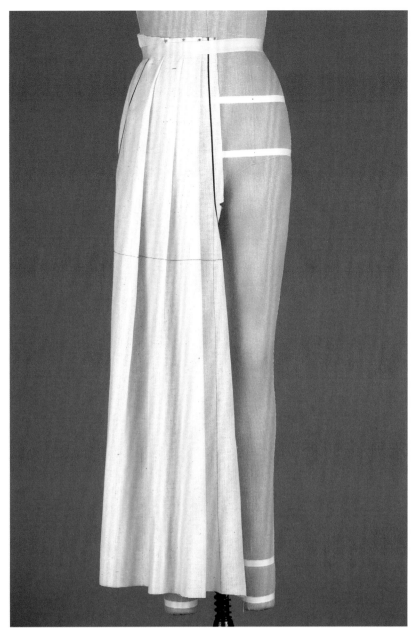

第8步

- 将前裤片侧缝线缝份向里扣折，使前裤片压后裤片，用珠针固定。

- 做侧开口标记。

- 传统的哈卡马裙裤侧开口开至大腿中部，而如今这个部位已经改为侧口袋了。

- 对准腰围线，用珠针固定腰部的松紧带（或斜纹带）。

- 裤子为宽松风格、表面有斜向褶裥。请从镜子中观察立裁的裤子，距离远一点，这很重要。尝试保持裤子均衡，如先向上提前腰，再调整后腰。将一裤片上提而另一裤片下降，请观察裤子的造型变化。

前面打褶裥的宽松长裤

明星玛琳·黛德丽在其早期的电影中身着宽松长裤频频亮相，震惊了时尚界。裤装受到了好莱坞影星的追捧，其中最引人注目的是凯瑟琳·赫本，在拍戏之外她也很少穿着裙子。

绘制裤子平面款式图，要注意细节与比例，它们影响裤子的外观效果。照片中的裤子为经典款，通常配有口袋、拉链和裤口卷边。

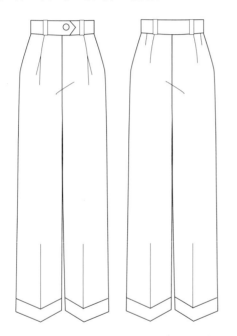

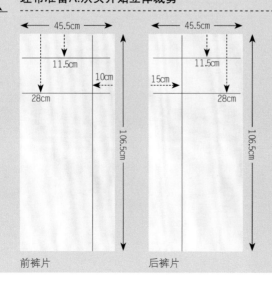

✏ 坯布准备A：从头开始立体裁剪

前裤片　　后裤片

如果选择从头开始立裁这条裤子，那么请准备坯布A，并按照第174~175页的步骤进行操作。

裤子平面纸样制图的简便方法较多，具有一定的相似性。你可以预计松量和合体度，并按照第171页进行简单测量，在开始制作之前，在坯布上轻轻地做好相关标记。这些标记可以作为立体裁剪的参考，确保想要的合体度。

如果选择在简易平面纸样的基础上进行立体裁剪，那么请准备坯布B（参见第172页），并按照下面介绍的裤子简易平面纸样制图的方法，直接在坯布上进行纸样制图。

裤子简易平面纸样制图

裤子平面纸样制图的方法很多，通常需要准确的量体数据。然而立体裁剪裤子也具有其优势，即立裁过程中可以随时观察造型，灵活调整，不断完善裤子的形态。

这里介绍的平面纸样制图有助于立裁裤子。在立裁之前，应掌握一些量体数据，并确定可以参照的基本形，这非常有效。虽然这里的裤子纸样制图并不是最终的纸样制图，但是有助于确定裤子空间造型的基本参数，节省时间。

操作时，可以先在纸上进行平面纸样制图，然后转化为坯布裁片；也可以直接在坯布上进行平面纸样制图。

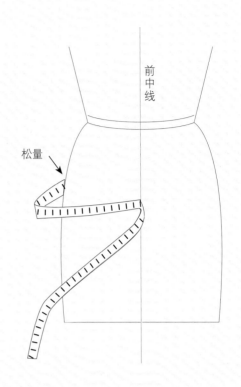

测量

部位	尺寸	说明
腰围或上臀围	66cm	按照裤型确定你想要的腰部尺寸
臀围	101.5cm	臀部是裤子纸样最宽的区域 确定臀围的松量：紧身裤采用人台净臀围尺寸；较宽松裤子通常的臀围松量约为10cm，人台净臀围为91.5cm，在左右两侧各加放5cm松量，即每一块前、后片侧缝线处仅加放2.5cm松量（针对没有弹性的面料，如上图所示）
上裆长	23cm	采用第163页的办法测量上裆长，或者测量从腰围线到人台裆底的垂直距离
裤长	96.5cm	根据腿外侧长度确定大致的裤长。可以在人台侧面测量从腰围线至外踝点的距离

前、后裆弧线

裤子是否合体取决于前、后裆弧线的长度。前、后裆弧线变化多样，你必须在人台上实际操作，从而进一步确定其形态。

请研究各种裤型的前、后裆弧线的形态与长度，这项练习非常重要。注意观察前、后裆弧线对裤子合体度的影响。

裤口的测量

当增加或减少裤口尺寸时，下裆缝与外侧缝线的处理必须同步进行。

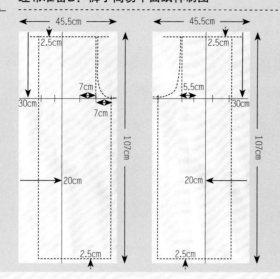

坯布准备B：裤子简易平面纸样制图

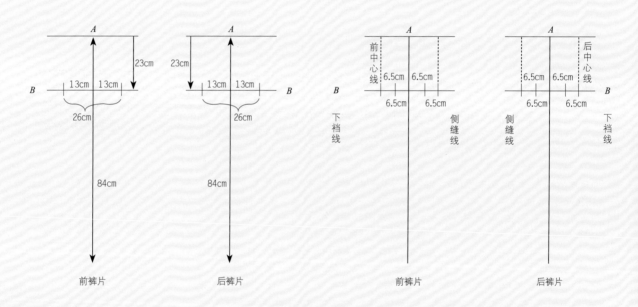

前裤片　　　　后裤片　　　　前裤片　　　　后裤片

第1步

■ 先制作前裤片纸样。画一条竖直线，长度为裤长，标记为*A*（*A*既是经向线，也代表裤长）。然后过顶点画一条水平线，作为腰围线（或上臀围线），按照上述操作制作后裤片纸样。

■ 测量上裆长。据此从竖直线的顶点向下画一条水平线，并且标记为

B，这是纬向线。前、后裤片纸样相同处理。

■ 取1/2臀围尺寸（52cm）制作半身平面纸样，前、后裤片各取1/4臀围尺寸（26cm）制作平面纸样。如图所示，以*A*、*B*线的交点分别向左、向右13cm，并各确定一点。

第2步

■ 两点间距26cm，将其均分为4份，每份6.5cm，在*B*线上标记这些点。

■ 从最外侧的左、右两点向上画竖直线，作为前、后中心线。

■ 在两侧分别标记下裆线与侧缝线。

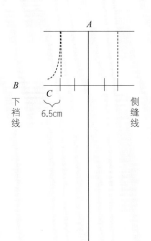

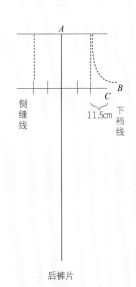

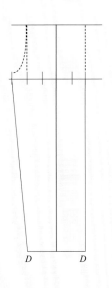

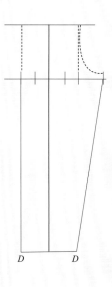

前裤片

后裤片

第3步

- 为了画前裆，在这个案例中，如图所示前下裆线一侧增加6.5cm，并标记点C。

- 为了画后裆，在这个案例中，如图所示后下裆线一侧增加11.5cm（即6.5cm×2－1.5cm），并标记点C。

- 分别画前、后裆弧线，保持较深而平直的裆底弧线，在前裆底2.5cm处开始向上弯曲绘制，而在后裆底5m处开始向上弯曲绘制，完成前、后裆缝线。

第4步

- 确定裤口尺寸。最好比预期的裤口尺寸留得大一些，之后在立体裁剪时再最终确定。在前、后裆底点竖直向下2.5cm，完成前、后裆底的线条，之后在人台上通过立体裁剪再最终确定。在经向线A下端画一条水平线，以经向线A为对称轴，根据裤口围在水平线左右各确定一点，标记为D。在前、后下裆线一侧，用直线连接D点与C点，作为

下裆线；在侧缝线一侧，用直线连接D点与第2步所画垂直线的下端点，作为侧缝线。

- 完成下裆线与侧缝线后，需要确定腰围线。这在很大程度上取决于腰部和臀部的合体度设计。通过省道与褶裥，可以使腰部合体。现在先不对腰部进行处理，而是之后在人台上通过立裁完成。

测量（前面打褶裥的宽松长裤）

部位	尺寸	说明
裤长（经向线）A	108cm	宽松长裤，前面打褶裥，因此松量多
上裆长（纬向线）B	28cm	上裆长尺寸从裆底到腰增加了2.5cm，因为此款为高腰款，带腰头，为20世纪40年代的经典款
裆底点C		确定C点时，因前裤片有褶裥设计，故前裤片分配56cm，后裤片分配52cm C点确定方法： 前裤片：以经向线A为对称轴，在纬向线B上，确定28cm长的线段，平均分为4份，每份7cm作为前裆宽尺寸 后裤片：以经向线A为对称轴，在纬向线B上，确定26cm长的线段，平均分为4份，每份6.5cm，根据关系式：6.5cm×2－1.5cm=11.5cm，将11.5cm作为后裆宽尺寸

在已有纸样基础上制作新纸样

在服装业中，通常利用原型纸样制作新纸样。例如，一家专门生产裤子的公司，会保存各种合体度的裤子原型，当为一款新产品制作纸样时，会选择一个原型作为参照，服装设计师已经掌握了经过测试的臀部、下裆线、前后裆宽等尺寸，在此基础上即可以制作新纸样，有效节省时间。

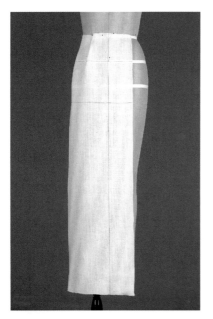

第1步

- 将前裤片覆在人台上，使其前中心线与人台的前中心线对齐，使纬向线保持水平，与地面平行。

- 制作褶裥并用珠针固定。

- 在侧缝线处用珠针固定。

第2步

- 将后裤片覆在人台上，按照第1步制作后裤片，对齐前、后裤片的纬向线。

- 请注意，后裤片的裆宽较前裤片大，需要留出足够的量。

第3步

- 采用前面介绍的裤子简易平面纸样制图的方法，较容易确定上裆长，同时估算出裤子臀围尺寸的用量。在这个案例中，由于褶裥的原因，前裤片比后裤片大。

- 做前裆缝标记线。对准前中心线从腰围线向下打10cm剪口，沿着人台一边继续打剪口，一边修剪多余的坯布，直至裆底部。

- 去除标记线。

- 将后裤片覆在人台上，按照上面介绍的操作方法制作后裤片。

- 后裤片的裆深点需要在裆底的位置与前裤片汇合（裆底水平纱向线应当对齐）。

- 如果你喜欢直接立裁，而不采用简易平面纸样制图的方法，那么请按照人台裆部直接修剪前、后裆线，并打剪口直至坯布平整。对于常规款裤型，通常后裆弧线长应小于两倍前裆深。

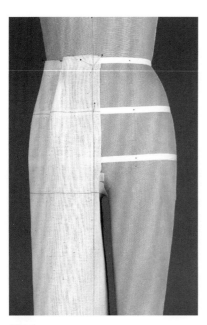

第4步

- 合前、后下裆缝，注意是前裤片压后裤片并用珠针固定。如果使用的是两条腿的人台，则较难扣折并用珠针固定前、后下裆缝份，此时可以将前、后裤片平放在桌面上进行操作。如果使用的是一条腿的人台，直接在人台上操作即可。

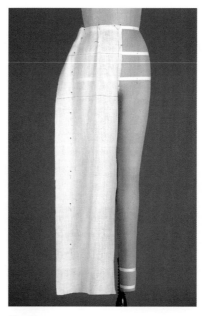

第5步

- 合前、后侧缝线，注意将前、后裤片的反面与反面相对并用珠针固定。对照前面的照片，检查廓型。

- 检查裤子的侧缝线，确保其沿着人台的侧缝线竖直向下。

- 检查裤子的宽松度，裤长至鞋面，裤腿笔直，裤口卷边。

- 在确定裤口卷边尺寸前，先研究自己的裤子，将裤口围61cm的裤子与裤口围45.5cm的裤子做比较，看看造型如何。这条裤子的裤口围为50～60cm。

- 用珠针固定前、后侧缝线，调整前、后下裆缝线，直至造型均衡。

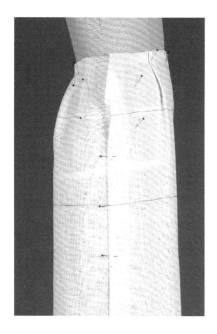
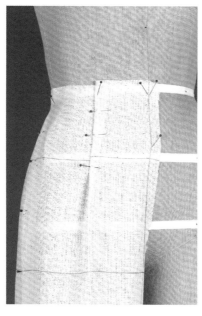

第6步

■ 一旦感觉裤子造型均衡，则可将前侧缝线缝份向里扣折，使前裤片压后裤片并用珠针固定。

第7步

■ 裤子围度确定后，找出前裤中线，使前裤片褶裥倒向该线。如果有特殊需要可以进行调整，褶裥方向应轻微向外偏斜，从而协调前中心线的褶皱。

■ 褶裥应缉缝7.5～10cm，因此用珠针固定7.5～10cm褶裥。

第8步

■ 确定腰头长，将腰头沿着腰部缠绕一周，以利于标记腰位。这是20世纪40年代的裤子，采用的是高腰位设计。

■ 将裤口卷边。

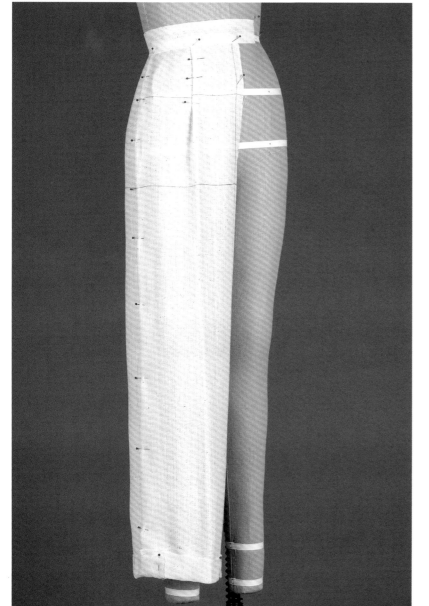

立体裁剪案例

——品牌Nanette Lepore女裤

这是时尚品牌Nanette Lepore 2011年春夏作品，裤子长度剪短，裤口呈微喇造型。

对页照片中的裤子面料看起来比较顺滑飘逸，可能是天丝、丝绸或者柔软的斜纹棉布。腰部收省，省道被袋盖遮住，腰头位于上臀围线，即腰围线下约7.5cm的位置。

这条裤子属于度假服装，风格休闲、时尚。裤子臀部十分合体，大腿上部显得修身，仅仅在裤口处呈现出微喇造型。

立体裁剪这条裤子，可以选用亚麻和蚕丝的混纺面料。与普通坯布相比，这种面料垂感更好，更接近实际照片的效果，而且这种面料纹理比较稀疏，容易看清经、纬纱线，有利于立体裁剪。

如果采用裤子简易平面纸样制图的方法（参见第171～173页），则此款裤子的后裆深比前裆深略长2.5～5cm，与牛仔裤裆深相似。裤子臀围可以设置得非常接近人台臀围尺寸，而腰部仅收一个腰省即可。

修身裤型

对于牛仔裤和其他较修身的裤型，通常后裆较长，前裆较短，从而使臀部较为合体。

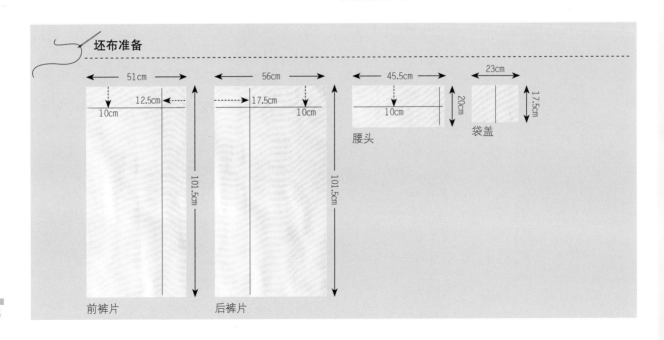

坯布准备

前裤片   51cm   12.5cm   10cm   101.5cm

后裤片   56cm   17.5cm   10cm   101.5cm

腰头   45.5cm   10cm   20cm

袋盖   23cm   17.5cm

第1步

- 将前裤片覆在人台上，在臀部使坯布紧贴人台，保持经向线垂直。
- 收1个前腰省，省量尽可能少，刚好去除腰部余量即可。
- 做前裆标记线。

第2步

- 将后裤片覆在人台上，保持臀围线以下经向线竖直。然后将后中心线向左斜，使上臀围处合体，坯布平整。后中心线向左斜形成后片的困势，使臀部达到合体效果，由于后中心线处为斜纱，具有较好的延伸性，能使裤片更好地贴合人体。
- 收1个后腰省，去除腰部的余量。
- 在大腿部位固定坯布。

第3步

- 修剪前、后裆缝，请注意，在修剪前、后裆弧线时，剪口较常规裤型要深，超过了标记线。这是因为此裤型裆底非常合体，立裁时应使坯布紧贴人台。从下裆缝向上拉坯布，从后面看，裤腿显得修身。
- 在人台上固定下裆缝。对于合体修身的裤子，通常其下裆缝会向前偏一定的量。在这个案例中，使下裆缝向前偏2.5cm左右，从而使后裤片紧贴大腿。
- 确保中裆线处纬纱水平，并且前、后裤片的中裆线应对齐。如果使用的是一条腿的人台，则操作方便；如果使用的是两条腿的人台，则操作比较困难，这时如果在人台的下裆缝处用珠针固定坯布，应尽可能使坯布平整。

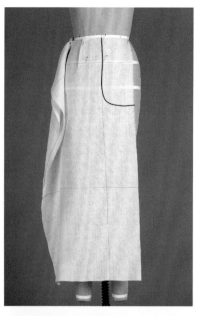
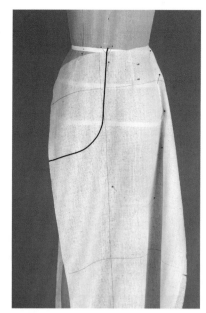
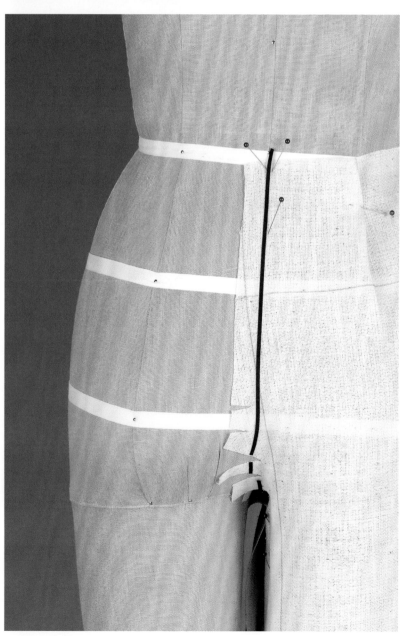

后身裤腿合体度

在下裆缝处可以收掉多余的坯布，注意把握裤子大腿部的合体度。

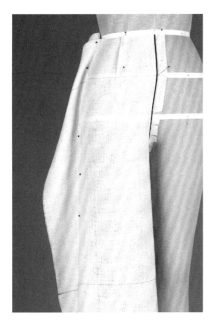
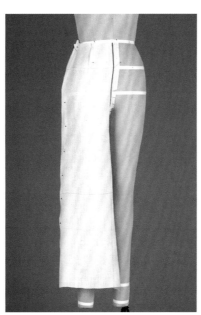

第4步

- 对照前面的照片，合前、后侧缝线。注意将前、后裤片的反面与反面相对并用珠针固定，从膝部往下，裤型开始向外张开，塑造微喇造型。

第5步

- 从腰部至臀部再到裤口，修剪多余的坯布。

- 合前、后下裆缝，并用珠针固定，注意使裤子保持微喇造型，造型应谐调均衡，确保经向线沿着前、后裤中线竖直向下。

第6步

- 将前侧线缝份向里扣折，使前裤片压后裤片，检查造型。

- 如果使用的是一条腿的人台，则操作比较容易，直接在人台上扣折前侧缝线缝份并用珠针固定即可；如果使用的是两条腿的人台，则将前、后裤片平放在桌上进行操作。

喇叭裤

　　在制作喇叭裤时，膝盖以下的下裆缝与侧缝线向外张开的量应当保持一致。

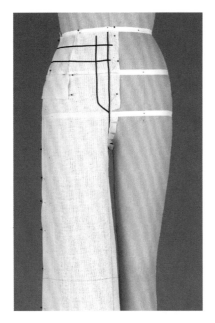

第7步

- 标记腰头的上口线、下口线，确定腰头位置。
- 取长方形袋盖坯布覆在人台上，立体裁剪袋盖并扣折毛边。
- 标记Y字形针法或J字形针法。
- 调整腰头、袋盖与针法的各比例关系。

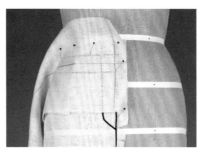

第8步

- 从前中心线开始立体裁剪腰头，先将腰头坯布覆在人台上，其前中心线对齐人台的前中心线，其纬向线位于腰头的上口线和下口线中间。

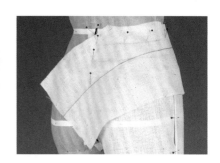

第9步

- 拉紧腰头，将腰头绕向后裤片，自然抚平丝缕线，腰头后中心线处为斜纱，从而使腰头很好地贴合于人体。

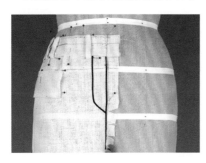

第10步

- 修剪腰头上口线、下口线多余的坯布，沿着标记线扣折毛边。可以移开标记线，以便观察实际的腰头上口线和下口线。
- 利用小布片立裁串带，确定其尺寸与位置。
- 确定细节时，必须注意：即使是0.5cm的差量，也会引起裤子外观的显著变化。例如4cm宽的腰头与3cm宽的腰头就迥然有别。

第11步

- 裤口卷边。

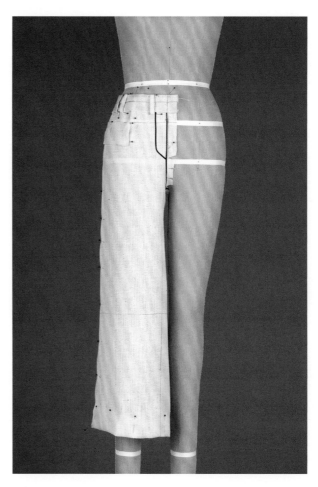

修正线条

修正线条时先用红色笔，再次修正时则用蓝色笔。这样做很容易让人区分笔迹：铅笔笔迹是最初的标记，而其他两种颜色的笔迹则是之后的修正标记。

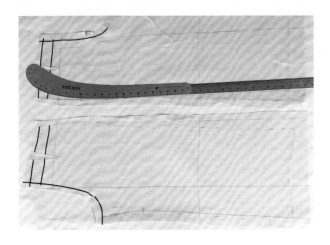

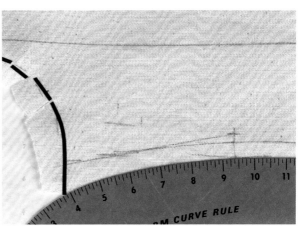

第1步

- 在修正裤子纸样时，必须注意，下裆缝与侧缝线的长线条必须自然顺直，这非常重要，可以借助金属长曲线尺来完成，这样操作会容易很多。在这个案例中，除了金属长曲线尺，还使用了金属直尺来修正从臀部到裤口的线条。

- 观察立裁裤片的两条侧缝线。前裤片似乎比后裤片更宽一些，这种情况是可能的，但在这个案例中，这样的分配则略微失衡，因此，需要去掉一些前裤片的宽度，将其补充到后裤片上，使喇叭裤的造型更加均衡、美观。

第2步

- 下裆缝从裆底点至膝部呈内凹状。

- 可以看到这里的铅笔线条并不连续、圆顺，请用红色笔修正线条的角度，再用蓝色笔进一步圆顺。

- 从后裤片腰头下口线开始，修正腰线，并将前裤片的省道与袋盖对齐。

分析

- 将立裁裤子与前面的照片进行对比，是否外观造型一致？立裁裤子属于哪一种风格？其上半部是否合体、漂亮？下半部微喇的造型是否时尚、别致？

- 仔细观察臀部，裤子下裆缝是否受到牵拉，观察裤裆位有无兜裆现象（即裆底有无褶皱）？如果前裆（或后裆）的长度不够，就会出现这种现象。解决办法是加长裆弯线，即在裆底适当加肥裤子，重新连接下裆缝，直至膝部，这样可以改变服装的效果。

- 如果后裆深裁剪过多，那么下裆缝的长度可能会不够，需要从上向下10cm的位置将下裆缝的凹度加大一点，并观察差异。即使凹度只变化了0.5cm，也会改变裤装的合体度。

- 如果前裤身（或后裤身）的上半部松垮下垂，则试着先上提前腰头，再上提后腰头，同时观察裤子外观的变化。

- 裤腿是否宽松？观察前面的照片，其裤子面料比亚麻蚕丝混纺面料更加轻盈，因此立裁效果柔美飘逸。而这条立裁的裤子则更具空间感。

- 如果想要裤腿增宽或变窄，操作时切记：下裆缝与侧缝线的处理要均衡，否则会出现平衡问题。

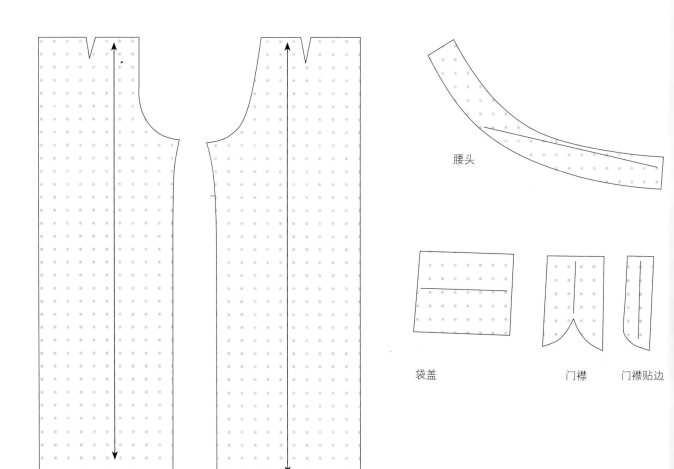

前裤片　　　　　　　　　　后裤片　　　　　　　　　腰头　　　　　　袋盖　　　　　门襟　　门襟贴边

2.4

针织服装

历史

针织物具有弹性好、易变形的特性，其组织结构不同于机织物。针织物既可以用来塑造贴身合体的服装，也可以塑造垂感好、别致的服装。

最早的针织物出现于埃及，但是与现在的针织物不同，像渔网。用这种针织物制成珠饰的连衣裙，穿在亚麻鞘形衣的外面，可以凸显紧身廓型。

在公元1000年左右，人们开始利用两根棒针进行编织，在这之前，都是使用一根棒针进行编织。在一些中世纪的绘画以及公元16~17世纪的服饰（如夹克、帽子和手套）中，都可以看到针织物，这些证实人类已经运用了针织物。

1589年，牧师威廉·李（William Lee）发明了织袜机，推动了针织物的机械化生产。随后，机械设备不断推陈更新，历经了19世纪中期的工业革命，机械工业蓬勃发展。

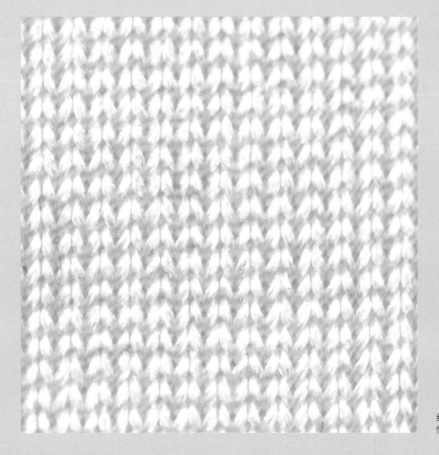

对页左图：设计师可可·香奈儿身着针织裙套装，正要进入她的车里。对于追求独立时尚的女性而言，香奈儿是学习的楷模。针织裙穿着舒适、活动方便，是女性解放运动的象征。

对页右图：这件弹力紧身衣不仅采用彩绘与装饰设计，而且弹性极好，穿时仿佛是人的第二层肌肤，令人活动自如，可以满足杂技演员、特技飞行员的活动需求。

这是一块双面针织面料，各方向的弹性都较好。

服装设计师可可·香奈儿是推动女装变革的时尚先驱，她率先将针织服装作为女性日装穿着，从而引导了针织服装的流行。在创业初期，香奈儿经常会从周围男性的服装中汲取灵感，据说，她尝试的第一件服装是马童不要的Polo衫，她按照自己的尺寸修改，非常合身。

第一次世界大战后，面料供应短缺。但是香奈儿凭借心灵手巧，从容应对。当时的针织面料多用于内衣，但是香奈儿却将它们运用于裙、上装（如夹克）中，并常常饰以鲜艳的条纹和其他图案，赋予其时尚性与舒适性。

20世纪后半叶，伴随着纺纱技术、针织织造工艺的不断进步，大量新兴针织面料面世了。较以往，针织面料的运用范围更广，广泛运用于袜子、内衣、泳衣、塑型衣中。一些针织服饰具有极佳的性能，例如，有的吸湿性极好；有的则为智能服饰，可以调节体温。

练习
罗纹领口的针织棉背心

　　塑造合体的针织上衣，一般多采用平面裁剪的方法，而很少采用立体裁剪，这是因为针织面料具有弹性，很容易被拉伸，所以在人台上用珠针固定针织面料很困难。如果运用针织面料设计紧身服装，例如泳衣，则可以利用面料的弹性进行设计，这采用平面制板更合适；如果想让针织面料披挂在身上，或者制作带褶裥的针织服装，那么立体裁剪则更合适。

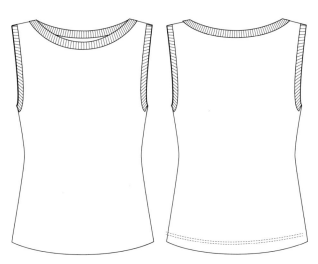

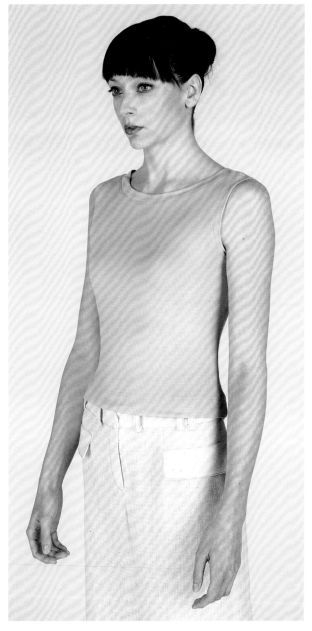

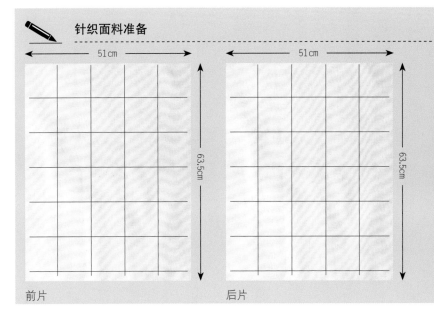

✏️ **针织面料准备**

前片 ← 51cm →   ↕ 63.5cm

后片 ← 51cm →   ↕ 63.5cm

前片

后片

　　在利用针织面料立裁时，常常需要面对的问题是：针织面料具有弹性，造型中易延伸变形。在修正板型时，需要根据最终完成的立裁裁片来确认未被拉伸的裁片的最初尺寸，这难度较大。因此，在立体裁剪前，应先在面料上画方格，即经、纬线，这样做很有用，可以在立裁完成后准确判断裁片的最初尺寸。

　　在接下来的练习中，你需要在针织面料上画方格，使前面提到的确认工作变得简单。同时，通过变形的方格很容易确认面料拉伸变形的位置。

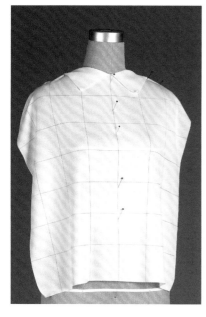

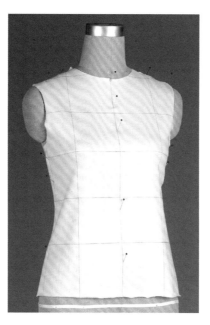

第1步

- 将针织前片覆在人台上，使其前中心线与人台的前中心线对齐，沿着前中心线由上往下用珠针固定，然后用珠针固定肩部。尽可能使方格的横线水平、竖线垂直，保持平衡。

第2步

- 修剪前领口线多余的坯布，使面料平整服帖。

- 胸部余量常常通过收省去除，但是这里不用收省。而是在胸部两侧用相同力度拉伸面料，确定面料延伸的幅度。拉紧面料就可以不收省了。

- 在胸部和两侧用珠针固定，直至前片造型满意，面料表面应平整、无褶皱。

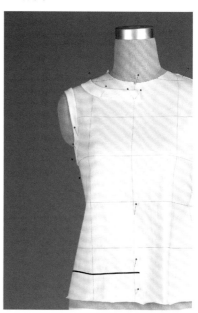

第3步

- 取针织后片进行立裁，从第1步开始按前片的操作方法制作后身。

- 在立裁罗纹领口前，先确定罗纹宽度，取一块罗纹布对折后其宽度为罗纹宽度。如果没有罗纹布，可以用一小块针织布代替。

- 从前中心线开始制作，将罗纹领片沿着大身领口线从前往后绕，操作时拉力要轻，罗纹延伸要小。观察肩部，领片裁边的罗纹延伸略大，以保证领片折边的平整。

第4步

- 沿着袖窿弧线立裁罗纹袖窿，操作方法同罗纹领口。

- 做底边标记线。

立裁针织服装

　　立裁针织服装时，最好是立裁完整的左右前后身，可以更好地保持针织面料的稳定，而不是仅仅只立裁前、后半身。

无吊带针织抹胸

很多面料都适合制作无吊带的抹胸，其中针织面料制作的效果很好。如图所示，在人台上立裁时应拉紧面料，使其贴合人体并形成细密美观的褶裥，然后将褶裥假缝在里布上。

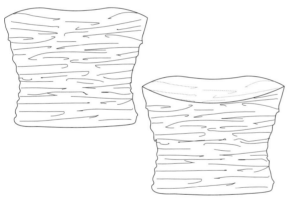

利用针织面料的弹性

针对这个款式，应利用针织面料的弹性进行立裁。在人台上拉伸面料时，请仔细观察褶裥的形态。

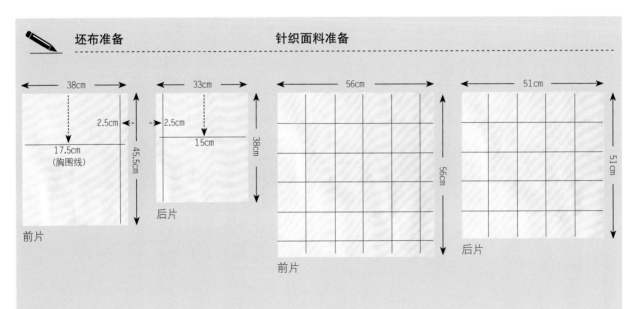

坯布准备　　　　　　　**针织面料准备**

前片（38cm，45.5cm，2.5cm，17.5cm（胸围线））

后片（33cm，38cm，2.5cm，15cm）

前片（56cm，56cm）

后片（51cm，51cm）

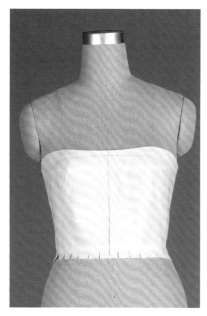

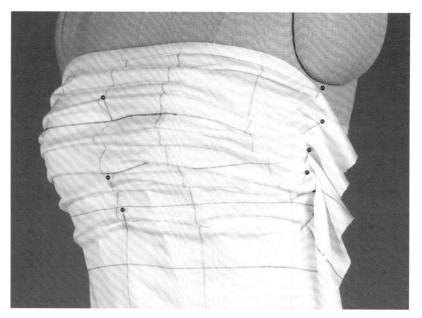

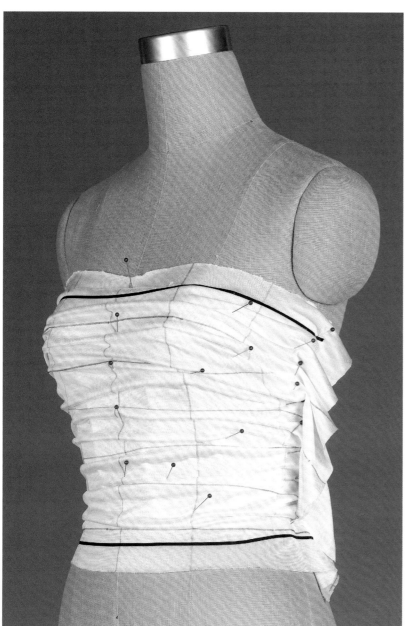

第1步

- 以机织面料（此处为坯布）为衬里，先在人台上制作一件紧身衣，以便在上面用针织面料制作褶裥。紧身衣制作方法参见第46～47页。

第2步

- 取针织面料进行立裁，将其前中心线与人台的前中心线对齐并用珠针固定，其左、右侧面料则朝向人台的左、右侧缝线。

- 从侧缝线开始制作褶裥，注意胸部的褶裥应均匀。

第3步

- 做上口标记线和底边标记线。

- 用珠针固定褶裥。

立体裁剪案例

——品牌Nanette Lepore缠绕式吊带针织背心

这是时尚品牌Nanette Lepore 2011年春夏作品——缠绕式
吊带针织背心，呈现出别致时尚的运动风格。

通常，背心不需要多条吊带作为支撑，但是如
果采用轻薄的针织面料且没有里布衬托，则可以采
用多条吊带，有助于保持背心上口平整。这件背心
的重点在领部，由吊带穿套缠绕而成。

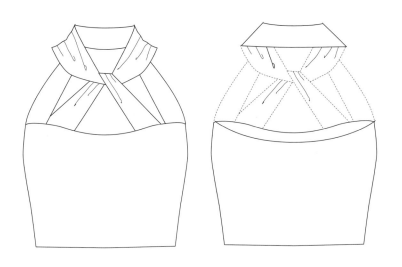

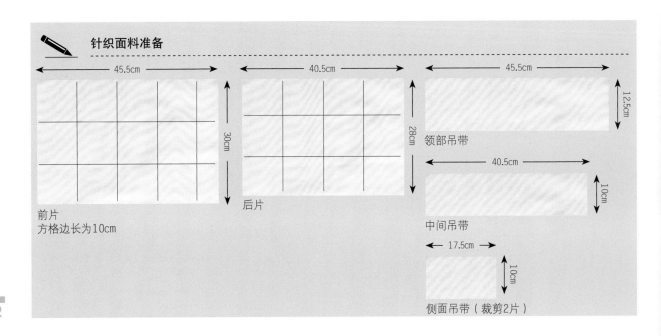

针织面料准备

前片
方格边长为10cm

后片

领部吊带

中间吊带

侧面吊带（裁剪2片）

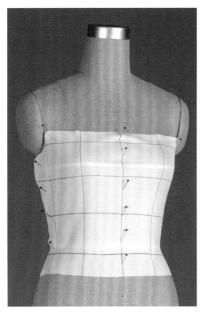

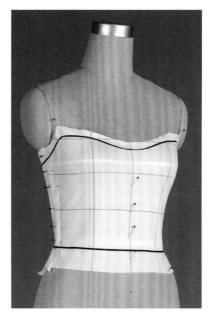

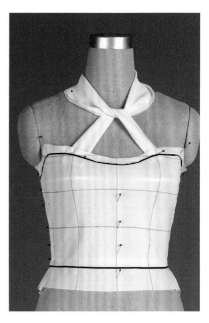

第1步

- 将前片覆在人台上，使其前中心线与人台的前中心线对齐，并用珠针固定。

- 向两侧均匀抚平面料。

- 轻轻拉伸胸部面料，确定面料延伸的幅度，以此消除胸部余量而无须收省或分割线处理。

- 取后片进行立裁，重复同样的操作。

第2步

- 合前、后侧缝线，注意将缝份向里扣折，使前片压后片。

- 用标记带（或斜纹带）标记背心上口线，注意标记带在胸侧部位置较高，然后逐渐降低直至后中部。背心后片上口线应高于文胸带位置。对照前面的照片，调整并确定前片上口线位置，注意前中心处要略低一些。

第3步

- 在人台上立裁领部吊带与中间吊带。

第4步

- 在人台上立裁侧面吊带。

- 重新调整背心上口线，使其与前面照片中的服装相似——不要太紧或太松，应松紧适度。

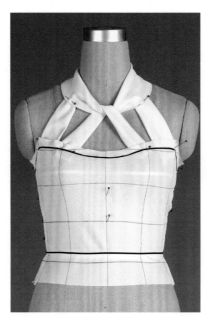

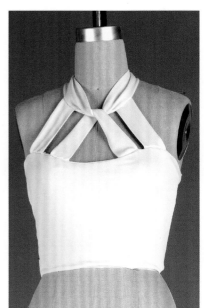

标记和修正

第1步

- 从人台上拆下衣片之前，需要用铅笔或划粉对其进行标记（图中未显示）。用铅笔或划粉在针织面料上做标记常常不太清晰，因此，请尝试记号笔，但是注意不要让油墨渗透面料，弄脏人台。

- 与机织面料相比，在针织面料上做十字标记更为频繁（图中未显示）。

- 拆去坯布上的标记线（图中未显示）。

- 将衣片放在网格纸上，恢复至没有被拉伸的最初尺寸。

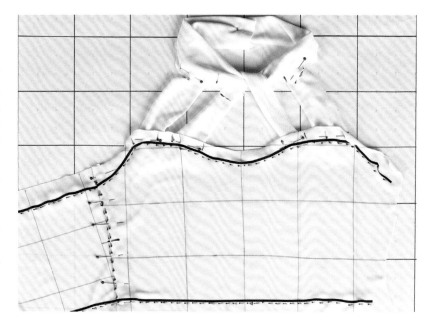

第2步

- 沿着所做的标记，修正、圆顺曲线，并按照前面的照片进行修正。

- 标记缝份，常常留出1cm的缝份。

- 注意针织面料背心上口线呈V型。

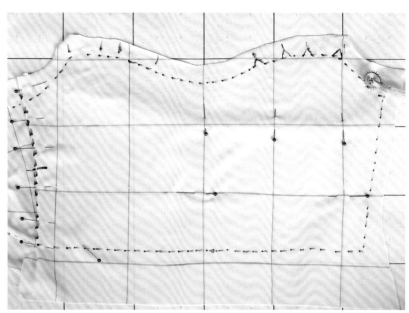

分析

- 将立裁的背心与前面的照片进行对比，比较合体度。观察前片是否平整，如果太紧身，则胸下围或腰围处容易起褶；如果过于宽松，则面料会松弛下垂。

- 把握好面料拉伸的幅度，这需要多次尝试、积累经验。可以分别立裁小一点或大一点的背心，比较其合体度。

- 想象这件背心穿在模特身上的效果。如果背心上口足够低，则着装是否性感、富有挑逗性？吊带的位置是否合适、别致？

- 观察吊带时，请注意服装的空间造型，不要仅仅只关注吊带本身，而要注意吊带之间的空间，并与前面的照片进行对比。这有助于判断吊带的位置及之间的间距是否正确。

整体分析

　　这件背心搭配的裤子是第176页"2.3 裤子"中立裁的裤子。

- 当制作整套服装时，最大的挑战在于协调整体的造型与尺寸。如果背心太紧太小，或者裤子太肥，则会比例失调。当立体裁剪时，请在人台上将上、下装组合在一起，判断是否协调，这非常重要。在这个案例中，立裁服装的尺寸与前面照片中的服装接近。

- 细节常常举足轻重。背心的吊带必须与裤子的细节（如腰头与袋盖）相协调，背心各条吊带的宽度不一定要相同。但对比较显眼的细节一定要多加注意，之所以显眼，有可能是比例失衡，与整体不协调。

- 在这个案例中，缉明线也很重要。切记，无论线迹细或粗，都必须与服装整体风格相协调。

- 裤串带襻较宽，与背心的吊带相呼应，虽然裤串带襻与吊带的宽度不同，但却将上、下装联系在一起，整体协调。

- 从前面照片中准确辨别上裆的深度与长度是有一定困难的，照片中的裤腿有一点长，这是因为试装模特的身材高挑，上下身比例特殊，给人感觉腿长，裤腿也长。模特向前走动时，裤脚口向前飘动；反之，模特静止不动时，则裤脚口前、后相对均匀（照片中未显示）。想象人体运动状态下的裤子造型，确定合适的脚口量。

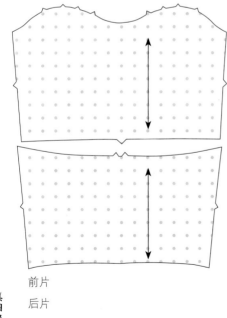

前片

后片

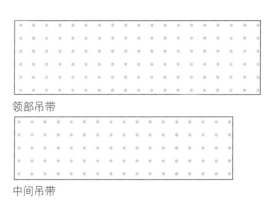

领部吊带

中间吊带

侧面吊带

侧面吊带

变化
蝙蝠袖上衣

这是一件女式针织衫，当上臂抬高时，针织面料的弹性就发挥作用了，便于人体活动。面料为黏胶织物，垂感较好，适合腰部有装饰褶的服装。这里的蝙蝠袖是指服装的袖子与大身同属一个裁片，即连身袖。

立裁这件服装，其装饰褶的裁片不用画方格，因为不被拉伸，为自然状态。

针织面料立裁特点

这个款式凸显了针织面料良好悬垂性的特征，下垂的面料形成自然均匀的褶皱之美。应重点研究不同克重、不同纤维的针织面料的成型效果，多加练习，掌握其造型差异，这是很好的练习方法。

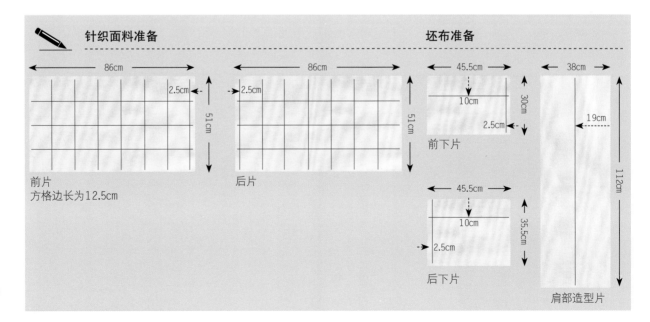

针织面料准备　　　　　　　　　　　坯布准备

86cm
2.5cm
51cm
前片
方格边长为12.5cm

86cm
2.5cm
51cm
后片

45.5cm
10cm
30cm
2.5cm
前下片

38cm
19cm
112cm

45.5cm
10cm
35.5cm
2.5cm
后下片

肩部造型片

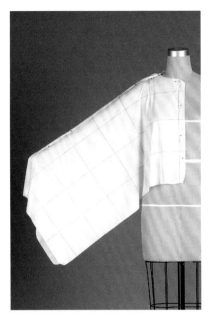

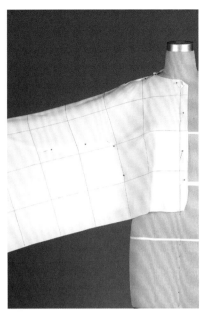

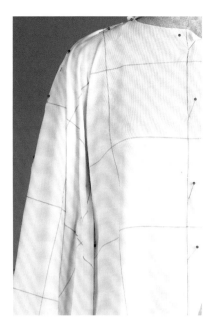

第1步

- 将前片覆在人台上，沿着前中心线由上往下用珠针固定，根据需要修剪领口线并打剪口。

- 用珠针固定肩部和胸部，后片操作同前片。

- 在手腕处系一条斜纹带（图中未显示），抬起手臂至你认为最合适的高度。

第2步

- 确定袖底造型的深度，抬起手臂进行立裁，查看抬起的高度是否合适，然后放下手臂，检查腋下堆积的面料量。沿着侧缝线与袖底缝线用珠针固定面料。

第3步

- 由于是抬起手臂进行立裁，故导致腋下堆积了一定面料。

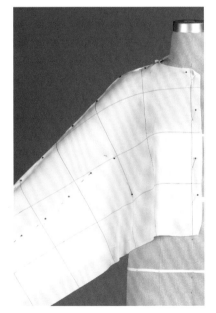

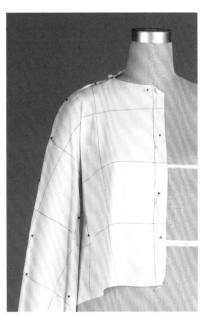

第4步

- 试着测试手臂抬起的高度，确定一个最佳的抬起角度，保证腋下的堆积量也最少。

- 以这样的角度抬高手臂，袖子似乎没有被抬起很高，穿着感觉将会有少许不适。

第5步

- 尝试塑造一个手臂活动相对舒适的抬高角度。

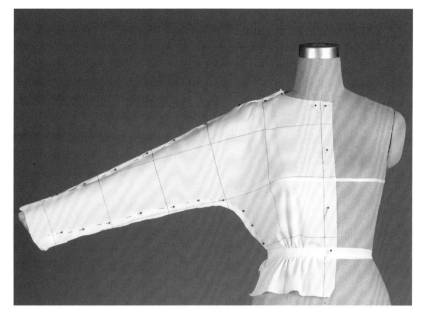 

第6步

- 将手臂抬高至与肩斜一致的高度，在肩部将前、后片的反面与反面相对并用珠针固定。修剪多余的面料并留出2.5cm的缝份。

- 在袖底弧线处，将前、后片的反面与反面相对并用珠针固定，修剪多余的面料并留处2.5cm的缝份。

- 在腰围线处系一条宽松紧带，检查服装造型是否均衡。

第7步

- 立裁前下片，将其覆在人台上，使前中心线与人台的前中心线对齐，上边缘约高于腰围线7cm。按照圆裙的制作方法塑造具有装饰褶的前下片，操作时一边修剪衣片、一边打剪口，根据造型制作装饰褶。

- 用同样方法制作后下片。

- 合前、后下片的侧缝线（图中未显示）。

确定袖子的抬高角度

蝙蝠袖的抬高角度决定了其袖底的形态。袖子角度变化非常多，没有对错之分，主要取决于想要塑造的袖型与上抬的高度。

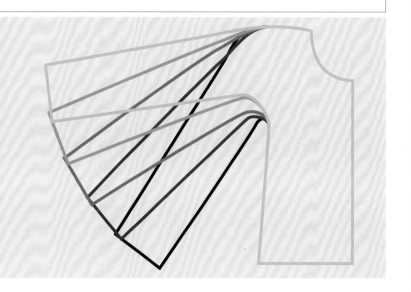

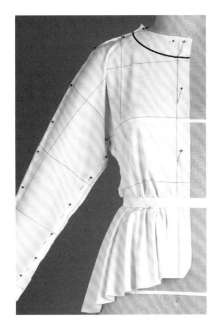

第8步

- 根据照片上的底边线，按照从前向后的倾斜度修剪装饰褶的底边。

- 将腰围线下片上边缘的坯布向里扣折，放于上衣片下边缘的下面，然后用宽松紧带在腰围线处固定。

第9步

- 立裁肩部造型片，用宽松紧带压住肩部造型片的底边，并形成一定的褶裥，在宽松紧带处不要堆积太多坯布，保证造型自然、美观。

- 立裁肩部造型片时，请站在较远处，通过镜子审视造型并进行调整，直至满意为止。

在镜子前进行立裁工作

切记，镜子是检查立裁效果的"秘密武器"！设计师观察自己立裁的服装时常常站得很近，然而实际生活中人们对他人着装的注视并非如此，通常会有一定距离。即使我们和朋友亲密交谈时，也常常保持1.5～2m的距离。当你最后调整立裁的服装时，请保持该距离来观察服装。可以准备一面镜子，有助于保持一定距离，随时根据需要观察服装。

高级立体裁剪

这部分介绍的是高级立体裁剪，请按照讲解多加练习，训练自己的眼睛，要敏锐洞察服装造型与结构上的细微变化。在立裁过程中，请多变换位置与角度，360°观察立裁作品，及时发现造型与结构的新变化。

此外，你还要学会表现服装的垂感，利用面料纱向塑造服装的风格。

要注意培养自己作为设计师的鉴别力与想象力。对于参照复制的服装，在立裁时要尽量保持其风格，尤其是立裁造型宽大的服装（如长袍）或采用了辅助材料的服装（如使用垫肩、整形内衣、衬裙等有支撑物的服装）。

要多练习立裁造型与结构较为复杂的服装，通过练习提高自己的造型能力。在塑型的过程中，学会强调细节设计，学会通过细微变化来改变服装的风格。

立裁时，应力求造型准确、特征鲜明，但不能只局限于具象的造型，立裁呈现的不仅仅是服装，还应能表达出设计想法。

3.1

外套与夹克

历史

　　显而易见，一些传统外套（如斗篷、披肩、罩衫等）的裁片仅仅是一些长方形布片，构成十分简单，面料多为机织物，然而这些服装的造型却极具均衡感。

　　皇家长袍可谓是这类服装的经典代表，虽然构成简单，但是造型优雅。历史上，画家笔下的国王和王后常常穿着带有拖裾的长袍，华美而庄严。富有的家庭能负担昂贵的面料，其服装装饰也更为精美。

　　通常，这种传统外套比较宽大，遮挡了里面的服装。其面料也多为厚重的织物，如羊毛、亚麻织物或重磅丝绒，衣片的形态虽然简单，但是当其披挂在肩上或者在肩部固定时，其造型效果却很好。

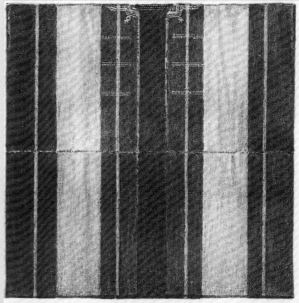

左图：19世纪画家查尔斯·罗伯特·莱斯利（Charles Robert Leslie）的作品，画作中的维多利亚女王（Victoria）身披一件长披肩，面料为金丝绒织物，华贵无比。

上图：叙利亚的贝多因人（Bedouins）穿着的长袍，面料选用羊毛织物，衣片在肩部缝合，构成非常简单。

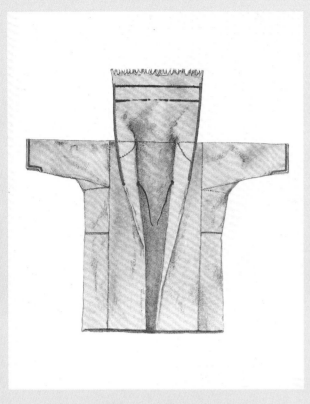

在历史的长河中，人们穿着的服装不断发展、变化。早在文艺复兴之前就已经出现外套和夹克的雏形。人们普遍认为，最早将衣身和袖子缝合在一起的是古波斯人。但直到19世纪中期，女性才开始将外套和夹克作为日常的时尚着装。几个世纪以来，人们一直穿戴斗篷与披肩，这类外套可以遮挡里面宽松的服装，非常实用。

现代服装中的外套与夹克并非突然出现，而是历经了很长时间的演变才形成了现在的结构与造型，例如经典的堑壕风衣、双排扣海军大衣、斯宾塞（Spencer）合身短夹克和燕尾服。

制作传统服装时，应注意参照相关元素。例如：女式夹克的衣身、合体袖身、袖山抽褶，这种造型颇具维多利亚时期的风尚，可以让人联想到那个时期的服装。

另一个例子是经典的堑壕风衣，永不过时。虽然堑壕风衣各式各样、数不胜数，但是却有一个共同的特征——高高的领子，既可以防雨，又营造了神秘感。堑壕风衣具有挡风片、深口袋和肩襻，使人联想到影星亨弗莱·鲍嘉（Humphrey Bogart）的着装风格，冷静而帅气。

对于夹克和外套而言，领和肩部都是重要的设计部位。衣领可以衬托脸型，引人注目。历史上曾出现过蕾丝领、裘皮领，17世纪还出现了夸张的拉夫领（Ruff）。18世纪30年代，原本劳动者穿着的长工作服——夫瑞克大衣（Frock Coat）被作为时尚装束，自此，翻驳领成为经典的领型，但造型并非一成不变，其大小比例随着流行趋势的变化而变化。

左上图：牧羊人斗篷，源自亚洲或欧洲芬兰，采用若干长方形的机织面料拼接制作而成，可以说是现代外套的雏形。

右上图：这件披风是20世纪20年代设计师保罗·波烈的作品，披挂在身上可以形成自然的垂褶，造型优雅、简洁。

练习
对肩部的理解

将肩部作为服装造型的重要部位可以追溯到古希腊时期，如古希腊人穿着的佩普罗斯和希顿，就是将面料垂挂在身上并在肩部固定。纵观历史，军服的肩部也是重要部位，上面有标示军衔等级的肩章，绶带也披挂在肩上，上面佩戴奖章。外套和披肩也常常在肩部进行装饰。

在服装肩部使用垫肩由来已久，目的是使其肩部挺括，同时也增加肩部的空间量。垫肩的式样很多，通过强化肩部使着装者看起来更威严，甚至更强势。20世纪80年代，美国电视系列节目《王朝》（*Dynasty*）的热播掀起了一股女装潮流，促使装有宽大垫肩的女式套装——"权力套装"（Power Suit）备受推崇。

请注意，肩线是一条向前自然弯曲的弧线，它决定了前、后衣身的平衡。对于连衣裙或外套等长款服装而言，如果肩线失衡，则意味着前片或后片错位，从而使面料纱向发生偏移，服装衣片出现扭曲。

肩部是很多服装的支撑部位，因此，了解肩部结构非常重要。通常，肩线外侧呈弧形，中部下凹，靠近颈侧处则抬高。一些简单的服装在结构处理时常常将肩线做成直线。

请观察不同的肩部处理及其服装造型，注意肩部合体度对服装造型的影响。

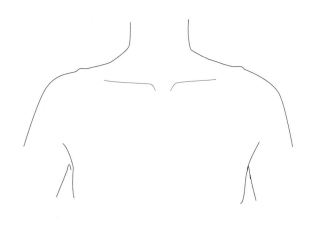

肩部是服装造型的关键，既要保持服装的整体平衡又要起到支撑服装重量的作用。

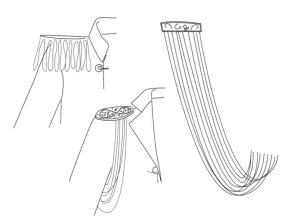

肩部装饰给人一种威严肃穆之感。

和服袖

　　这是日本传统和服，其肩部没有特殊结构处理。面料采用机织物，裁片为几何形，造型均衡。

　　和服没有使用垫肩，袖子为连袖结构，从肩头自然下垂，腋下形成许多褶皱。由于和服前、后保持均衡，故外观优雅而不拘束。

肩垫

　　相对于不使用肩垫的和服，此款服装的肩部却是结构设计的重点。如照片所示，服装采用了垫肩，由于垫肩对服装的支撑，故肩部造型挺括而丰满，并去除了腋下多余的量。服装没有自然柔和的衣褶，整体线条简洁、硬朗，前身非常平顺合体。

　　照片中的影星劳伦·白考尔（Lauren Bacall）身着装有宽大垫肩的服装。这种强调肩部的造型是20世纪40年代服装的典型特征之一，肩部成为视线的焦点。巴考尔是那个时代现代女性的典范——集美丽和力量于一身，而这件服装的肩线趋于平直，很好地衬托出巴考尔既强硬又性感的形象。

香奈儿外套

　　著名的服装设计师、改革者可可·香奈儿推动了合身女式外套的流行。她借鉴当时的夹克，创造出经典的香奈儿外套，这已成为其标志性的款式而经久不衰。

　　起初，香奈儿外套为短款、无领、箱型，三开身结构是其重要特征之一。

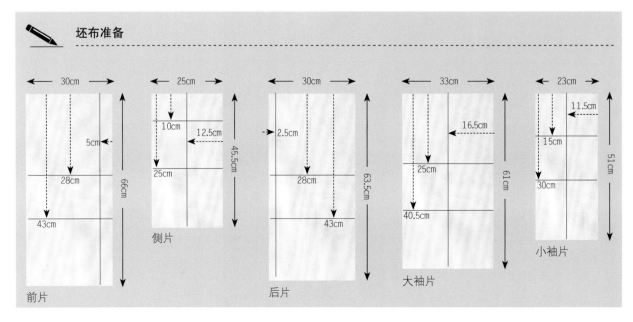

30cm
5cm
28cm
43cm
66cm
前片

25cm
10cm
12.5cm
25cm
45.5cm
侧片

30cm
2.5cm
28cm
43cm
63.5cm
后片

33cm
16.5cm
25cm
40.5cm
61cm
大袖片

23cm
11.5cm
15cm
30cm
51cm
小袖片

目前，服装设计师卡尔·拉格菲尔德（Karl Lagerfeld）担任Chanel品牌总设计师。他设计的外套很多都保留了经典的香奈儿造型——短款、箱型和三开身结构。此外，代表香奈儿造型的元素还有：有袋盖的口袋、镶边以及画龙点睛的珍珠装饰项链。

由于外套属于外穿服装，里面通常会有其他服装，因此，外套的松量要适当。在立裁这件外套时，应使衣片与人台之间存在一定的空隙量。塑造外套的轮廓线条很重要，但也很有难度。

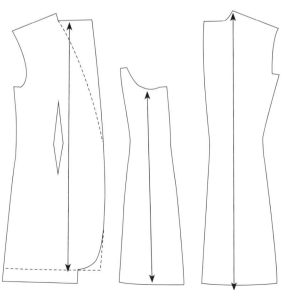

外套采用了传统的三开身结构，没有侧缝线，侧片位于前、后刀背缝之间。袖子为两片袖结构，绱袖时应使袖子自然向前倾，袖内侧较为合体，袖肘部松量适中。

在立体裁剪时，应保持各衣片平衡，360°观察服装的造型，确保从任何角度看都很漂亮。

在立裁前，先选择合适的垫肩类型，然后固定在人台的肩头。通常，垫肩起支撑与塑型的作用。面料选择毛织物，通常选择粗纺毛织物。立裁操作时，面料从肩部垂下，垫肩可以起到支撑作用，保持特定的立裁造型。

衣片立裁时应与人台保持一定的空隙量

在立裁时，请注意不要将坯布绷缝得过紧，应与人台保持一定的空隙，确保外套的造型不过于紧身、贴体。对于初学者而言，立裁操作时常常会过于关注人台的形态，并受其影响。现在必须改变这种习惯。请尝试利用珠针与坯布塑型，不依赖人台，注意塑造面料与人台之间的空间关系。

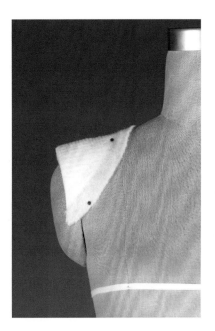

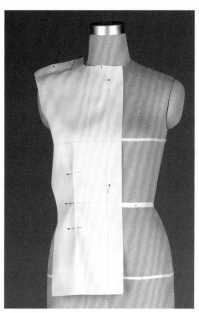

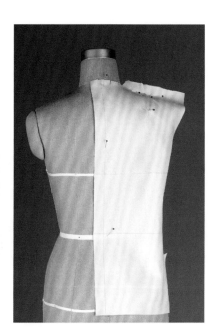

第1步

- 开始立裁时，请选择没有手臂的人台，这样更容易辨别三开身的前、侧、后片是否保持平衡。

- 用珠针将垫肩在人台肩部中间区域固定。请确保珠针直入人台，以免影响后续立裁操作。

第2步

- 将前片覆在人台上，使其前中心线与人台的前中心线对齐，修剪领口线并打剪口，使其平顺。

- 在胸部、肩部轻轻地用珠针固定，请注意不要太紧，给予袖窿必要的松量。

- 在前片侧面用珠针固定，以塑造想要的造型空间，由于前片刀背缝线远离了胸点，因此需要围绕胸点位置向下塑造一个腰省。

- 腰省应竖向笔直，通常腰部省量约为1.5cm。

第3步

- 将后片覆在人台上，使其后中心线与人台的后中心线对齐。

- 在后肩位置用珠针固定，注意保持纬纱水平，袖窿和肩部要留有一定的松量。

- 在肩线位置收一个小肩省，同时需补加少许肩线。如果在立裁肩部的时候，能够尽量保持纬纱水平、松量适当，则有利于后片从肩胛骨垂至下摆，造型也更好。

- 在利用实际面料制作时，应根据面料性能确定是否收肩省和补加少许肩线。例如对厚重的毛织物，可以利用熨烫进行塑型，塑造肩胛骨所需要的空间量。

袖窿松量

请注意：立裁时，衣片松量会使袖窿处自然形成一定的空隙量，即袖窿松量。用珠针固定侧片上部时，注意不要过紧，前、后位置各保留约2.5cm的松量。

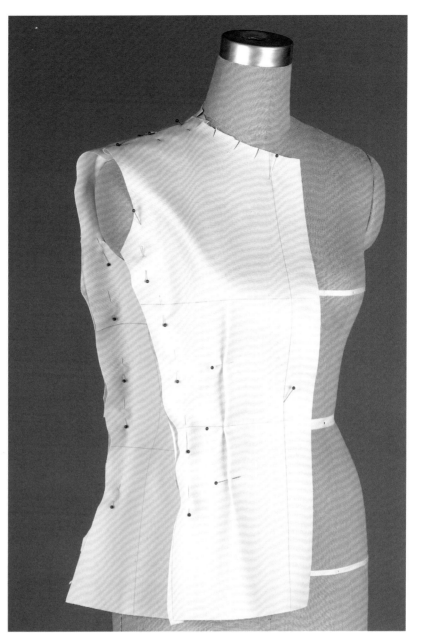

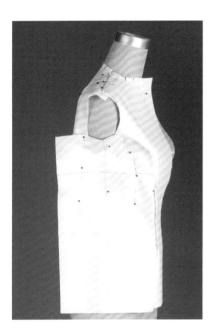

第4步

- 将侧片覆在人台上，使其纵向中心线与人台的侧缝线对齐。

- 首先，将侧片置于前、后片的上面，并确定想要塑造的空间量。

- 用珠针固定侧片，并确保一定的松量。

第5步

- 保持纬纱水平，将侧片分别与前、后片的反面与反面相对，并用珠针固定。

- 修剪多余的坯布，留出约2.5cm的缝份。

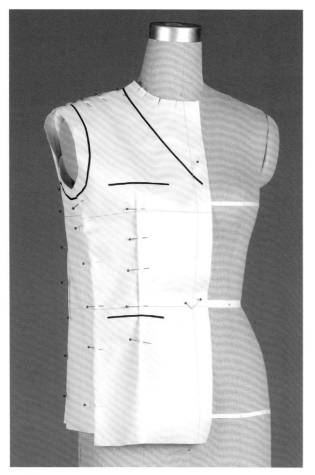

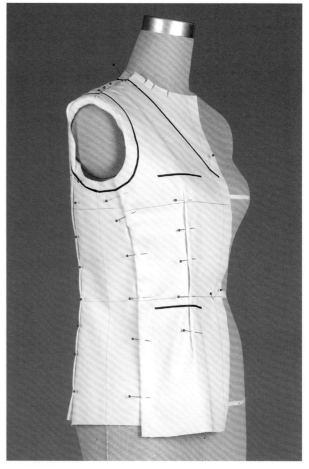

第6步

- 向里扣折缝份，分别使前、后片压侧片。

- 标记袖窿弧线和领口线。

- 标记口袋位置，把握好服装整体的比例。

- 请观察立裁的三开身外套，研究各衣片之间的平衡关系。请注意：前、后、侧片是否造型均衡？外套廓型是否与前面的照片相似？从各个角度观察，造型是否完好？

第7步

- 密切注意后侧缝线，它比前侧缝线偏直。前侧缝线弧度较大，起到更多塑型作用。

- 拆去后腰部位的珠针，试着在腰线处打一些剪口，将腰线适当收紧并重新用珠针固定。

- 请注意，该操作改变了外套的外形。后片肩胛骨区域微微凸起，形成更多空间，而腰身则微微向里收。

（下接第220页）

360°观察

应当360°观察外套造型。确保立裁时，外套从任何角度看都很漂亮。

两片袖

经典香奈儿外套的另一个结构特征是袖子的造型。请想象一下，你在人台上已经完成了基本的女式衬衫袖，现在则根据手臂形态重新造型，使其符合人体工程学。一种方法是从前袖转折部位至腕部收一个省道，用珠针在肘部收掉一定的量可以达到手臂向前倾的效果，然后在后肘部放出一定的量，将肘部至腕部的多余量用珠针收掉。实际上，在袖子的前、后袖缝线中隐藏了塑型的省道，从而形成两片袖结构。

另一种方法是采用两片袖结构，其袖型更舒服。理论上，袖缝线要尽可能不被看到，偏向手臂内侧。

依照惯例，袖缝线与衣身分割线不能在袖窿处交汇。在设计时，服装设计师经常会着力将它们绘制成交汇状态，然而四条分割线如果在袖窿处交汇于一点，则不利于服装的后期制作。

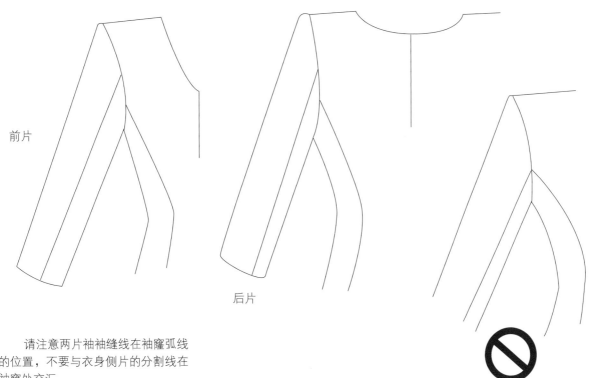

前片

后片

请注意两片袖袖缝线在袖窿弧线的位置，不要与衣身侧片的分割线在袖窿处交汇。

两片袖简易平面纸样制图

采用平面裁剪绘制两片袖纸样的方法很多，但是立体裁剪也有明显优势，即立裁过程中可以随时观察造型，并灵活调整、完善。

这里介绍的平面纸样制图有助于立裁袖子。在立裁之前，应掌握一些量体数据，并确定可以参照的基本形，这非常有效。虽然这里的袖子纸样制图并不是最终的纸样，但是有助于确定袖子空间造型的基本参数，且节省时间。

操作时，可以先在纸上进行纸样的绘制，然后转化为坯布裁片；也可以直接在坯布上进行样板的制图。

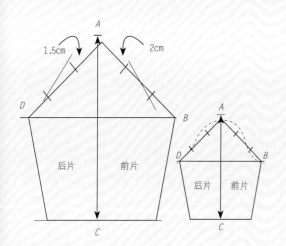

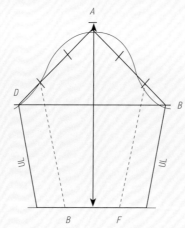

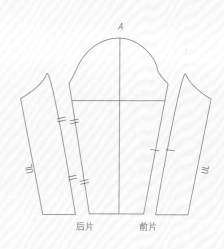

第1步

- 可以从第124~125页袖子简易平面纸样制图的第5步开始制作。

第2步

- 将袖口平分成4份并标记点B（在后袖口）和点F（在前袖口）。

- 用虚线连接点B与后袖山斜线上较低的标记点，用虚线连接点F与前袖山斜线上较低的标记点。

- 在虚线上做对位点标记：后袖标记两个对位点，对位点符号为"∥"；前袖标记一个对位点，对位点符号为"/"，目的是区分前、后袖，避免混淆。

- 将袖底缝线处标记为UL。

第3步

- 从点F和点B开始，沿着虚线将袖片纵向剪开。

- 在小袖片上标记对位点，以便与大袖片匹配。

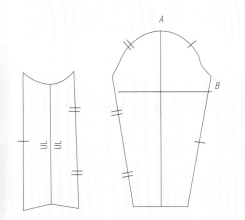
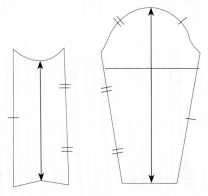
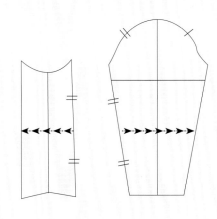

第4步

- 将两个小袖片上的UL线拼接，形成单独的小袖片。

- 现在得到两片袖的基础纸样。通常，把靠内的称为小袖片，靠外的称为大袖片。

- 在大袖片上做对位标记，即后袖山弧线上的对位点符号为"∥"，前袖山弧线上的对位点符号为"/"。

第5步

- 将小袖片的UL线设定为经向线，将大袖片的袖中线设定为经向线。

第6步

- 现在，增加肘部造型量，以符合手臂自然下垂状态。

- 在大、小袖片上，袖肥线向下约17.5cm处画袖肘线。

- 沿袖肘线剪开并加入约1.5cm的量。

第7步

- 增加上臂造型量。

- 上臂造型量大袖片增加1.5~2cm，小袖片比大袖片增加量略少。

- 将大、小袖的后袖缝线画圆顺，肘部弧线外凸。

- 两片袖缝合后，如果从前面看不到前袖缝线，则效果较好。因此，要在大袖片前袖缝线袖口处增加2.5~4cm，而在小袖片前袖缝线袖口处则要减少2.5~4cm。

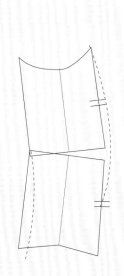
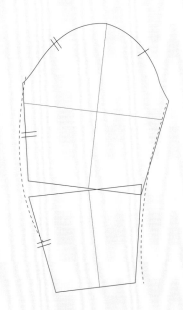

四种袖型及纸样

现在应注意，如何通过两片袖纸样制作其他袖型纸样。

A：传统两片袖

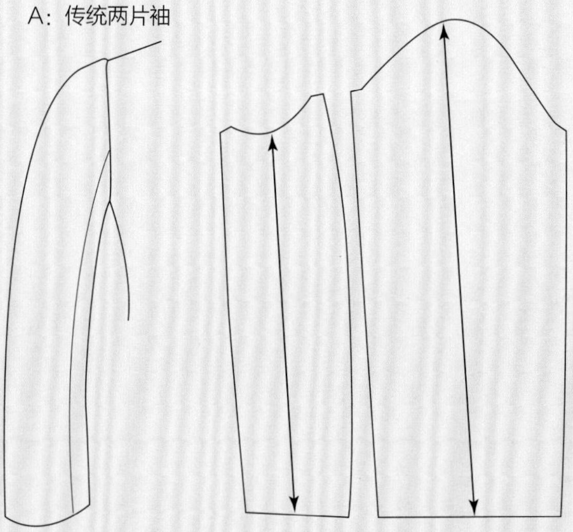

B：带角度的两片袖

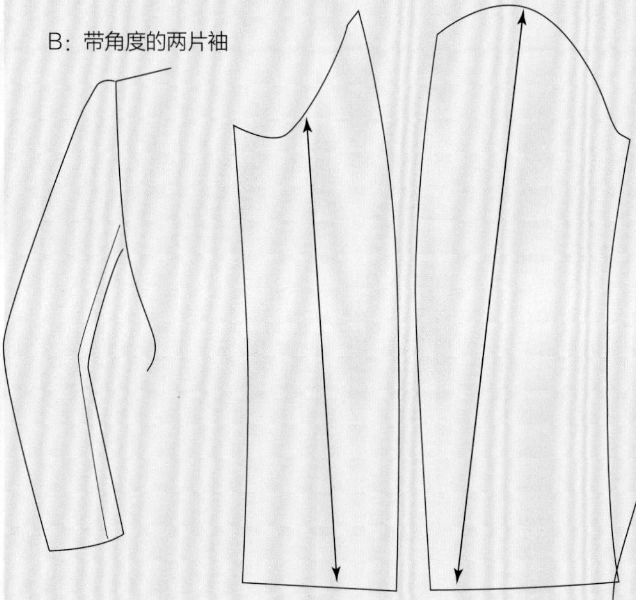

C：骑行夹克袖

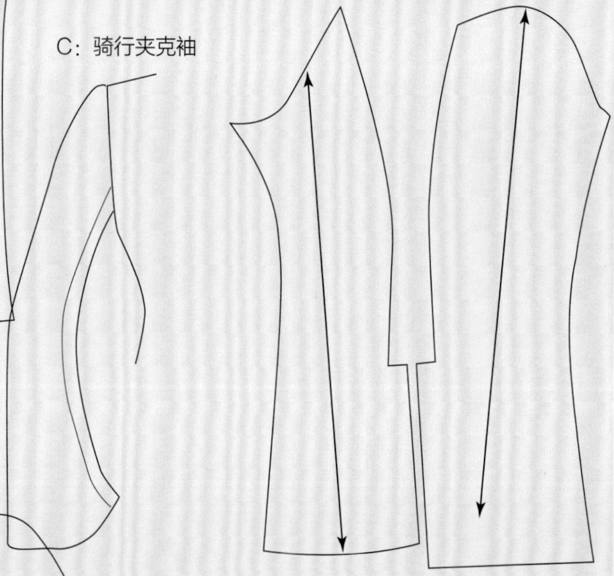

D：超大两片袖

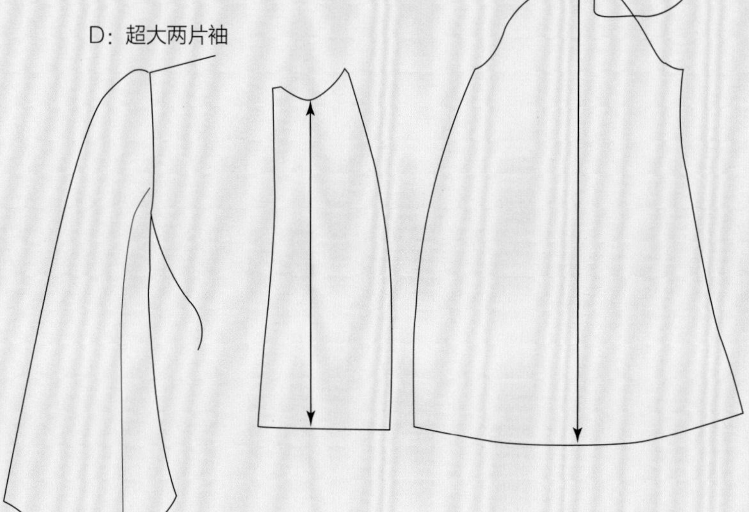

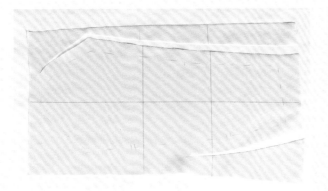

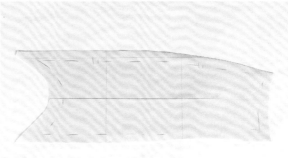

第8步

- 采用两片袖基础纸样，用划粉或笔轻轻地将大袖片纸样复制到坯布上。

- 裁剪大袖片，留出约2.5cm的缝份。

第9步

- 按照第8步，裁剪小袖片。

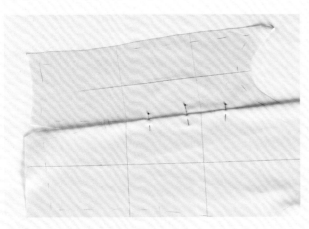

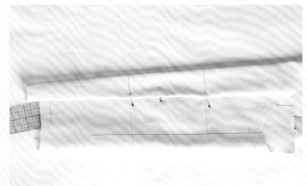

第10步

- 合袖缝线并用珠针固定，注意是大袖片压小袖片。

第11步

- 如图所示，在合第二条袖缝线时，请用一把放码尺来协助操作。

（上接第214页）

第8步

- 通常，立裁好的衣身没有与垫肩进行固定，当需要从人台上取下立裁的衣身时，则需要用珠针将衣片与垫肩固定，小心地将衣身与垫肩从人台上取下。

- 将絮棉手臂固定在人台上。

- 再将衣身与垫肩重新放置在人台上，并沿着前、后中心线用珠针固定。

- 用划粉标记袖窿弧线，然后拆去之前所做的袖窿标记线，这样更容易用珠针固定两片袖。

- 将袖筒在人台肩部固定，从袖山开始固定袖子，使袖子微微向前倾，以符合手臂自然下垂的状态。

第9步

- 请根据款式，设计少许的袖山缩缝量，即在袖山区域塑造出一定的空隙量。在袖山的前、后片袖山弧线上，缩缝量应控制在2cm以内。外套面料可能最终采用羊毛织物，具有较好的塑型性，可以使用蒸汽熨斗对设计的缩缝量进行塑型，使袖山弧线与袖窿匹配。

- 注意观察前、后袖缝线的位置，使其尽可能很好地隐藏。

- 从目前造型上不难发现，前袖缝线有外露现象，应使用斜纹带重新标记前袖缝线。

- 重新调整袖子造型的角度与对位点高度，尽量使前袖缝线为隐藏设计，必要时请重新使用珠针固定。

第10步

- 调整袖山松量，并确定对位点最终位置。

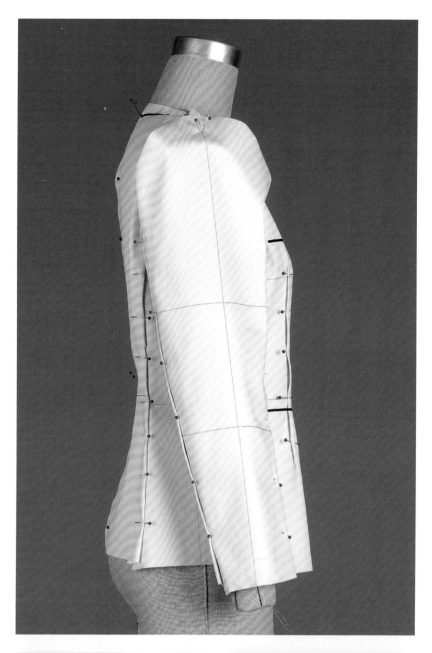

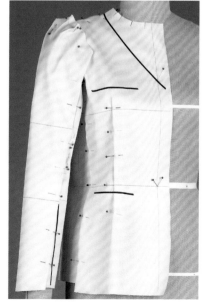

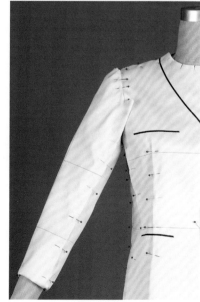

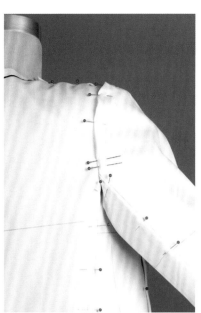

第11步

- 在袖子底部追加余量时，需要在袖窿底部下降相应的量。
- 用珠针将袖山弧线修圆顺，袖窿的抬高与降低取决于功能与造型的完美平衡。

第12步

- 从第9步开始，按照之前的操作完成后袖造型。注意，绱袖时应使袖子微微向前倾，以符合手臂自然下垂的状态。因此，后袖松量较多，前袖松量较少，尤其是在袖身曲线凹陷处。

第13步

- 进行细节处理，标记袋盖、纽扣和袖口的位置，完成立体裁剪。

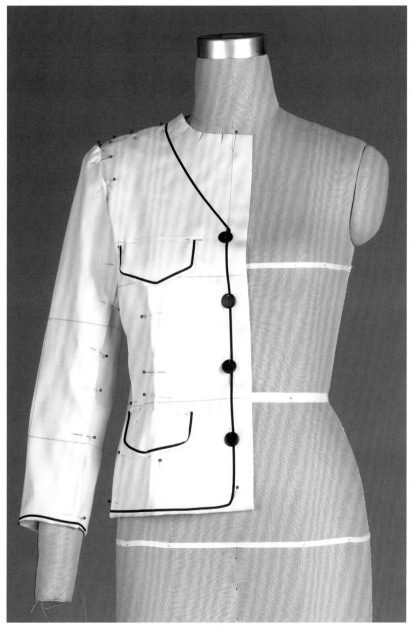

实用性VS美观性

　　关于袖子的抬起角度，需要确定一个很好的办法。当袖子上抬角度大，则人体活动会很自如，但是腋下将会堆积较多的面料（衣褶很多）；如果袖子上抬角度小，则袖子的活动量将受到限制、松量也相应减少，并且当上抬手臂时，外套会被向上拉伸，使着装者有紧绷的感觉。

立体裁剪案例

——品牌Dolce & Gabbana塔士多外套

　　著名歌手蕾哈娜（Rihanna）身着时尚品牌Dolce & Gabbana的塔士多外套，既有男子的阳刚帅气，又有女子的娇柔妩媚。这件外套的衣身是传统男西服的缩影，其特征是造型合体、双嵌线口袋、戗驳头；而外套的袖子则采用维多利亚式的羊腿袖，造型饱满，散发出柔美轻盈的女性气息。

　　先绘制平面款式图，尝试捕捉衣袖的形态。为了使自己更好地把握空间造型，请尽可能找一款与之相似的袖子实例。研究该袖实例，以此作为参考，确定之后立裁袖子所需要的造型量，确定该造型量比参照的袖子大（或小）多少。预测自己想要的最大袖子尺寸，以防立裁时布料不够。

　　立裁时，应选用较为厚重的面料，如斜纹棉布或压衬的白坯布，这有利于塑造衣身造型与袖型。

（此平面款式图较实物照片、立裁样衣略有改动）

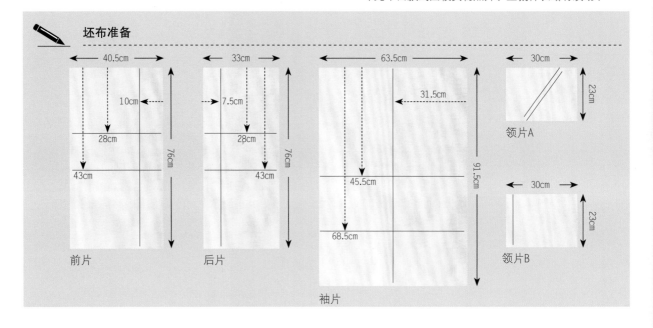

坯布准备

前片　40.5cm　10cm　28cm　43cm　76cm

后片　33cm　7.5cm　28cm　43cm　76cm

袖片　63.5cm　31.5cm　45.5cm　68.5cm　91.5cm

领片A　30cm　23cm

领片B　30cm　23cm

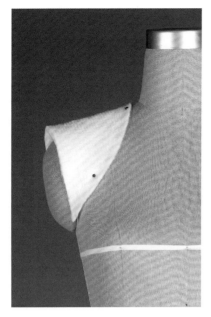

第1步

- 根据外套的廓型，选择垫肩的类型。

- 将垫肩固定在人台的肩部，探出人台肩端约2cm。

- 与第212～213页的香奈儿外套进行对比，这件外套更加方正，而香奈儿外套则更显柔和。

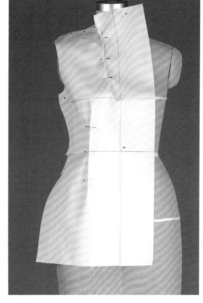

第2步

- 将前片覆在人台上，使其前中心线与人台的前中心线对齐，在人台颈部修剪领口线并打剪口。为了制作戗驳领，前片在围度与长度上需留出足够的量。

- 在距肩线2.5cm处开始收领口省，领口省与领翻折线平行，这有助于保持坯布纬纱的水平，并将部分领口余量转移到胸部，同时也使驳头微微起翘，翻折后更平顺。

- 修剪肩和袖窿多余的坯布。

- 收一个垂直的腰省。检查廓型，为了塑造合体的腰身，可能需要加长加大腰省，这时也可以将一个腰省分解为两个腰省，第二个腰省应位于第一个腰省与侧缝线的中间，同时长度应短于第一个腰省。

- 用珠针固定侧缝线。

第3步

- 将后片覆在人台上，使肩胛骨处的纬纱保持水平并用珠针固定。

- 注意外观，确保外套修长、合身。

- 收一个垂直的腰省。

- 确保后身造型在后中心线腰部内凹，在肩胛骨处外凸。

- 使后片覆盖整个后肩并倒向前身，修剪领口线并打剪口，然后用珠针固定。

- 后肩处应该留有一定的缩缝量（后期用缝制工艺固定，塑造形态）。缩缝量因面料而有不同，如果是缎类面料，后肩缩缝量为0.5cm；如果是稀松的羊毛织物，则可达1.5cm。

- 如果空隙量过大，可以收一个小的后肩省或后领口省。

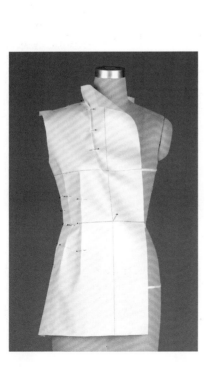

第4步

- 修剪侧缝线并在腰部打剪口，然后将缝份向里扣折，使前片压后片。

- 检查造型，请注意，侧缝线形态对于服装造型举足轻重。这件外套较修长，微微起伏的曲线呈现柔和的状态，故外形并不夸张，不是沙漏型。

- 请记住，从镜子中观察立裁的外套，距离远一点。将立裁外套与前面照片中的外套进行对比，比较两者侧缝线的差异，照片中外套的侧缝线更时尚。对于所立裁的外套，请确定是否需要调整，可以多收一个腰省，从而与照片外套接近。

- 请记住，360°观察立裁外套的造型，确保从腰省到侧缝线之间的造型均衡。

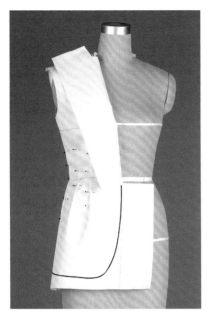
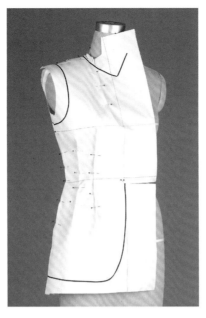

第5步

- 确定驳领翻折线和驳口点，驳口点即前片驳头翻折点。请与前面的照片进行对比。

- 用珠针固定驳口点，驳口点位于腰围线上，这是扣合件所在的位置。现在确定驳口点最终位置，这非常重要，如果之后有所移动，则会影响驳领的立体裁剪。

- 标记底边线，以确定比例关系。

- 在下驳口点位置打剪口，然后翻折驳领。

第6步

- 标记袖窿弧线。

- 标记领口线。标记时，先从后中心线标记到前片，注意标记线要非常平直，然后标记线斜向至驳领嘴。

第7步

- 沿着驳口点翻折驳领，标记驳领造型线。

- 应当从坯布反面观察驳领造型线，在反面重新做标记线，注意串口线与驳领外弧线要连接平顺，角度适当。

- 如果想调整坯布标记线，请现在就开始调整。

- 修剪多余的坯布，标记双嵌线口袋的位置，该细节处理有助于观察服装的比例是否合适。

- 观察服装廓型，并与前面的照片进行对比，然后利用镜子进行观察。

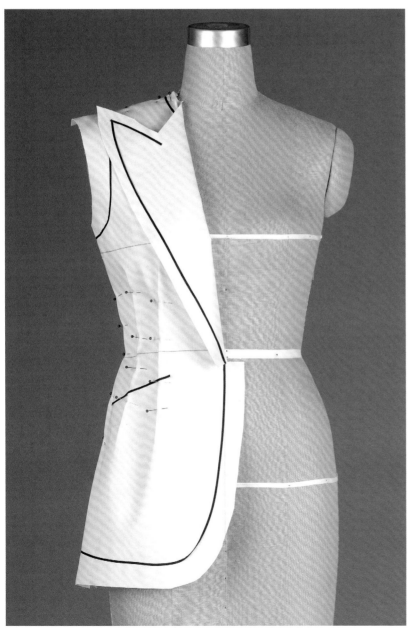

立裁翻领

立体裁剪翻领时，开始方向与前面书中所讲的方向相反，不是从后中开始，而是从前向后制作。注意，领片应顺着驳领翻折线往后，围绕颈部制作，这非常关键。操作时，先连接翻领与驳领，然后调整翻领领座的高度与领面的宽度。

设计师要把握翻领的经纬纱向。通常，翻领后中方向为经向。如果选择的面料有图案，那么在这个位置还应对好图案，这非常重要。如果翻领后中的经向线呈垂直状态，则翻领显得挺括，领侧转折部位稍显生硬；如果想要翻领造型自然圆顺，则可采用斜裁法。

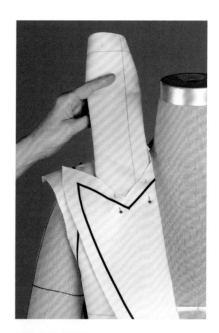

第8步

- 立裁翻领时，应从前身开始，沿着纬纱对折领片，然后将其置于驳领下，使对折的领片边缘与驳领翻折线对齐，在串口线附近用珠针将翻领与驳领连接。

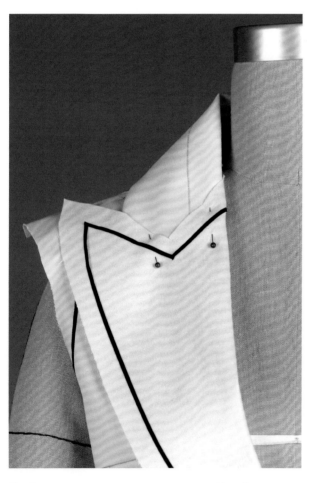

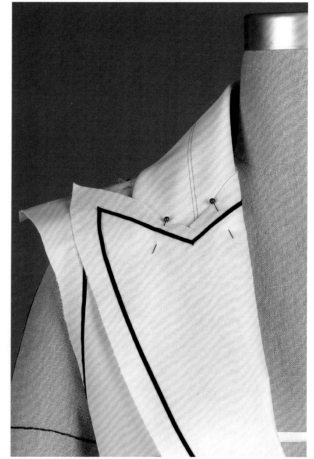

第9步

- 现在，将翻领围绕颈部从前往后弯折立裁。
- 观察翻折处丝缕的形态，弯折部位要自然、挺拔。

第10步

- 请采用斜裁法再立裁一遍，查看翻领造型是否更好。操作时请注意：对折领片，然后将其与驳领固定，注意翻领斜向线与驳领翻折线平行，使翻领越过肩部至后身。
- 与第8、9步中的立裁效果对比，观察两者的微妙差异。采用斜裁法完成的翻领，其颈侧转折部位更加圆顺；而采用直裁法完成的翻领，其领侧转折部位略显生硬。
- 采用斜裁法进行立裁，通常造型会显得柔和。在这个案例中，第9步为直裁法，更适合塑造阳刚、有棱角的外套。

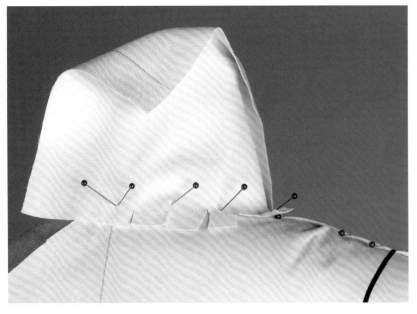

第11步

- 当对翻领领面造型及比例满意时，请小心将其立起来，由于后领口部位的领座不平顺，应一边打剪口、一边调试领下口形态，并用珠针固定，使其从后中自然圆顺至肩部。

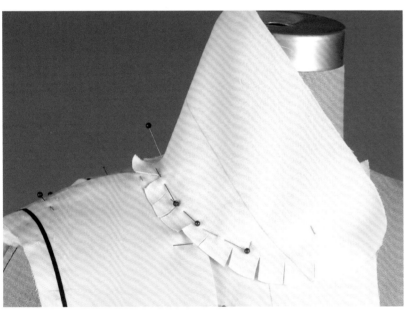

第12步

- 继续沿着大身领口线一边打剪口、一边调试领下口形态，并用珠针固定直至驳领部位，检查翻领下面标记的造型线。

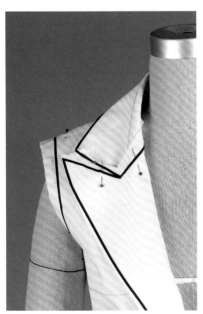

第13步

- 将翻领翻折下来，检查领面是否平顺，领翻折线是否圆顺、流畅。

- 修剪翻领外口边缘线，与前面的照片进行对比，塑造比例均衡的戗驳领。

立裁袖子

对于袖子，可以采用第124~125页介绍的"袖子简易平面纸样制图"的方法获取袖子的基本形态。如右图所示，此袖的袖山造型夸张，立裁难度较大，用平面纸样更容易处理此袖造型。

也可以采用另一种方法，如第216~219页介绍的"两片袖简易平面纸样制图"的方法完成袖子。

你还可以通过立裁完成，从头开始立裁袖子。

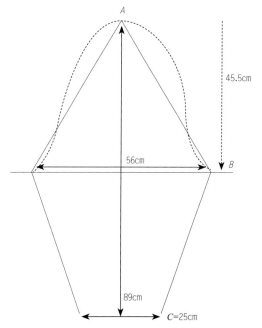

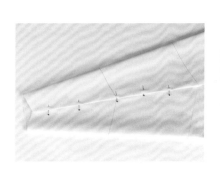

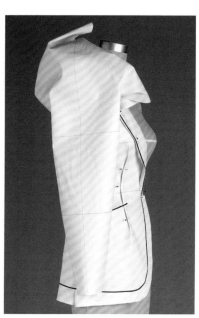

第14步

- 用划粉标记袖窿弧线，将之前所做的标记线拆去，这样用珠针绷袖子时较容易操作（图中未显示）。

- 如果还没有将絮棉手臂安装在人台上，那么请现在安装（图中未显示）。

- 在桌子上，合袖底缝线并用珠针固定，由腋下部一直固定到袖口部。注意扣折缝份时，是前袖压后袖。在袖中放入一把放码尺，以防止珠针扎透袖子别到另一面。

第15步

- 在立裁此款袖山造型时，需要借助辅料给袖山制作一定的支撑。可以用珠针将这些带褶的衬布或较硬挺的面料固定在絮棉手臂的上端或袖窿肩头缝份处。

- 最终的服装是否需要保留这些辅料，取决于真实服装所采用的面料性能与制作工艺。然而，通常还是需要保留这些支撑物的。

第16步

- 在袖山处放置袖片，使袖中线微微向前倾。在肩端点前后几厘米处的地方，将袖片用珠针固定到袖窿上。

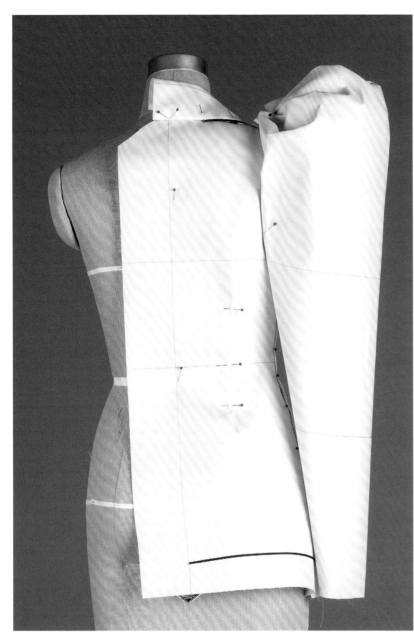

第17步

- 对照前面的照片，通过检查袖山高与袖山弧长，确定前、后袖转折部位。在适当的位置用珠针固定。

- 确定前、后袖向内的转折点有助于确定袖子的抬高量。可以尝试抬起或放下絮棉手臂，直至达到想要的造型，从而确定袖子的抬高量。

- 调整袖山弧线的边缘，确定袖山的最终造型，并用珠针沿着袖窿弧线边缘固定。袖山顶的抽褶处理力求饱满、立体、蓬起。珠针的间隔约1.5cm，确保明显的抽褶效果。

第18步

- 在两片袖的前袖缝线处很好地隐藏了一个袖肘省，该省道位于两片袖前袖缝线的肘部，通过去掉前袖肘部多余的坯布来塑造带有弯势的袖型，从而达到袖子前倾、纤细与美观的效果。

- 请注意，当制作两片袖的时候，前袖缝线要向内侧偏移，目的是从正面观看时起到隐藏的效果。

- 如果需要，可将省道剪开或打剪口。

第19步

- 同前袖缝线一样处理，在后袖缝线肘部以下也收一个省道，需要保持后袖缝线向内侧偏移。

- 在后袖口部位折叠一定的量，确定折叠长度并标记以便后期开袖衩。

- 现在标记省道，然后站在一定距离之外检查其位置是否合适。

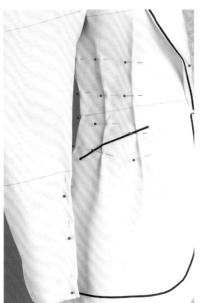
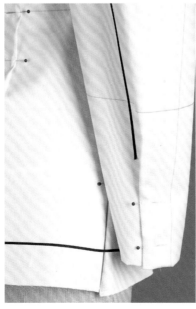

省道的形状

微微调整省道，使服装整体造型更美观、更适合人体体型。省道调整时需要注意细节处理，在下胸围区域收省量稍微大一点，而在上臀围区域收省量则稍小些。这种处理可以使省道起到美化形体的作用。

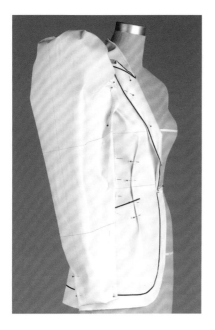

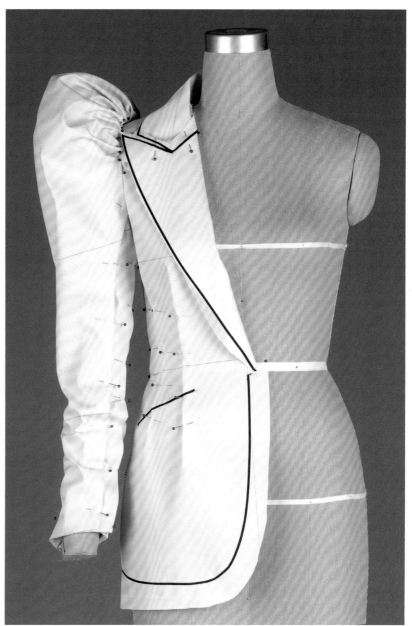

第20步

- 从各种角度观察立裁的服装，确定其造型。

- 检查所有的省道并且重新完善省道形状。从下胸围往下收省量逐渐增大，从腰部往下至上臀围区域收省量则逐渐减小。

- 对两片袖而言，应检查袖缝线的位置，确保其随着袖型自然弯曲，前、后袖缝线都需要向内侧偏移，达到隐藏的效果。

第21步

- 确定最终效果：前面采用何种闭合方式？可以采用一个钩环扣，或是用系带连接的两个纽扣。

- 确定是否需要经典的塔士多胸袋、侧袋。照片中的外套驳领边缘有镶边装饰，现在很适合检查宽窄比例，以确定合适的镶边宽度。

标记和修正

第1步

- 沿着缝合线做标记，要特别注意在袖山上做多个十字标记（图中未显示）。

- 在腰部标记下驳口点，下驳口点位置非常重要，有利于保持立裁的衣领造型（图中未显示）。

- 在驳领与翻领上面，用针线精准标记领翻折线。

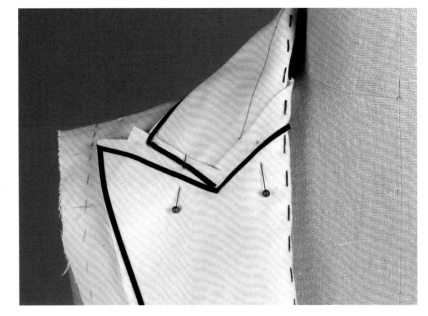

第2步

- 从人台上取下立裁的服装，用复写纸在坯布的两面拓印驳领与翻领的标记线。

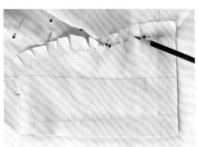

第3步

- 用铅笔标记领外口弧线。

- 在省道塑型部位做十字标记（图中未显示）。

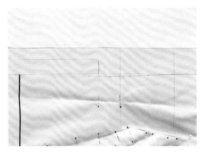

第4步

- 标记后中心线，注意它不是一条直线。

- 绘制后开衩造型。

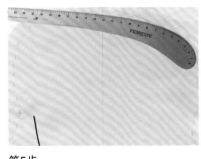

第5步

- 利用边缝曲线尺的圆头修正袖山弧线。

- 请记住经典袖型：后袖肥更宽，后袖山弧线更缓，而前袖山弧线曲度更大，以支撑肩线下的部位，袖山弧线前腋位曲度加大，旨在去除前袖多余的坯布。

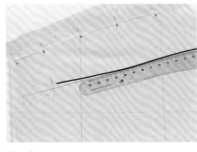

第6步

- 圆顺两片袖的袖缝线。

第7步

- 请在两片袖的袖缝线上做十字标记，然后沿着袖缝线将坯布剪开，形成两片袖。

分析

- 将立裁的外套与前面照片中蕾哈娜所穿着的外套进行对比。设想选用一种面料，如采用真丝缎完成立裁，想象蕾哈娜最终穿着它的效果。这件立裁的外套可以表现出想要的效果吗？外套轮廓线会给人挺括、苗条之感吗？腰部设计是否呈现出明显的沙漏型？袖型是否达到夸张的效果？

- 应对立裁的外套进行系统的分析。最先审视、评判的是翻领的整体造型，其次是翻领造型线，然后是驳领造型、袖型及袖缝线，接下来则是腰、臀部的合体度，最后是衣长，由此判断立裁的外套是否协调、平衡。

- 请记住：比例非常重要。如果不喜欢所立裁的外套造型，又不能找出问题、原因所在，则可以尝试改变口袋的大小、驳领的宽度，直到感觉一切和谐、美观为止。

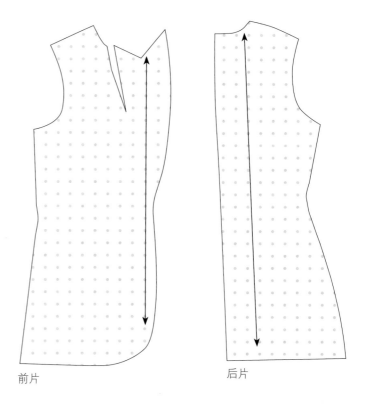

前片　　　　后片

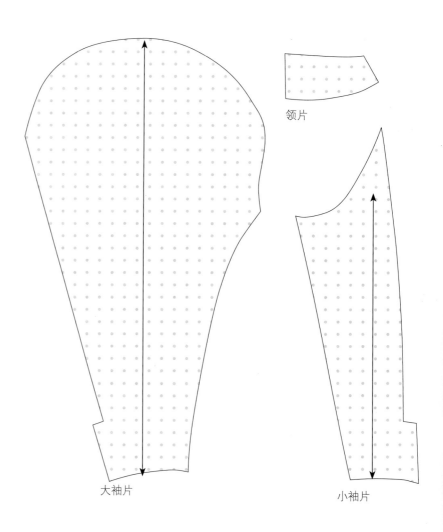

大袖片　　　　小袖片

领片

变化
插肩袖外套

　　插肩袖的产生出自一位裁缝之手，这位裁缝专为男爵拉格兰（Baron　Raglan）设计了宽松的袖窿，因为拉格兰曾在滑铁卢战役中胳膊受伤。插肩袖从腋下斜向延伸至锁骨，通常在后肩线处还会设置一个省道。

　　20世纪40年代，插肩袖在女装中流行起来，其肩线柔和。这里，模仿20世纪40年代的服装造型，完成插肩袖外套的立体裁剪。

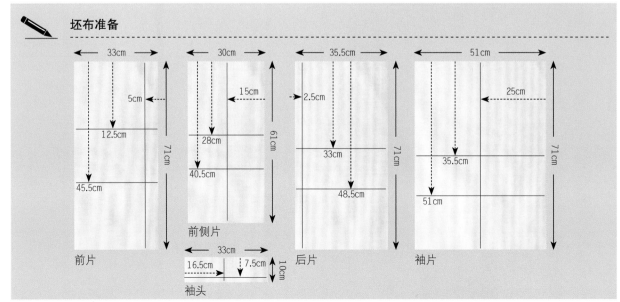

坯布准备

前片

前侧片

袖头

后片

袖片

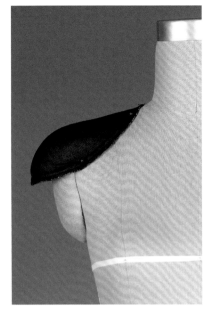

第1步

■ 在人台上放好肩垫。经典的插肩袖专用垫肩应该超出肩部，形成柔和的肩部曲线。如果没有这样的垫肩，可以在普通垫肩上覆盖一些棉絮或棉毡。

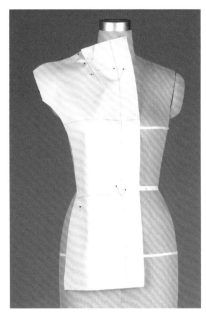

第2步

■ 将前片覆在人台上，使其前中心线与人台的前中心线对齐，保持纬向线水平。捋顺肩部与领口线，操作时请一边修剪多余的坯布、一边打剪口，确保肩部平整。

■ 不要剪掉前中心线上半部分的坯布，这部分之后会用来制作领子。

■ 沿着领口线自然折叠面料，制作领口省，这就是底领造型的开始位置。

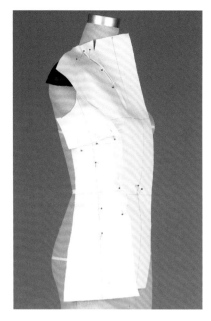

第3步

■ 将前侧片覆在人台上，收腋下省。

■ 注意，腋下省量要小，要适当地将浮余量均匀地分配在整个前身部位，而不能仅仅集中分配在胸省。

■ 切记：外套的立裁需要有一定的松量。在进行造型时，要尽可能地少用珠针固定，让坯布从人台上自然下垂。

■ 唯一需要用珠针仔细固定的区域是颈侧的肩线，即人台颈缝线向外2.5cm处。对于外套与夹克而言，这一点是关乎其造型是否平衡协调的关键点，所以千万不要使之太松，或者不明确位置。应当明确该点的位置，并用珠针固定好。

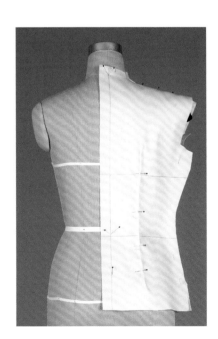

第4步

■ 将后片覆在人台上，使其后中心线与人台的后中心线对齐。

■ 请在后侧缝线位置用珠针轻轻固定，确定后胸围度。

■ 修剪领口线与肩线，使人台肩部的坯布平整，不要太紧。

■ 在后片中部收一个竖直的省道。

■ 将后片、前侧片的反面与反面相对，合侧线缝并用珠针固定。检查整体的余量。注意，外套造型需要合身，但不可过于紧身。

第5步

- 沿着公主线位置，将前中片缝份向里扣折，使前中片压前侧片。同样，扣折侧缝线和肩线处的缝份，使前中片、前侧片压后片。

- 虽然此款为插肩袖造型，但在没有立裁插肩袖前，还要继续保留肩线，以便保持衣片与腰身的稳定。

- 检查廓型，与前面的照片进行对比：合体度是否一致？轮廓线条是否一致？

第6步

- 将立裁外套与前面的照片进行对比，不难发现照片中外套腰部的造型明显更好。请在前侧片上再收一个省道，这会使腰部更合体、有型。注意不要过紧，切记该外套需有一定的松量。

- 由于收省，胸部和腰部存在一些细微变化，请注意观察。

第7步

- 标记驳领翻折线，斜向至驳口点，即第一个扣位点。

- 标记带一定要固定好，因为这部分的坯布是斜纱向，容易被拉伸变形。通常在操作过程中，标记带会对松量有一定限制，不利于塑造自然柔和的胸部造型。

- 标记底边线。

- 标记插肩线与袖底弧线，准备立裁插肩袖。这条线不一定是最终的完成线，但可以作为参考。

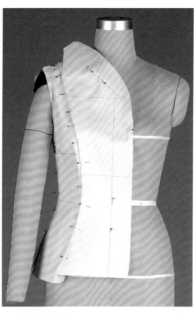
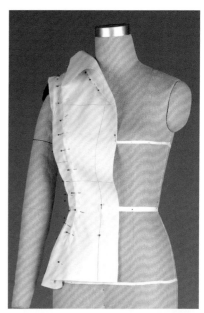
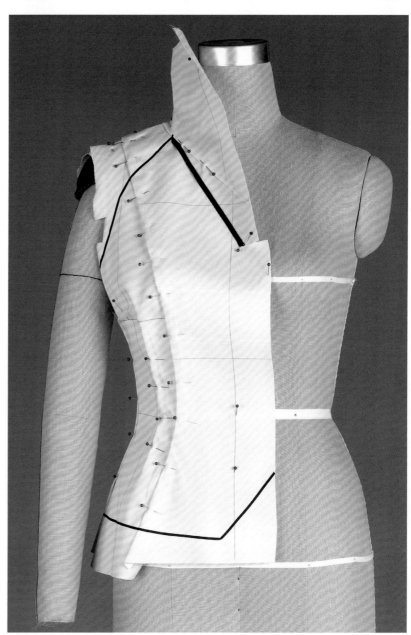

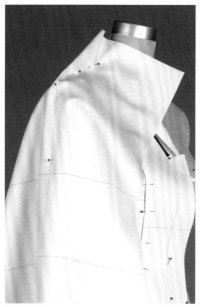
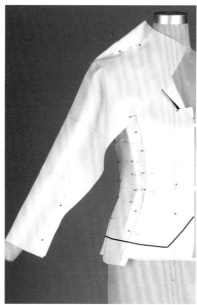

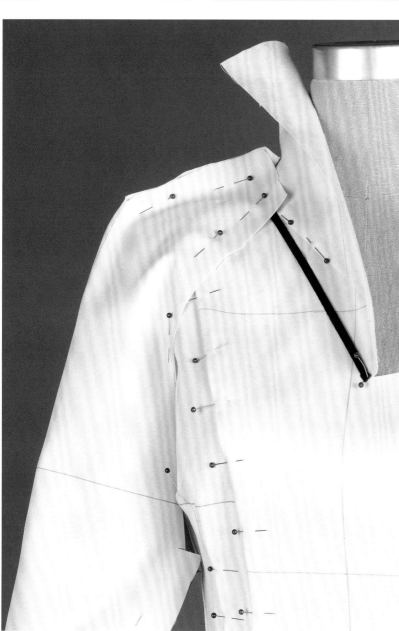

第8步

- 将袖片覆在袖山与肩部，开始立裁袖子。

- 将余量往肩缝聚拢，塑造肩部曲线。

第9步

- 复习立裁袖子的步骤（参见第133页）。接下来根据腕围确定袖口围，将袖片的反面与反面相对，由下往上用珠针固定袖底缝线约7cm。

- 从腕部到肘部，修剪袖底缝线多余的坯布，留出2.5cm的缝份。

第10步

- 在肱二头肌位置确定袖肥，从而确定腋位转折点，并用珠针固定。

- 借助絮棉手臂，将袖子抬起或放下，直至达到理想的高度。

- 根据大身上所标记的插肩线，修剪袖片上多余的坯布（图中未显示）。

第11步

- 用珠针固定插肩线。

- 修剪省道。

- 用珠针固定袖片的袖底缝线，直至袖窿，注意固定时应将坯布的反面与反面相对，完成袖子造型。

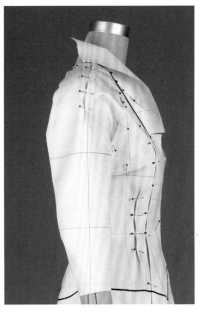

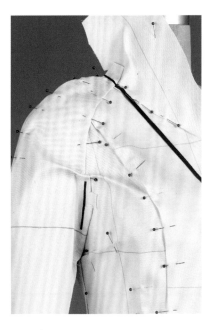

第12步

- 将袖片插肩线缝份压在袖窿缝份上。

- 将袖底缝缝份向里扣折，并用珠针固定，尽可能地固定至腋下。

- 对照前面照片中的袖型：在肘部，袖子向前倾。在肘部收1～2个省道并用珠针固定，从而形成弯曲前倾的袖型。

第13步

- 从侧面仔细观察袖型，查看袖子是否前倾，后袖比前袖是否更大一点，后袖口是否比前袖口更低一点。

- 所立裁服装的前部造型看起来不是很完美，在前片插肩线区域坯布有下凹现象，必须修正。

第14步

- 为了消除下凹现象，请尝试从不同方向去除余量，看看如何去除更好，从而确定最佳的去除余量的位置。

- 在插肩线前腋位附近，沿水平方向折叠余量，这有助于插肩袖向前倾，且没有褶皱和下凹现象，可见这就是修正位置。

使外套合身

　　使外套合身需要高超的技巧和经验。如果有些部位看起来不是很好，请一定相信自己的眼光。对照前面的照片，观察各轮廓线，看看哪里与立裁的外套不同。重新固定珠针一定要有耐心，调整、修正立裁外套是重要的学习过程。

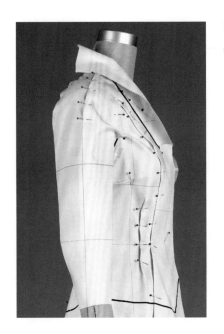

第15步

- 学习袖子的修正角度。

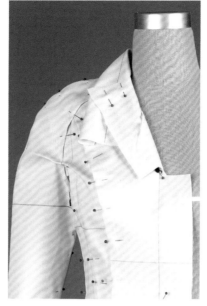

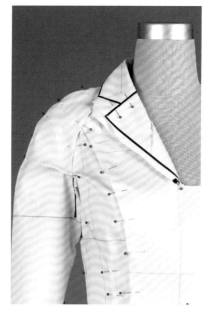

第16步

- 开始立裁衣领，将领片覆在人台上，在后中心线处用珠针固定，沿着大身领口线一边打剪口、一边由后中绕至肩缝，修剪领下口线，注意调整领子角度，把握底领造型。

- 将领片从肩线往前绕，使翻领翻折线与驳领翻折线自然、圆顺。

第17步

- 翻折驳领，使驳领压在翻领上，修剪驳领多余的坯布，使驳领翻折平整。

- 翻领翻折线与驳领翻折线应自然圆顺，当翻折线自然圆顺时，用珠针将翻领与驳领固定在一起。

第18步

- 做驳领外口边缘标记线，直至驳领下驳口点。

- 从后中心线开始至串口线，做翻领外口边缘标记线。

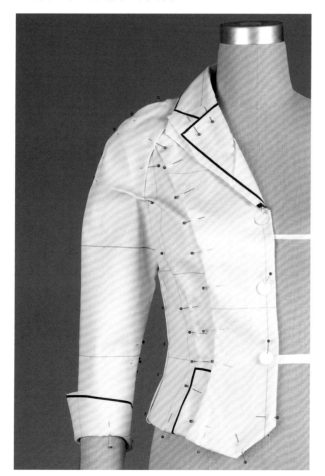

第19步

- 开始立裁袖头，将袖头裁片绕袖口一圈，使袖头部位稍稍向外张开。修剪袖头下边缘线，将缝份向里扣折，如果需要可以打剪口。标记或扣折袖头上边缘线。

- 完成细节，尽量注意比例均衡：标记口袋线、确定扣位并固定扣子替代品、修剪底边并向里扣折缝份，以便检查服装廓型。

第20步

- 对照前面的照片，检查立裁服装造型。观察外轮廓与比例关系。查看平驳领造型线是否与圆顺的插肩袖造型协调？

- 坯布立裁服装与前面照片中的服装存在一定的差距。下驳口点太高，这样会显得风格过于保守。注意，你是通过立裁表达一种风格。

- 想要降低下驳口点，则需要调整立裁的翻领，在驳领串口线位置去除翻领外口弧线的余量。

堑壕风衣

根据设计元素与风格，可以看出这是一件传统的堑壕风衣。其特点是宽松、长度及膝、系腰带、前后有挡风片、高立翻领、配有口袋和袖襻。这件堑壕风衣风格实用，其笔直、简洁的造型具有现代、时尚的气息。

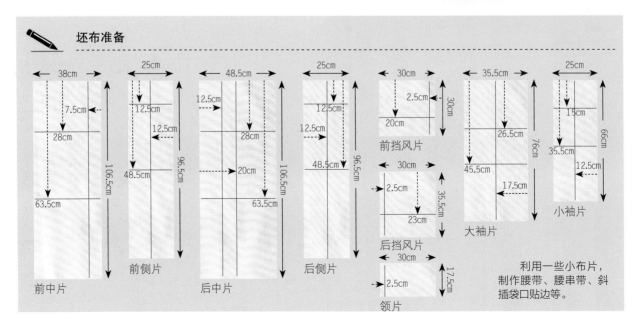

坯布准备

38cm
7.5cm
28cm
63.5cm
106.5cm
前中片

25cm
12.5cm
12.5cm
48.5cm
96.5cm
前侧片

48.5cm
12.5cm
28cm
20cm
63.5cm
106.5cm
后中片

25cm
12.5cm
12.5cm
48.5cm
96.5cm
后侧片

30cm
2.5cm
20cm
前挡风片

30cm
2.5cm
23cm
35.5cm
后挡风片

35.5cm
2.5cm
26.5cm
45.5cm
17.5cm
76cm
大袖片

25cm
15cm
35.5cm
12.5cm
66cm
小袖片

30cm
2.5cm
17.5cm
领片

利用一些小布片，制作腰带、腰串带、斜插袋口贴边等。

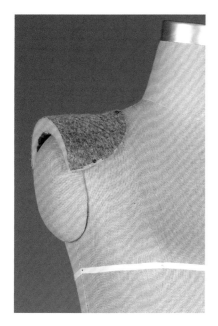

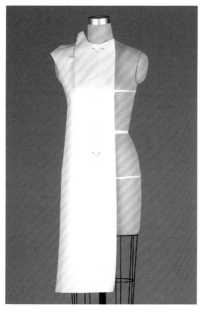

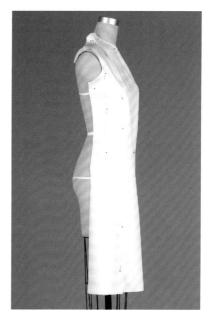

第1步

- 在人台上安放垫肩。

第2步

- 将前中片覆在人台上，使其前中心线与人台的前中心线对齐。请注意纱向线，在人台的侧面要留有余量以便制作斜插袋。

- 为了塑造胸部造型，收一个纵向的肩省并用珠针固定，这样也可以避免前身坯布向外张开。

第3步

- 将前侧片覆在人台上，位于刀背缝和侧缝线之间，并使其经向线保持竖直。

- 修剪腰部以上多余的坯布，同时确保腰部以下至底边有足够的坯布。

- 请注意：在照片中，外套下摆略微呈A型，但是腰部并不肥大。这说明，刀背缝起到收腰、扩摆的作用。这样的处理方式可以使腰围线以下增加多余的摆量。

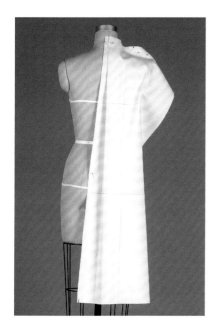

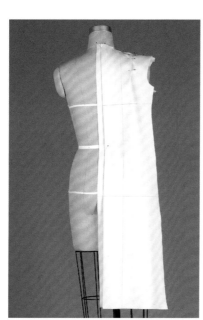

第4步

- 将后中片覆在人台上，使其后中心线与人台的后中心线对齐。为了制作后中褶裥，还要画一条经向线，以确保制作后中褶裥所需的坯布量。

- 朝着后中心线，折叠后中褶裥，褶裥应竖直，褶裥为暗褶。

第5步

- 在腰部固定后中片，检查服装的空间量。

- 收一个肩省，保持适当松量。

- 一边打剪口、一边修剪领口线，圆顺肩部形态，合前、后肩线，使前片压后片并用珠针固定。

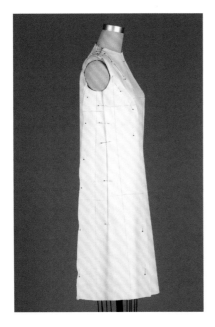

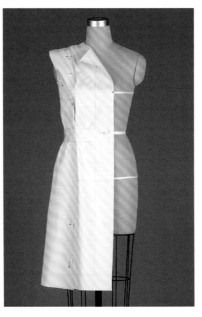

第6步

- 将后侧片覆在人台上，使其经向线位于刀背缝和侧缝线的中间。
- 用珠针将后侧片分别与后中片、前侧片固定。

第7步

- 将侧缝线缝份向里扣折，使前侧片压后侧片。
- 将腰带系于腰部，检查腰部造型。
- 如果下摆外张量不够，则需调整两条刀背缝。

第8步

- 检查四个衣片构成的服装造型是否准确，应该收腰、扩摆。
- 将刀背缝的缝份向里扣折，使前中片压前侧片，后中片压后侧片。

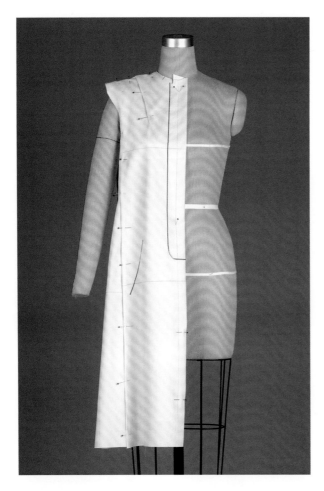

第9步

- 衣身已经基本完成，现在开始制作细节，一些细节有助于判断服装廓型是否正确。
- 做门襟标记线，准备制作前挡风片。
- 在腰下做斜插袋标记线。
- 将门襟缝份向里扣折，确定门襟宽度。

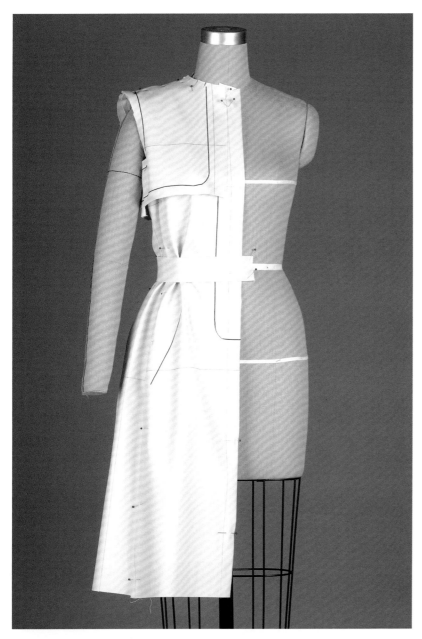

第10步

- 沿着肩线与袖窿用珠针固定前挡风片，其外观要平整，自然平顺地垂在胸前。

- 采用同样方法用珠针固定后挡风片。

- 将前、后挡风片合缝处理，注意其与衣身之间应有一定的空隙量，如照片所示。

- 做挡风片轮廓标记线。

- 再次系上腰带，以便检查服装廓型。

第11步

- 从后中心线开始立体裁剪领子。

- 将领片从后往前绕，同时检查领座的高度和领子距脖颈的距离。

第12步

- 修剪多余的坯布，完成领子造型，同时按领外口线向里扣折。

- 将领子再次翻起，修剪领下口线并打剪口，确保领座的平顺。注意用珠针固定时不能有凹陷，如果存在凹陷，则说明剪口需打深一点，同时轻轻拉一下领片，稍稍处理一下就能使造型发生明显改观。

- 根据需要，可以修剪或扣折挡风片轮廓线，这样有利于观察比例关系。

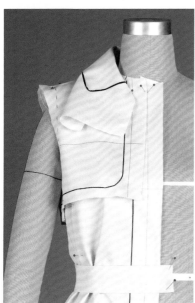

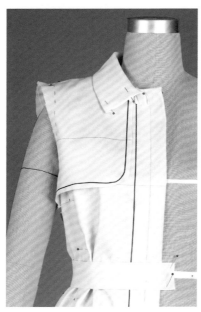

立裁袖子

第13步

- 在开始立裁袖子之前,先复习一下第133页立体裁剪袖子的步骤。如果希望制作更简便一些,则请使用第216~219页的"两片袖简易平面纸样制图",并设置参数。

- 开始立裁袖子,在人台上放置袖片,其角度、位置一定要合适,这非常关键。

- 塑造袖山造型。这件服装的袖山上没有明显的抽褶,造型合体,前、后袖山弧线有约2cm的吃量。

第14步

- 确定袖子腋位转折点也非常关键,这有助于把握袖山弧线的吃量及腋位转折点以下的袖子造型。

- 确定合适的袖子抬起角度,从而确定腋下坯布所需要的量。

第15步

- 制作前、后袖底弧线,注意应向上拉,确保袖底造型平整,无吃量。

- 按照经典的袖子造型,完善立裁的袖子造型,向上牵拉前袖,做出前倾角度。

- 不断地抬起、放下絮棉手臂,根据袖子造型调整各缝合线。

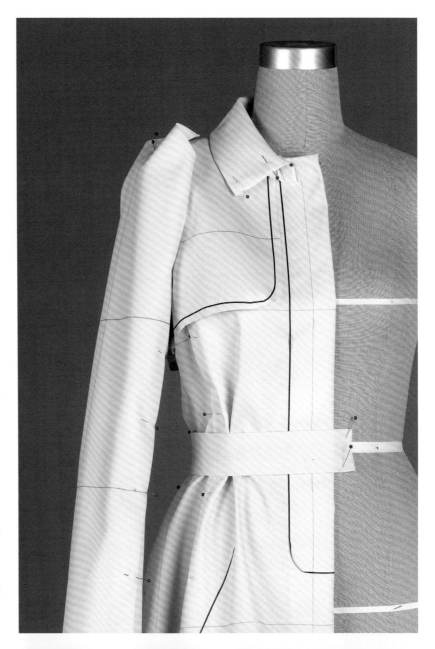

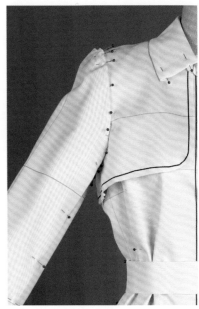

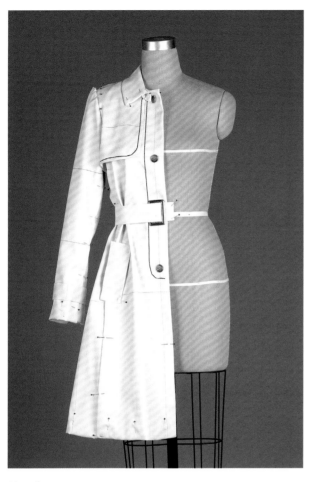 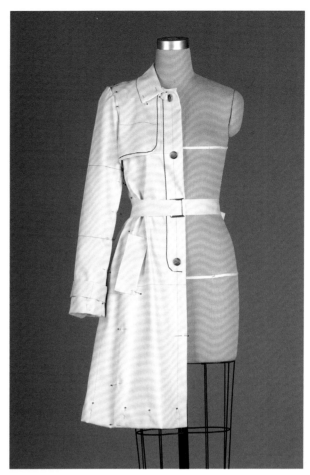

第16步

- 将底边缝份向里扣折，系好腰带扣。

- 用珠针固定斜插袋口贴边和袖襻。

- 用珠针固定纽扣。

- 仔细分析服装的比例与细节。远距离观察，腰带显得过宽，从而使服装整体显得有点短胖、中间过宽。

第17步

- 更换一条略窄的腰带，腰带扣也要小一些，现在服装比例正好。

- 注意细节的细微调整，可以使比例更加协调。

披巾领宽摆
大衣

　　20世纪40年代末，宽摆大衣开始流行。其饱满的造型与战争时期的节俭风格背道而驰。伴随着迪奥新风貌（New Look）的风靡，这种宽摆大衣颇受女性欢迎，大衣衣身从臀至腿向外扩张，可以遮住里面的宽大裙摆。如照片所示，宽摆显得俏皮而时尚。

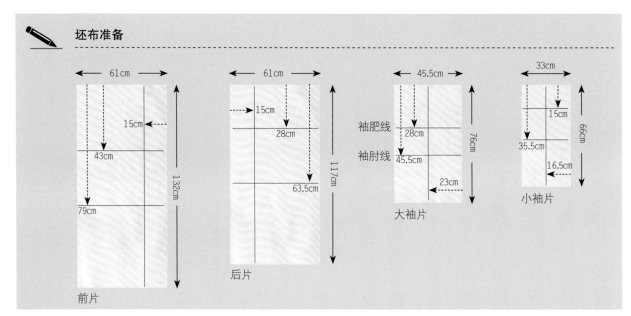

坯布准备

前片　61cm　15cm　43cm　79cm　132cm

后片　61cm　15cm　28cm　63.5cm　117cm

大袖片　45.5cm　袖肥线　28cm　袖肘线　45.5cm　23cm　76cm

小袖片　33cm　15cm　35.5cm　16.5cm　66cm

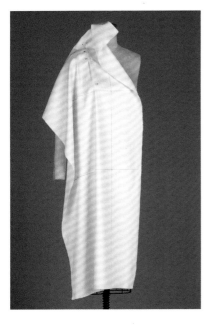

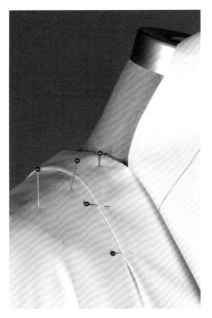

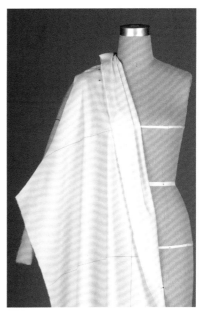

第1步

- 准备一个人台并安放垫肩。可以使用饱满圆润的垫肩，造型与插肩袖专用垫肩相似，但这种垫肩更结实，对于服装实际制作而言，可以承受羊毛织物的重量。

- 开始立裁，将前片覆在人台上，使其前中心线与人台的前中心线对齐，并在胸围线和肩线用珠针固定。

- 现在塑造下摆造型，通过调整肩线，控制下摆的摆向与空间量，直到下摆造型满意。切记，由于肩部要负担大衣的重量，因此该部位要用珠针紧密固定。

- 注意保持纬纱水平，收一个肩省，去除胸部余量。

第2步

- 披巾领造型是否臃肿笨拙取决于肩部剪口的位置。在肩线确定一点，从该点出发沿领围剪开，以便将衣领翻折到肩部并保持平顺，多余的坯布向前、后身翻折，形成披巾领。

- 剪口斜向肩线。

第3步

- 立裁前身，从肩线至上臀围线，修剪多余的坯布。

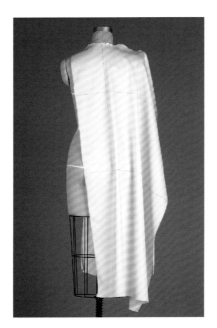

第4步

- 取后片立裁，如前片一样进行肩部操作，确保下摆的摆向与空间量合适。

- 从肩线至上臀围线，修剪多余的坯布。

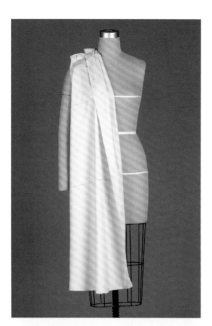

第5步

- 修剪多余的坯布后，请观察侧缝线处坯布的下垂状态。坯布应从肩部顺利垂下，没有受到任何阻碍。如果絮棉手臂对其有所阻碍，则要将坯布多修剪一些，直至自然下垂。

- 将肩线缝份向里扣折，使前片压后片。

- 修剪底边，确定合适的衣长，底边应水平，与人台架的水平框条平行。

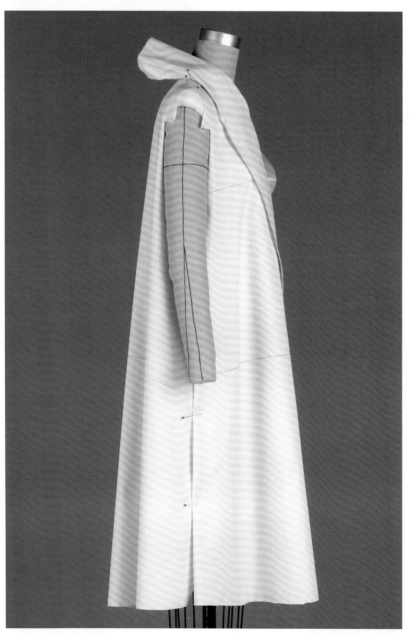

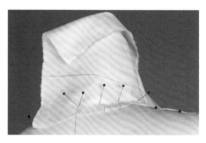

第6步

- 合前、后侧缝线时，先扣折前片侧缝线缝份，使前片压后片，并用珠针固定。

第7步

- 掀起披巾领，沿着之前的剪口向后颈转动。一边朝后中拉伸披巾领、一边沿着后领口线继续打剪口，并用珠针固定。反复检查，确保衣片与人台颈部之间有一指的空隙量。

- 调整领下口线，并在后中心线位置用珠针紧密固定。

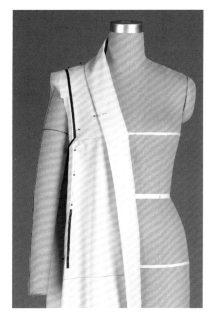

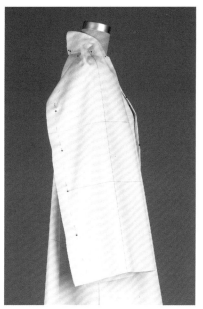

第8步

- 从袖窿至口袋上边缘线，收一个省道，从而去除袖窿处的部分余量。但切记，千万不要去除必要的胸部造型量，应保持适当的胸围松量。

- 做袖窿标记线。

- 做口袋标记线。

第9步

- 开始制作袖子，可以按照第216~219页"两片袖简易平面纸样制图"的方法，准备袖片。

- 沿着袖片四周预留约4cm的缝份。

- 如第219页所示，将大、小袖片用珠针固定在一起。

- 用划粉画袖窿弧线，去除之前所做的袖窿标记线，以便珠针固定更容易。

- 将两片袖在肩部固定，从袖山开始绷袖，使袖子微微向前倾。

- 在袖山处用珠针固定，预留约2.5cm的吃量。

第10步

- 将袖山吃量均匀分配，并用珠针固定。

- 确定腋位转折点，检查袖山弧长。

- 修剪袖山多余的坯布。

- 再次检查袖子的抬起角度，观察两片袖袖底缝线的情况，在前袖窿弧线处一定要平顺，避免鼓包。

- 观察袖子的空间造型，根据需要进行调整。

- 将袖底缝线的缝份向里扣折，用珠针固定。

在人台上直接立裁袖子

如果你不打算使用两片袖简易平面纸样制图的方法，那就请按照第133页所讲的立体裁剪袖子的步骤，直接在人台上立裁袖子。

第1步

- 用珠针固定袖山，确定袖片前倾的角度。然后确定袖底缝线的走向，应该像里倾斜，并尽可能多地隐藏在里面。

- 确定腕部袖口围尺寸，确定小袖片尺寸。

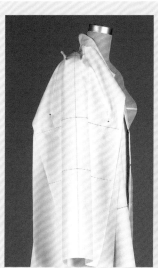

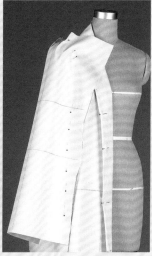

第2步

- 与第10步一样，确定腋位转折点。

- 将大、小袖片反面与反面相对，用珠针固定。从腕部往上，塑造袖子的造型。

- 修剪袖山多余的坯布。

第3步

- 将袖底缝线的缝份向里扣折，用珠针固定。

- 按照第250页第11步，继续操作。

第11步

- 在确定腋位转折点时，可以用一个标记带将手臂抬高到最合适的角度。

- 当放下手臂时，腋下存在松量。当服装的松量看起来偏多时，可以在腋位转折点多收掉一些坯布，直至造型协调为止。

第12步

- 完成腋下的前、后袖底弧线。检查袖子的抬起角度。

第13步

- 将袖子与衣身的空间造型进行对比，检查袖子的比例关系。

- 将底边缝份向里扣折并用珠针固定。

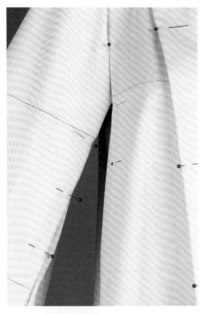
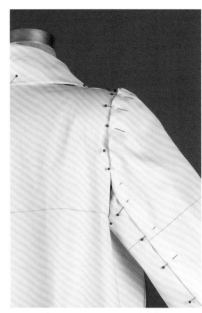
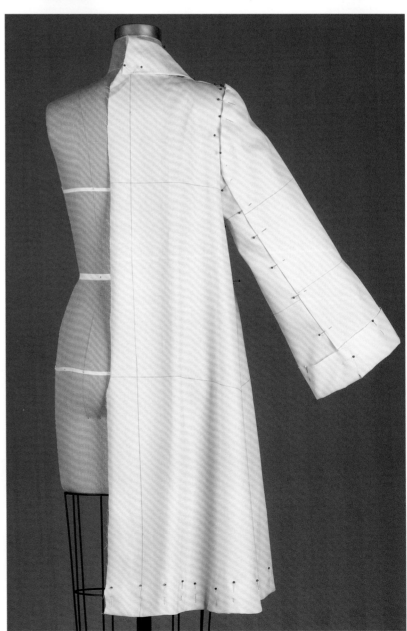

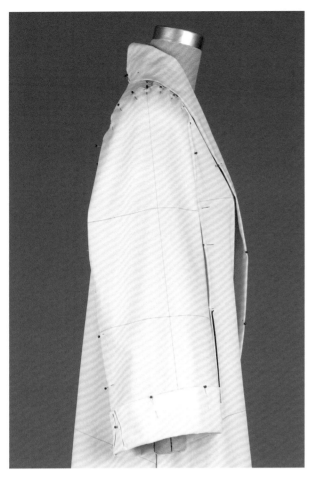
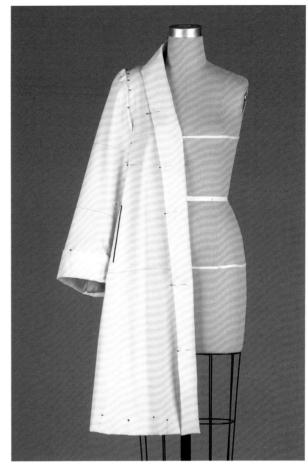

第14步

- 360° 检查服装造型。袖口翻折处应该是前高后低，有一定的倾斜角度。这里袖口翻折线在胸围线之下。

- 扣折袖头缝份。

茧型大衣

这是时尚品牌DKNY 2011年的春夏作品，模特穿着的服装为高立领、锥形袖、下摆内收，肩部浑圆。从前领口线到口袋之间有斜向分割线，不仅塑造服装前身造型，也令胸部合体。

服装采用柔软厚实的羊毛面料，配合茧型衣身，给人保暖舒适之感。在立裁之前，首先要明确服装的风格和造型特征。

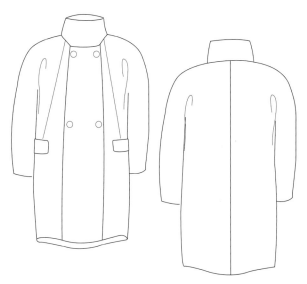

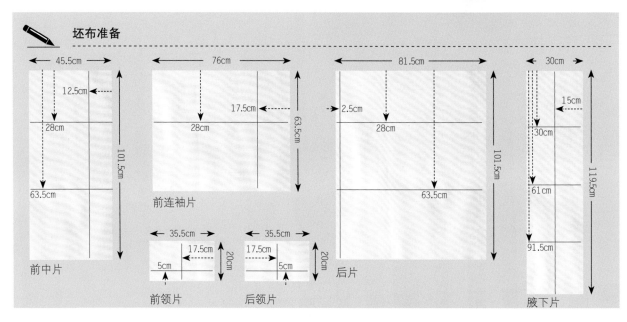

✏️ **坯布准备**

45.5cm
12.5cm
28cm
63.5cm
101.5cm
前中片

76cm
17.5cm
28cm
63.5cm
前连袖片

81.5cm
2.5cm
28cm
63.5cm
101.5cm
后片

30cm
15cm
30cm
61cm
91.5cm
119.5cm
腋下片

35.5cm
17.5cm
5cm
20cm
前领片

35.5cm
17.5cm
5cm
20cm
后领片

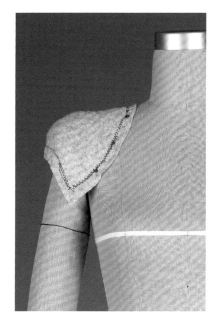

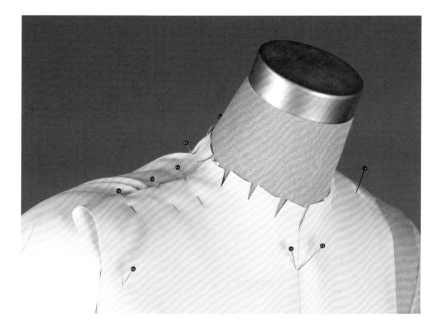

第1步

- 在人台上安放插肩袖专用垫肩或落肩式垫肩。垫肩要柔软并且具有一定的高度，因为在立裁过程中，在羊毛面料重量的作用下，垫肩高度会稍稍变低。

第2步

- 将前中片覆在人台上，使其前中心线与人台的前中心线对齐，由上往下用珠针固定，肩部和胸部也用珠针固定。

- 修剪领口线并打剪口，使其平顺。

- 这是一件大衣，立裁时注意造型要简洁、有空间感。

第3步

- 将后片覆在人台上，使其后中心线与人台的后中心线对齐，并用珠针固定，使肩胛骨区域平整。

- 收一个很小的领口省，确保纬纱水平。如果立领开得较低，或者面料采用塑型好、易缩缝的羊毛面料，则可以不用领口省。

平衡肩部造型

　　需谨慎处理后肩线造型。在后肩线采用了缩缝或收肩省的手法，使后背纬纱保持水平，避免后肩过度凸起。

　　前肩线倾斜角度决定了前片的悬垂效果。在距人台颈部2.5cm处开始用珠针固定肩线，以支撑衣身重量，珠针应固定紧密。然后检查前、后片是否平衡。

第4步

- 用珠针固定肩线。

- 360° 观察立裁的服装。

- 沿着肩部打剪口，然后将肩线缝份向里扣折，使前片压后片。

- 请注意，服装从肩部垂下，检查衣身的平衡性，纬纱必须保持水平。

- 肩端上决定连袖衣身造型的点很重要，有利于把握这种远离人体支撑部位且衣片较大的服装立裁。

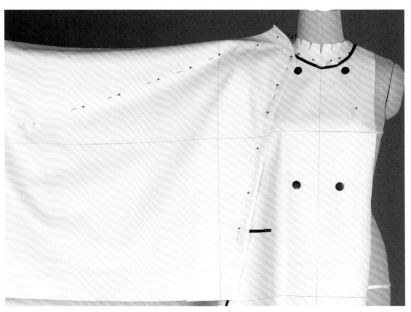

第5步

- 确定前侧缝线的位置，这有利于其他细节的处理，把握好平衡比例关系。

- 首先，在颈部标记高立领的领口线，使领横宽加大，从而确保茧型大衣里面可以穿其他服装。

- 确定纽扣位置，如图所示，其中上面两粒纽扣在领口线下，另外两粒纽扣在腰围线以上。

- 在上臀围线附近做口袋标记线。

- 做前分割标记线。

- 以前分割标记线为基准，剪掉多余的坯布。在口袋标记线以下至下摆，留出空间造型量。

第6步

- 将前连袖片覆在人台上，使其胸围线与人台的胸围线对齐，保持水平。

- 沿着肩部及前分割标记线用珠针固定。

- 修剪多余的坯布（图中未显示）。

第7步

- 现在抬高絮棉手臂，其抬高角度约为45°，沿着肩部用珠针固定，确保前、后身平衡且纬纱水平。

- 根据设计确定腋下松量。手臂抬得越高，腋下所需坯布量越大；反之，则越少。

- 将袖山缝份向里扣折，使前片压后片并用珠针固定。

- 修剪肩部袖片上方多余的坯布。

第8步

- 确定袖窿深，并在腋下打剪口。

- 确定臀围宽，修剪多余的坯布。

- 做前、后侧缝标记线与袖底缝标记线。准备制作腋下片。

第9步

- 将前分割线缝份向里扣折，使前连袖片压前片。

- 将前连袖片袖中缝份向里扣折，使前连袖片压后连袖片。

- 检查服装廓型，注意这件大衣的腰部微收。从斜向的袖中缝去除一点空间量，完善造型（图中未显示）。

第10步

- 取腋下片立裁，约从袖底缝线中点开始向腋下方向用珠针固定。

- 保持腋下片纬纱水平。

- 分别将合缝的两衣片的反面与反面相对，从腋下至腕部合袖底缝线，从腋下至底边合侧缝线，并用珠针固定。

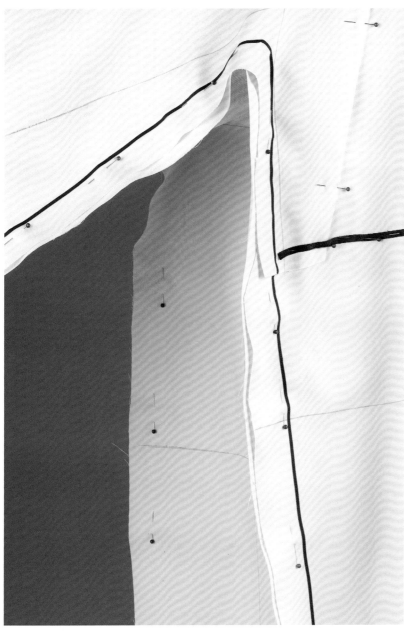

第11步

- 将袖底缝线与侧缝线的缝份向里扣折，分别使前、后片压腋下片，并用珠针固定。该操作难度较大，应多留一些时间来完成。操作时，抬高絮棉手臂，抬高角度约为45°，一边用珠针固定、一边检查腋下片，确保腋下部位平整、均衡。不要担心腋下片纵向中心线是否居中。因为在立裁时，使用了向前倾的絮棉手臂，因此纵向中心线会偏移。

- 对照前面的平面款式图，检查立裁服装的比例。为了完善服装的造型，还需完成一些收尾工作：用珠针固定袋盖，扣折袖口与底边缝份（图中未显示），拆去所做的标记线并扣折前中片底边贴边缝份。

第12步

- 从镜子中观察立裁的服装，将絮棉手臂抬起又放下，360°观察服装的造型。

- 如果对立裁服装造型满意，则拆去之前所做的斜纹标记带，并用划粉标记领口线，准备立裁高立领（图中未显示）。

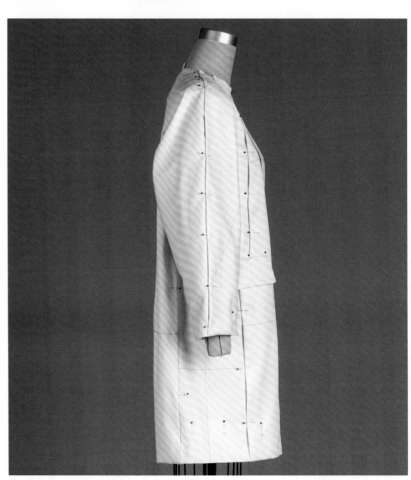

立裁高立领

在确定衣领结构前，先思考纱向线。直挺的立领效果暗示我们此领的前、后中心线位置必须是经纱。

此款立领需要设置一条侧缝线。假如没有侧缝线，立裁时，立领在后中心线位置的纱向保持经纱（也需要是经纱），然后将领片从后往前绕，在到达前中心线位置时纱向则变为了斜纱。斜纱弹性大、易变形，很难维持立领的直挺造型。因此，设置一条侧缝线，可使前、后中心线位置的纱向保持经纱，这利于把握立领立起效果。

由于这件服装是高立领，尺寸较大，所以前、后领左右整片立裁比分开立裁更便捷，在立裁时领片自身会起到支撑作用。如果选用的坯布比较柔软，则可粘黏合衬以使坯布硬挺，帮助塑型。

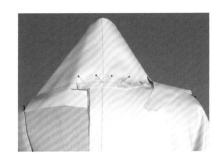

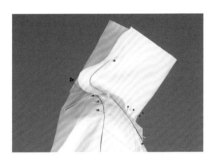

第13步

- 取后领片立裁，将其后中心线与衣身的后中心线对齐，并用珠针固定。

- 沿着之前用划粉标记的大身领口线，将后领片从后往左、右肩线方向绕，一边打剪口、一边修剪领下口线，使立领自然平顺。

- 如果对造型效果不满意，可将后领片从大身领口处移开，重新塑型。

- 后领片与人台后颈间应有一定空隙量。

第14步

- 取前领片立裁，将其中心线与衣身的前中心线对齐，并用珠针固定。

- 沿着之前用划粉标记的大身领口线，将前领片从前往左、右肩线方向绕，一边打剪口、一边修剪领下口线。

- 前领片与人台后颈之间应有一定空隙量，比后领的空隙量要大。对照前面的照片，注意模特的下巴刚好碰到高立领的领上口线。

- 还要注意：此款高立领领口并不呈圆形，而是前领较宽，在肩部有很明显的倾斜角度。

- 合前、后领侧缝线，修剪多余的坯布并用珠针固定。

第15步

- 从侧面看，立领明显呈前倾效果。

- 如果对高立领造型十分满意，则将领侧缝线缝份向里扣折并用珠针固定，注意是前领压后领。

- 如果要完善立领造型，请先从一侧开始，确保领的前、后中心线竖直，完善好这一侧领型后，再如法炮制另一侧的领型。

第16步

- 向里扣折领下口线的缝份，将领下口线与大身领口线对齐并用珠针固定。

- 如果立领某些部位有塌陷，则要重新打剪口，并修正领下口线弧度，将领下口线稍向外拉，直到立领平整为止。

- 注意，做立领标记一定要小心。应将注意力多集中于立领成型的效果上，而不是一味对齐之前的领口线，领下口线可随领型做适当调整。

- 将领上口线的缝份向里扣折，确定高立领的宽度。

3.2
礼服

历史

礼服多指庄重正式场合所穿的裙装，如：婚纱（婚礼服）、舞会礼服和晚礼服。这类服装有特殊的穿着场合，富有仪式感。

妇女的礼服通常强调装饰、华丽无比，其面料精致，做工考究，且非常合身，体现了巧夺天工的立裁与缝制技术。这类服装代表了高超的服装手工艺，形成了一种特定的文化。裁缝常常夜以继日为高级顾客赶制华贵的礼服，这样的故事在服装史上广为流传。

美妙绝伦的礼服不仅吸引男性，也同样引起女性的关注。历史上的一些华美礼服早已成为经典，例如：伊丽莎白（Elisabeth）皇后的婚礼服；玛丽·安托瓦内特（Marie Antoinette）所穿的奢华的舞会礼服；美国南北战争前期斯佳丽·奥哈拉（Scarlett O'Hara）所穿的浪漫迷人的舞会礼服。《绿野仙踪》（the Wizard of Oz）中北方女巫葛琳达（Glinda）之所以给人以神秘感，就是因为她所穿的裙子。

在很多地区，礼服的空间大小象征着着装者的财富。礼服由大量丝线织成，表明着装者生活优越。在中世纪和文艺复兴时期，礼服为多层结构，外裙会裁剪得恰到好处，特意显现出里面的精致衬裙。15世纪80年代至17世纪50年代，服装中常常采用斯拉修（Slashing）切缝设计，既可以增加装饰性，又可以显现里面的漂亮衬里。

这些礼服的基本结构都很相似，可以概括为：多片裙，下身裙子很大，而上身与袖由于采用省道，因此很合体。

查尔斯·弗雷德里克·沃斯（Charles Frederick Worth）1881年设计的服装作品，面料采用缎纹丝织物，以珍珠、蕾丝装饰，里料也是丝织物，上身搭配紧身胸衣（有鲸须支撑），整件礼服以机缝、手针结合完成。

这种女装基本结构延续了多个世纪都未曾改变。下身蓬裙与上身装饰是西方服装文化模式。服装的款式和廓型常常因社会经济和文化的变化而变化。例如，路易十六时期，皇后玛丽·安托瓦内特及宫廷贵妇常常穿着极其奢华的裙装，但是这种裙装在法国大革命之后则让位于修长简洁的裙装。讽刺的是，后者其实借鉴了18世纪80年代玛丽·安托瓦内特自己倡导的一种直筒式连衣裙。

玛丽莲·梦露（Marilyn Monroe）在电影《绅士爱美人》（Gentlemen Prefer Blondes）中以一袭紧身连衣裙亮相，这标志着20世纪50年代的宴会礼服已经过时。1961年，杰奎琳·肯尼迪成为美国第一夫人，其就职礼服修身合体、优雅大方，也预示着新的服装廓型即将流行。

在立体裁剪时，如果衣片越大，就越容易忽略细节处理与整体造型。研究礼服非常重要，有利于明确想要的最终效果并表现出来。立裁的过程中，一定要目的明确，运用立裁技能完成礼服的造型。

右上图：影星伊丽莎白·泰勒（Elizabeth Taylor）在电影《驯悍记》（the Taming of the Shrew）中所穿的连衣裙，由于采用了斯拉修切缝设计，因此显露出里面的面料，无论是层次还是色彩都富于变化，也巧妙表明其生活富裕。

右下图：19世纪早期的晚礼服，反映了该时期的女装流行简约造型，但面料与装饰仍然非常精致细腻。

练习
裙撑

制作裙身庞大的礼服并非易事，要考虑到裙身的支撑，可以借助裙撑塑造礼服造型。影响礼服廓型的因素不仅有面料，还有里层结构。纵观历史，伴随着礼服款式的变化，其里层结构也在发生变化，而里层结构又决定了礼服的款式造型。通过裙撑、臀垫、鲸须等，可以塑造出理想的礼服造型。

在裙撑轮骨上一般会覆以层层衬裙，形成很多褶饰，因此借助衬裙可以获得满意的礼服造型。选用不同材料的衬裙，其褶饰效果会有所不同，既决定衬裙的造型，也影响礼服的造型。

克里诺林（Crinoline）

克里诺林，最早指利用亚麻与马尾交织的马尾衬制作的衬裙，通过上浆、褶裥的处理，形成硬挺的效果。裙子体积越大，所需要的支撑也就越大。到19世纪30年代，人们在裙装中使用鲸须和藤条，以撑起裙身。1846年，著名的圆顶形的裙撑获得专利，从而大大减少了衬裙的数量，也使得礼服的重量大大减轻。

克里诺林并不是一种新事物，早在15~16世纪，人们就已经使用了一种名为法勤盖尔（Farthingale）的裙撑。这种裙撑采用藤条、鲸须来制作轮骨，将裙子撑起。

现在，克里诺林已经成为一种专业术语，专指制作庞大裙子的服装构造——裙撑。

1867年奥地利伊丽莎白皇后身着礼服的照片，她是那个时代人们心目中的时尚偶像。

帕尼埃（Pannier）

    帕尼埃也是一种裙撑，与克里诺林相似，且同样采用鲸须和亚麻织物制作而成，其左右宽大，前后扁平。17世纪，帕尼埃在西班牙宫廷流行一时，在1774～1792年玛丽·安托瓦内特皇后在位时期达到顶峰。

    有时，帕尼埃左右两侧的宽度各达1m，故裙摆很大，也为刺绣、花边提供了可装饰的宽大表面，而这是上层阶级所热衷的。

美国女影星克尔斯滕·邓斯特（Kirsten Dunst）在电影《玛丽·安托瓦内特》（中文译名《绝代艳后》）中的着装，通过帕尼埃塑造了18世纪经典的裙装造型。

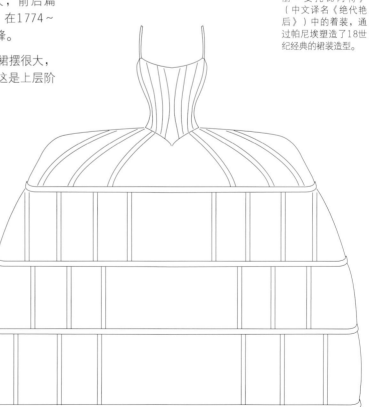

紧身胸衣

裙撑只是礼服塑型的手段之一，另一个手段则是紧身胸衣。

礼服与外套、夹克不同，外套、夹克的支撑点位于肩部，而现在的许多礼服基本是靠腰部来支撑的。礼服的腰部必须很合体，为裙身与裙撑提供支撑；而紧身胸衣则为腰部以上部位提供支撑，紧身胸衣使礼服腰部既合体又有型，可以在腰线处缝一条腰带以保持造型。

前文"1.3 紧身胸衣"是用撑条及压衬处理的面料制作而成，以便提供衣身支撑。轻薄面料主要用作里料。

礼服中也采用紧身胸衣、裙撑等整形内衣。里层选用硬挺厚实的面料，并经常采用撑条加固，而外层面料（即裙身面料）则自然地覆在胸衣与裙撑的表面，显得轻柔。由于外层面料多为高档织锦等丝织物，通常较为精细，易损坏，因此需要里层提供支持，保护昂贵的外层面料，以防损坏。

为了提供礼服支撑，分割线中缝入撑条。面料会影响礼服的造型效果，不同的面料如奢华厚重的丝绒面料与轻薄硬挺的纱料，即使礼服内部结构相同（如采用裙撑与紧身胸衣），但礼服效果截然不同。

灵感源于面料

一些礼服设计的灵感往往来源于面料。许多设计师都是先在人台上开始工作，用珠针固定面料，观察其悬垂性与造型效果。

不同面料的造型效果

如左下图所示，这是一件婚纱礼服，面料采用真丝硬纱，其外张的裙摆仅仅利用一条轻薄的衬裙就实现了。注意，如果裙身采用四层真丝绉绸制作，如右下图所示，则效果完全不同，其裙身垂感很好，会形成很长的纵向垂褶。

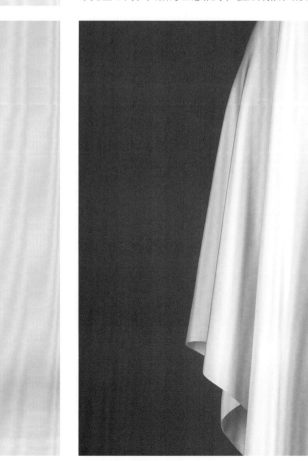

对页比较了两种不同面料的造型效果。现在，如果利用这两种面料进行立体裁剪，塑造左图嘎嘎小姐（Lady Gaga）的着装，也采用紧身胸衣与克里诺林裙撑，请思考其效果会是什么样的？下面两张线稿表现出了两种面料的裙装廓型与风格。

左下图的线稿展示了真丝硬纱的裙装造型：裙子轻薄、挺括，给人向上的力量感，风格活泼、轻盈。

右下图的线稿则展示了四层真丝绉绸的裙装造型：面料厚重，富有垂感，给人向下的垂坠感，给人愉悦的视觉效果。

嘎嘎小姐在2010年格莱美颁奖（Grammy Awards）活动中所穿着的礼服，为怀旧风格，采用了有撑条的紧身胸衣与克里诺林裙撑。

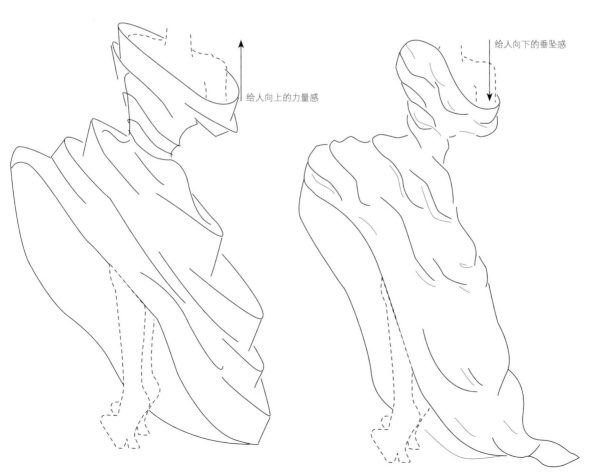

给人向上的力量感

给人向下的垂坠感

配有褶皱衬裙的礼服

在《绿野仙踪》中，北方女巫葛琳达上穿紧身胸衣，下着庞大的纱裙。裙子由数层褶裙构成，其造型如照片所示，当其行走时，裙子会呈现出自然流动之美。

要立裁这样的裙子，可以选用配有衬裙或裙撑的人台，但是会比较生硬、不自然。可以采用各种厚薄的面料进行立裁练习，观察由此产生的不同褶皱效果。

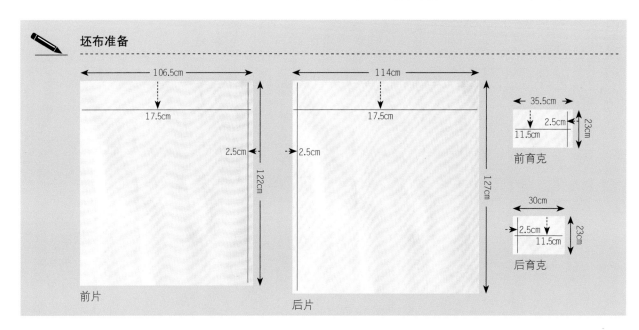

✏️ **坯布准备**

106.5cm

17.5cm

2.5cm

122cm

前片

114cm

17.5cm

2.5cm

127cm

后片

35.5cm

2.5cm

11.5cm

23cm

前育克

30cm

2.5cm

11.5cm

23cm

后育克

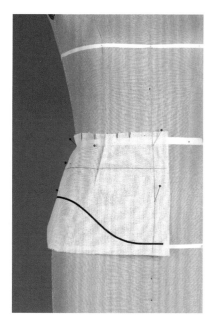

第1步

- 立裁衬裙。首先，将前育克覆在人台上，使其前中心线与人台的前中心线对齐。如前文"2.1半身裙"中的育克裙（参见第110~111页），在腰围线处打剪口，使前育克在上臀围区域平顺。收一个腰省，使纬纱水平，同时也起到支撑裙子重量的作用。

- 如果纬纱保持水平，那么侧缝线处的纱向就为经纱，从而为裙子提供支撑。如果坯布没有收腰省，则侧缝线处的纱向就为斜纱，从而受到裙摆的拉伸。

第2步

- 将前片覆在人台上，使其前中心线与人台的前中心线对齐。然后在育克线处抽褶。

- 沿着育克线用珠针固定，使裙摆向外张开。

- 在臀围线与上臀围线之间，修剪前片，剪去多余的三角形坯布。

- 取后片进行立裁，从第1步开始按照前片操作方法制作后片。

- 将侧缝线缝份向里扣折。

- 保持底边水平。

- 标记育克线并修正（图中未显示）。

- 缝合育克上的腰省与侧缝线。

- 缝合前、后片侧缝线。

- 将前、后片与育克缝合在一起。

第3步

- 在腰围线上用明线缉缝一条罗缎丝带或彼得沙姆棱条丝带，以提高腰部的支撑力。

- 在裙子底边处缝入较宽的马鬃辫，使裙摆外张。

第4步

- 按照首条衬裙的立裁方法，在下臀围线处立裁一块新的褶裙，注意裙褶的塑造。

第5步

- 制作克里诺林式衬裙，先裁剪一块纱料，将其一头收紧固定，形成褶皱。

- 从前中心线到后中心线，将克里诺林式衬裙裁片固定到外层，使其自然下垂，保持下摆平衡。

第6步

- 在臀部，再制作两层重叠的克里诺林式衬裙。

第7步

- 在克里诺林式衬裙外，立裁一条硬纱衬裙，并在育克线处用手针缝合固定。

- 随着衬裙层数的增加，裙子空间也逐渐增大，在这个过程中，请注意裙子廓型的变化，力求塑造北方女巫葛琳达的裙装廓型。

第8步

- 仔细对照前面的照片，调整立裁的裙装，力求廓型准确。现在似乎臀围线处还需要增加一些空间量。

- 选用优质薄纱，在需要增加空间量的部位增加一层薄纱衬裙，并与硬纱衬裙粗缝在一起。

- 最后，在底边之上约30cm处，增加一层褶纱，注意褶要细密，使裙子下摆外张幅度适当加大。

第9步

- 衬裙的层数取决于想要的裙体丰满度，在若干层衬裙的外面要再覆上一层闪亮的硬纱面料，该裙片在前育克处会下陷，不要忘记将其上边缘收紧，并在上边缘做育克标记线。

- 将各衬裙上端收紧，用手针将其与育克粗缝在一起。

- 修剪底边，使其与地面保持水平。

立体裁剪案例

——设计师奥斯卡·德拉伦塔（Oscar de la Renta）的礼服

1999年，明星格温妮斯·帕特洛（Gwyneth Paltrow）身着设计师奥斯卡·德拉伦塔设计的礼服出席奥斯卡颁奖活动。这件礼服造型经典，结构线简洁利落，让人眼前一亮，裙身庞大、奢华而不繁复，给人美丽、优雅之感。其面料采用轻薄、平挺、顺滑的真丝塔夫绸，使格温妮斯显得活泼而又具有女王范。

制作大蓬蓬裙的难点之一就是确定缝合线。首先，必须考虑所用面料的幅宽，然后计算完成裙摆需要多少幅宽面料。

一件大蓬蓬裙（如第262页介绍的伊丽莎白皇后的礼服），其左、右两侧至少各需要8倍或8倍以上幅宽的面料。当缝合各裙片时，由于裙片为矩形，因此需要在腰部大量抽褶；也可以将裙片裁剪成楔形，这样腰部的抽褶量可以大大减少，只需要少量抽褶，从而塑造收腰大摆的裙装造型。

照片中的这件礼服，其裙身采用了纵向褶裥，褶裥从腰位打开，使裙子造型丰满。裙摆摆围很大，但左、右裙片均不超过四片。

礼服上身非常合体，造型线简洁，两根肩带细且间距较远。由于面料为轻薄的真丝塔夫绸，因此上身必须配备紧身胸衣，可以起到支撑塑型的作用。不仅塑造胸部造型，也塑造躯干腰身造型，此外，配备紧身胸衣还便于衬裙的缝合，可以将衬裙与紧身胸衣缝合在一起，而衬裙是塑造蓬裙的关键。

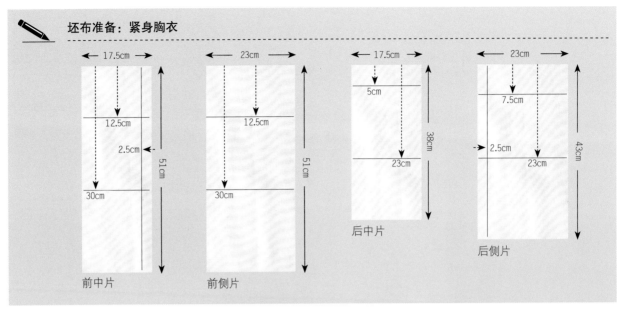

← 17.5cm → ← 23cm → ← 17.5cm → ← 23cm →

12.5cm 12.5cm 5cm 7.5cm

2.5cm 38cm 2.5cm 43cm

30cm 51cm 30cm 51cm 23cm 23cm

前中片 前侧片 后中片 后侧片

立裁紧身胸衣

　　复习"1.3 紧身胸衣"，准备立体裁剪。

第1步

- 将前中片覆在人台上，使其前中心线与人台的前中心线对齐，在胸围线处水平收一个前胸省，从而确保两胸点之间的造型符合人体。

第2步

- 根据"1.3 紧身胸衣"之"刀背缝紧身胸衣"（参见第72～73页），将前侧片覆在人台上。

第3步

- 根据第73页，将后中片与后侧片覆在人台上（图中未显示）。
- 在前侧片收一个纵向腰省，去除腰部余量。

完成紧身胸衣

- 修剪紧身胸衣各衣片多余的坏布，并将各衣片缝合在一起。
- 做撑条标记线。
- 做上边缘标记线。
- 做底边标记线。

第4步

- 将紧身胸衣各衣片缝合在一起。
- 现在紧身胸衣的上边缘线会作为最初的礼服上边缘线，因此需要将紧身胸衣的上边缘线缝份微微向里多扣折一些。

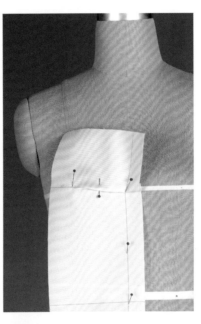

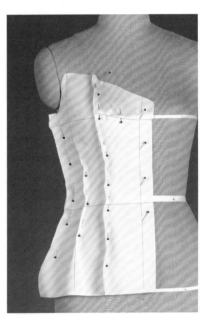

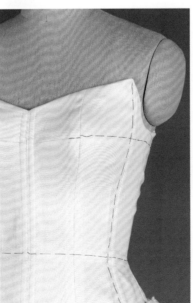

第5步

- 在紧身胸衣的腰围线处缉缝一条罗缎丝带或彼得沙姆棱条丝带，当穿着紧身胸衣时，丝带会很好地担负裙子的重量。另外，建议使用钩环扣作为扣合件。

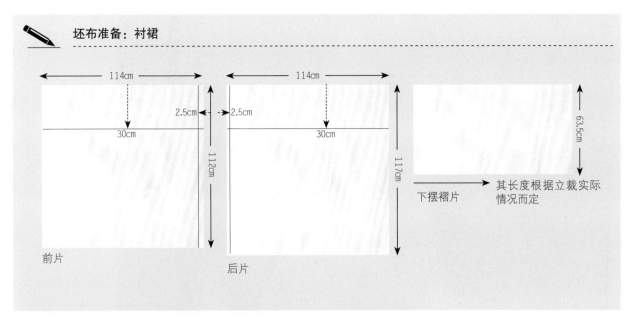

114cm

2.5cm ← → 2.5cm

114cm

30cm

30cm

112cm

117cm

63.5cm

下摆褶片

其长度根据立裁实际情况而定

前片

后片

立裁衬裙

第6步

- 根据第267～268页所讲解的方法，立裁衬裙。

- 在衬裙底边处缝入较宽的马鬃辫，使裙摆外张。

第7步

- 在衬裙下部增加一层褶纱，使裙子下摆外张幅度适当加大。

立裁礼服

第8步

- 在开始立裁礼服之前，首先应比较
  几种可以选用的真丝塔夫绸的悬垂
  性，这有利于判断其制作成礼服后
  的裙身丰满度、下摆宽度和褶裥深
  度。

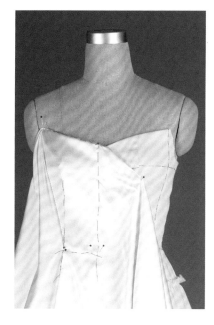
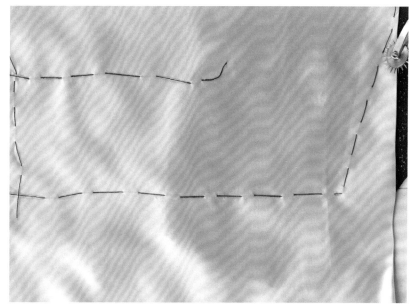

第9步

- 立裁礼服，在前身腰围线处做一个深褶裥，分析塔夫绸面料所形成的褶裥效果，掌握面料与褶裥深度之间的关系。

- 当立裁时，用红线沿着造型关键处——褶裥、衣身上边缘做标记线。

第10步

- 从人台上取下塔夫绸面料。

- 将塔夫绸面料上有红色标记线的部位放在一块坯布上，中间夹入复写纸，用滚轮将红色标记线拓印在坯布上，从而有利于前中心造型的立裁。

　　通过之前的操作、练习，可以了解实际面料的悬垂性及造型效果，从而有助于确定立裁所需要的裁片的大小及比例关系。现在，请根据之前的练习得到相关数据，从而确定裁片尺寸。

坯布准备：礼服

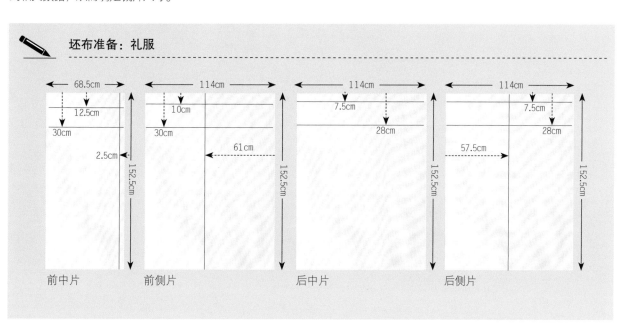

前中片　　　前侧片　　　后中片　　　后侧片

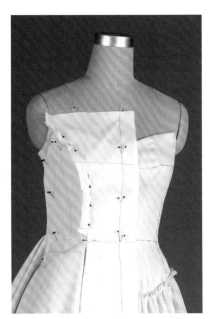

第11步

- 前中片覆在人台上，使其前中心线与人台的前中心线对齐，沿着之前做好的标记线固定前中片。
- 根据紧身胸衣的上边缘线，确定礼服前中片的上边缘线。
- 在褶裥位折叠坯布，形成褶裥。
- 让坯布覆于衬裙表面并自然下垂，塑造满意的裙身空间造型。

第12步

- 将前侧片覆在人台上，使其纵向中心线位于人台的刀背缝与侧缝线的中间。
- 根据"1.3 紧身胸衣"之"刀背缝紧身胸衣"（参见第73页），用珠针将前中片、前侧片固定在一起。
- 修剪腰围线处多余的坯布。

第13步

- 当确定刀背缝的位置时，请对照前面的照片，照片中的两根肩带距离较远，其位置即前胸最宽的位置。

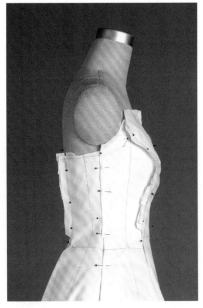

第14步

- 将后中片覆在人台上，使其后中心线与人台的后中心线对齐，后片一定要足够宽大，确保可以覆盖衬裙。

第15步

- 将后侧片覆在人台上，使其纵向中心线位于人台的刀背缝与侧缝线的中间。

第16步

- 开始处理侧缝线，将侧缝线缝份向里扣折，确保裙片足够宽大、富余，使裙子达到满意的丰满度。

第17步

- 将前刀背缝缝份向里扣折并用珠针固定，注意是前中片压前侧片。

- 同理，将后刀背缝缝份向里扣折并用珠针固定，注意是后中片压后侧片。

标记和修正

- 在坯布上请用铅笔或划粉做标记。

- 如果想用塔夫绸进行立体裁剪，则请采用手缝线迹做标记。

- 拆下珠针时，请轻轻地熨平裁片，修正线条。

- 对各裁片，均裁剪相同的两份，重新用珠针固定或缝合固定，以验证结构造型是否合适。

分析

- 首先，请全面分析你立裁的礼服。它是否像前面照片一样给人轻盈、活泼和可爱的感觉？如果没有，请分析原因所在。有可能是比例问题，有可能是肩带太细，也有可能是衣身褶裥太靠近前中。

- 现在请检查立裁礼服的线条和均衡性。从肩部开始，将立裁礼服与前面照片进行对比，仔细比较廓型是否有差异。训练自己的眼睛，培养细致入微的观察力，分析影响整体廓型的原因。

- 注意V型领的造型，立裁礼服的V领挖得较浅，从而使上身显得过长、比重较大，因此需要修正。

- 对于这件立裁的礼服，哪些方面较为成功？它与平面款式图（或照片）的造型一致吗？呈现出你想要的风格了吗？

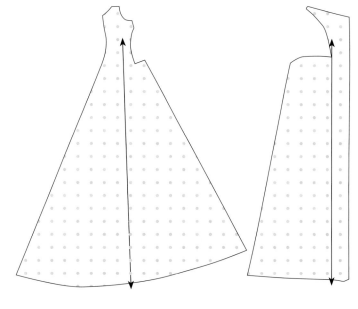

前侧片　　　　　　　　　　　前中片

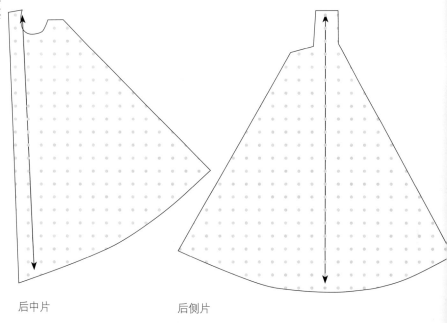

后中片　　　　　后侧片

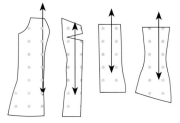

前侧片　前中片　后侧片　后中片

变化
皇家婚礼服

　　2011年4月，凯特·米德尔顿（Catherine Middleton）嫁给了威廉（William）王子。在婚礼上，凯特王妃身穿的婚礼服由设计师莎拉·伯顿（Sarah Burton）设计、亚历山大·麦昆（Alexander McQueen）工作室制作，展示了英国最高超的服装制作技艺。婚礼服选用象牙白的丝织物制作，上身饰有爱尔兰贴花刺绣、英国克伦尼（Cluny）蕾丝和法国尚帝伊（Chantilly）蕾丝。其曳地裙裾长至2.7m，在后腰处有巧妙的荷叶设计，这是设计的精彩之处，也是接下来要练习的立裁重点。

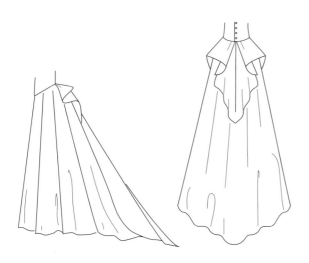

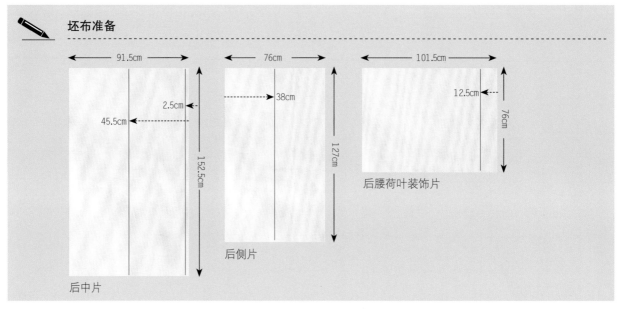

✏ **坯布准备**

后中片 — 91.5cm / 152.5cm / 2.5cm / 45.5cm

后侧片 — 76cm / 127cm / 38cm

后腰荷叶装饰片 — 101.5cm / 76cm / 12.5cm

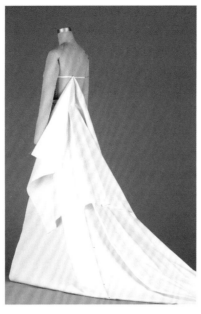

第1步

- 首先，制作裙子后身，为后腰荷叶设计做准备。虽然裙裾实际长度为2.7m，但是这里立裁时，只需要准备适当长度和宽度的坯布，能对比例有大致感受即可。

- 将后中片覆在人台上，从腰围线下垂至地面并向后展开。

- 取后侧片立裁，用珠针将后中片与后侧片固定在一起，以支撑褶裥的造型。

- 沿着后腰围线，用珠针紧密固定。

- 根据需要，可以在下摆处放一些重物，有助于裙裾呈扇形展开。

第2步

- 将后腰荷叶装饰片覆在人台背宽线处，确保后身有足够的坯布形成波浪状。从装饰片上边缘向下约30cm即腰围线，在腰部用珠针固定装饰片。

第3步

- 用剪刀向下垂直剪开装饰片至腰部，使坯布顺势往后下垂，塑造出层次错落的造型。

- 按照片所示，在侧缝线位置折出一个长的褶裥，并用珠针固定。

第4步

- 请注意，现在装饰片的下摆笔直地垂落在裙裾上。

- 修剪装饰片的底边弧线，即向褶裥中间斜向修剪底边弧线，而在后中与后侧部位保留较长下摆。

- 对照前面的照片，比较比例是否得当。

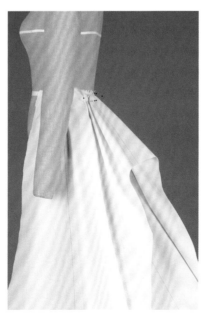

第5步

- 观察褶裥角度，对照前面照片，注意褶裥的走向。

- 重新用珠针固定，调整褶裥的角度，直至造型满意。

- 请注意，后身荷叶造型既取决于实际制作中形成的波浪量，也取决于后腰荷叶装饰片本身的长度。如果波浪量越多，则折出的褶裥量也越多，请仔细研究"第3步"中所剪的那一刀。可以想象一下，如果那一刀剪得更深一些，让更多的坯布往后下垂，造型又会发生什么变化？

3.3
斜裁法

历史

　　斜裁法是以面料经纬纱线的45°夹角的斜向作为服装裁剪制作的基准与悬垂方向。由于面料的斜向拉伸性较好，因此采用斜裁法，其面料的悬垂感也更好，这是其特点。而且由于具备较好的斜向拉伸性，因此斜裁的服装可以较好地贴合人体曲线。

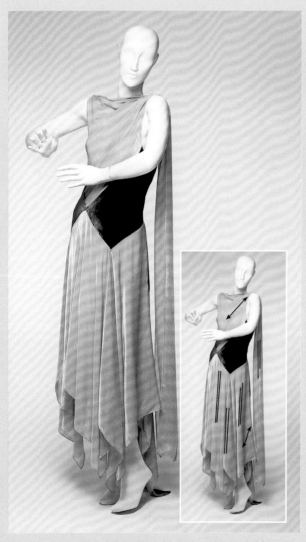

左上图：1926年，斜裁大师玛德琳·维奥内特（Madeleine Vionnet）的经典作品。由于采用斜裁设计，上身合体，两侧衣片也很贴合人体曲线，轻盈的裙子由正方形裙片缝制而成，裙片是45°斜裁（图中双细线所示），因此垂坠感极佳，裙摆错落有致。肩部起到担负裙子重量的作用，而该部位的经纱（图中肩部箭头所示）具备一定的支撑作用。

右上图：明星克劳黛·考尔白（Claudette Colbert）在电影《一夜风流》（It Happened One Night）中穿着的斜裁婚礼服。其面料为真丝绉，比左上图中维奥内特的裙料要重一些，裙褶量也更大，裙片随着臀部曲线自然下垂，形成流畅优美、层次丰富的裙裾。

服装设计师玛德琳·维奥内特（1876—1975）在业界声誉斐然，她的名字早已成为斜裁的代名词。维奥内特是第一个广泛运用斜裁的服装设计师，也是当之无愧的斜裁大师。她利用面料的斜向拉伸性，塑造出流畅飘逸的裙型，强调自然柔美的女性曲线。20世纪20年代，维奥内特举办了一场别开生面的作品发布会，在裙装中摒弃了紧身胸衣，极具开创性。

维奥内特经常使用简单的正方形面料进行创作，有时会借鉴古希腊佩普罗斯的服装结构，从肩部垂下一块方形面料并系上腰带。小号人台是她必备的立裁工具。维奥内特留存下来的照片很多，很多都是她坐着，而娃娃大小的小号木质人台则被放

置在旋转钢琴凳上，这样就可以对斜裁的裁片进行试验，思考如何组合。然后维奥内特会准备预裁裁片的备料图，之后则在真人大小的人台或私人定制客户身上（维奥内特有很多定制客户）采用斜裁法进行立体裁剪。

斜裁法比一般裁剪法的裁片要大、耗料更多。但是如果能够巧妙进行缝合，斜裁裁片则会很好地贴合人体，并形成自然的波浪垂褶。

通常，柔软的面料更适合斜裁，如乔其纱、绉、绸等。绉缎是设计师颇为喜爱的斜裁面料，在女式内衣中常常用来塑型。当然，也可以使用其他面料进行斜裁，甚至是厚重的羊毛面料，这样有利于衣领翻折，也可以给予某些部位较大弹性。

斜裁法在20世纪风靡一时，在30年代达到顶峰，进入21世纪后仍然流行不止。在好莱坞黄金时代，服装设计工作室普遍崇尚奢华，这是不变的定律，它们聘请专业的设计团队，创作出大量精致无比的服装，从20世纪30年代～20世纪50年代的影片中就可以看到许多斜裁的服装。

这件真丝绉长裙与明星克劳黛·考尔白的婚礼服相似，也采用斜裁法，其布料的经向线与人台的前中心线成45°夹角。请观察面料在人台上下垂的效果。

练习
斜裁吊带胸衣

    这件吊带胸衣采用了斜裁法，利用斜裁的特性，赋予真丝网眼垂片与绉缎衣片极好的垂坠感。前、后片都采用斜裁法，且呈方形，可以沿着对角线对折，对角线即斜向线，为胸衣的前、后中心线。将斜裁的绉缎衣片轻轻地包裹胸部，并沿着人体腰、上臀围自然下垂。

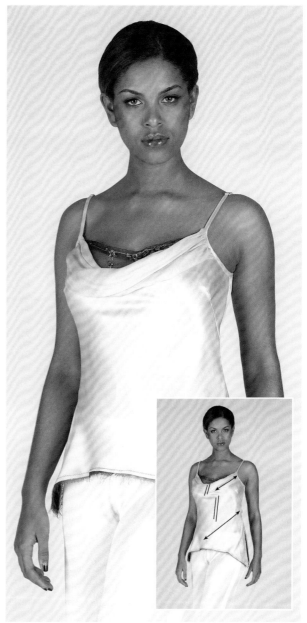

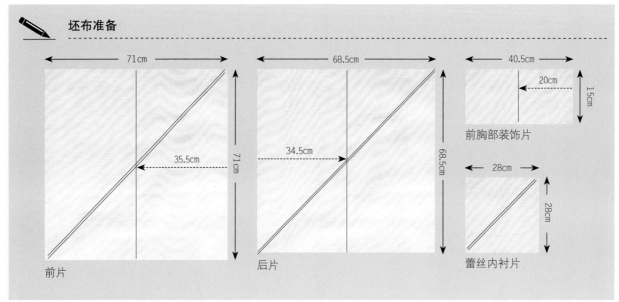

✏️ **坯布准备**

前片   71cm   71cm   35.5cm

后片   68.5cm   68.5cm   34.5cm

前胸部装饰片   40.5cm   20cm   15cm

蕾丝内衬片   28cm   28cm

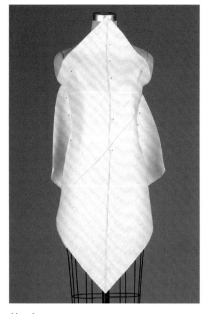

第1步

- 将前片覆在人台上，使其斜向线与人台的前中心线对齐，并用珠针固定。

- 将前片向侧面抚平整，沿纱向线在侧面用珠针尽可能紧密固定，注意防止布片的拉伸与扭曲。

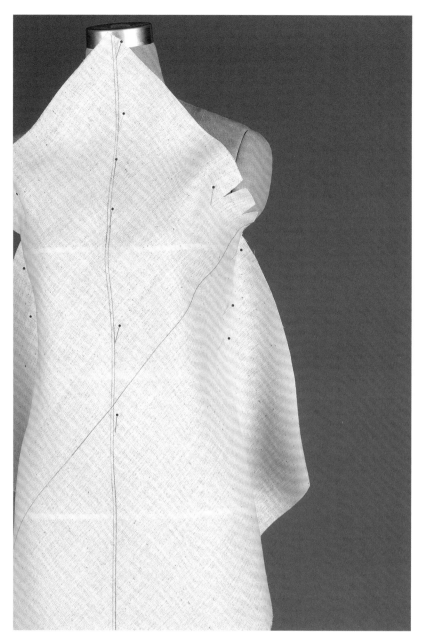

第2步

- 如果需要，可以在袖窿处打剪口。请注意：当拉紧坯布时，松量会集聚在胸点区域，斜纱面料将自然显现出人台形体，这是因为斜裁的前片会依人台形体起伏自然贴合人台。

第3步

- 收一个腋下省，将余量集中于此，使前片自然贴合人台。

- 取后片进行立裁，从第1步开始按照前片操作方法制作后片。

- 合前、后侧缝线并用珠针固定，修剪多余的坯布。

- 用斜纹带做底边标记线。

- 用斜纹带或标记带做胸部上边缘标记线，蕾丝内衬片与前片将在该线上汇合。该线处不含胸部的松量，之后的蕾丝内衬片也不再依附人体。

第4步

- 将蕾丝内衬片覆在人台上，使其斜向线与前片的前中心线对齐。

- 在蕾丝内衬片与前片上边缘相交处，如图修剪多余的坯布。

- 做上边缘标记线，修剪该标记线以上多余的坯布。

第5步

- 将蕾丝内衬片视为一个小育克，因为它与前片上边缘相交，故能防止胸上围松量的增大，同时确保从前中心线至腋下正中区域平整、合体。

- 沿着上边缘标记线，将蕾丝内衬片上边缘缝份向里扣折。

- 将蕾丝内衬片下边缘缝份向里扣折。

- 将侧缝线缝份向里扣折，注意是前片压后片。

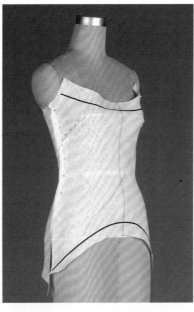
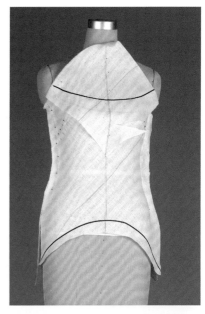
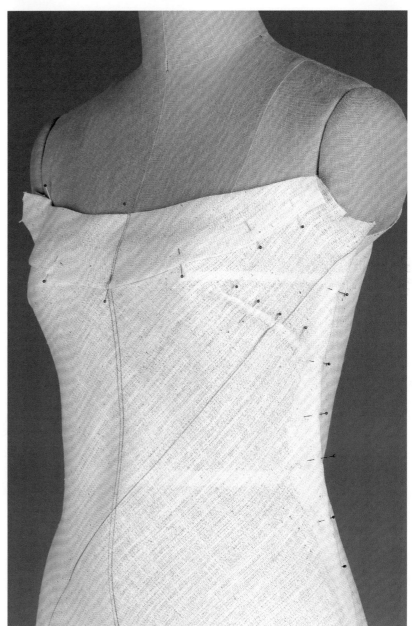

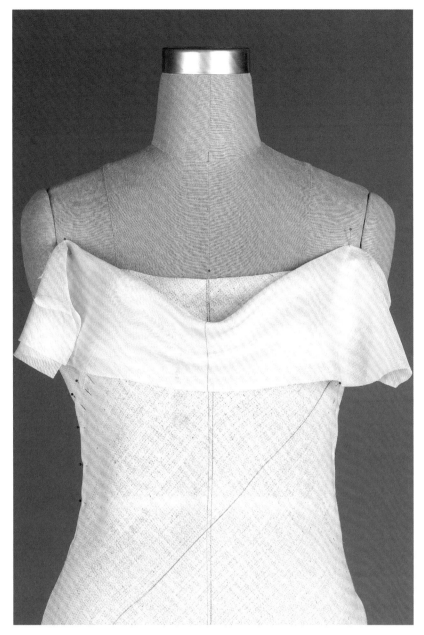

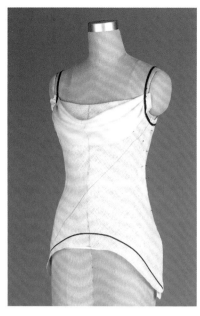

- 修剪胸部装饰片的边缘，同时确定
  肩带的位置。

- 需要注意的是：胸侧腋下的胸部装
  饰片应位于袖窿较高处，以覆盖侧
  面胸围线部位。

第6步

- 将胸部装饰片覆在人台上，使其斜
  向线与前片的前中心线对齐，如图
  塑造荡领垂褶的造型，并确定荡领
  垂褶的量。

- 胸部装饰片应选用更柔软的面料，
  这里采用真丝纱罗来立裁。当然，
  也可以采用雪纺、乔其纱等面料，
  但是如果手边没有这些面料，那么
  使用与衣身立裁相同的面料即可。

- 在侧面用珠针固定，再次检查荡领
  垂褶的深度。因为蕾丝内衬片的材
  质非常薄透，故为了雅观，胸部装
  饰片既要掩盖前片胸围线部位，还
  不能遮挡里面的蕾丝内衬片。

利用斜裁法塑造合体造型

对于某些无法去除松量的区
域，如果想让这些部位非常合体，
则可以采用斜裁法。沿着裁片边缘
处的经纱方向拉伸，并去除多余
的量。

斜裁刀背缝无袖
胸衣

斜裁法非常适用于内层衣物的制作，令内衣自然贴合于人体曲线。可以选用厚重的丝麻混纺面料进行斜裁，在某种程度上，使用这种材料立裁的服装与最终用丝绸面料制作的服装具有十分相似的效果。当选用经纬纱线更稀疏的机织面料时，则更容易看出面料实际的纱线纹理。

全部裁片采用斜裁法

对于这件无袖胸衣，并不采用从前中心线到刀背缝的裁片，而是前身左右整片裁剪。由于采用斜裁法，使用这样完整的裁片十分必要，可以对服装的平衡起到更好的支撑作用。如果裁片采用斜裁法，则斜向拉伸性较好。

坯布准备

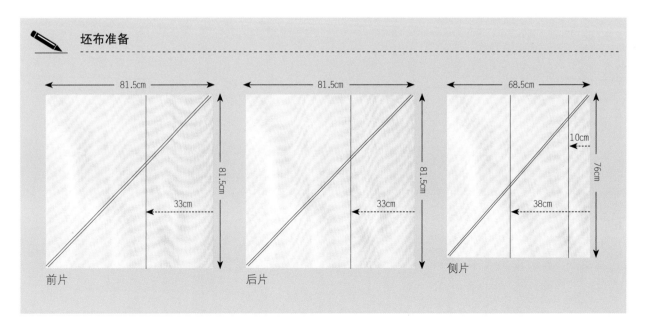

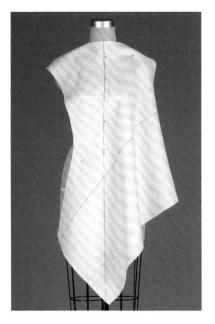

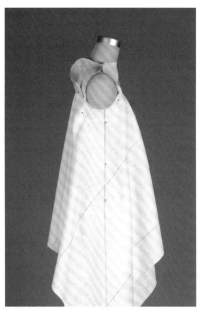

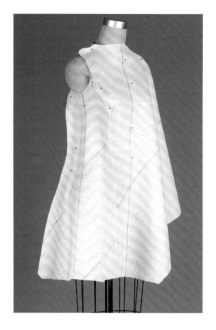

第1步

- 将前片覆在人台上，使其斜向线与人台的前中心线对齐，并用珠针固定。

- 沿着款式造型线（即刀背缝）附近，修剪坯布。

- 继续修剪多余的坯布，留出约2.5cm的缝份。

- 取后片进行立裁，按照前片的方法操作。

- 合前、后肩线，注意将前、后片的反面与反面相对，并用珠针固定。

第2步

- 将侧片覆在人台上，使其斜向线与人台的侧缝线对齐，并用珠针固定。

- 沿着袖窿用珠针固定侧片，并使其自然下垂。

- 此时，斜纱方向会产生拉伸。请确保坯布自然下垂，直到停止拉伸变形为止，此时在侧缝线位置用珠针轻轻固定，确保侧缝线竖直。

第3步

- 合前、后、侧片的分割线，注意将它们的反面与反面相对并用珠针固定在一起。

- 可以拉一拉坯布，调整造型，力求合体，使各衣片保持平衡关系。也可以尝试从不同位置拉一拉同一衣片，观察造型会有什么变化。

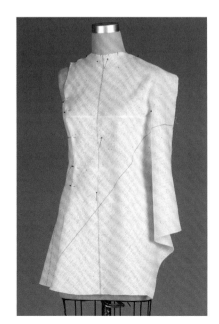

第4步

- 扣折分割线缝份，使前、后片压侧片。根据需要，可以修剪多余的坯布并打剪口。扣折肩线缝份，使前片压后片。

- 向后站远一点，观察服装的廓型，它应合体修身，而不是过于紧身。

- 扣折底边缝份并用珠针固定。再次检查腰部造型，在确保坯布自然下垂的同时，尽可能收掉腰部多余的量（图中未显示）。

第5步

- 将底边处的前、后刀背缝拆开，插入三角形插片。注意三角形插片要置于其他裁片的后面，调整三角形插片的大小直至得到满意的摆量。

- 将缝份向里扣折。

- 做领口和袖窿标记线。

立体裁剪案例

——珍·哈露（Jean Harlow）在电影《晚宴》（*Dinner at Eight*）中穿的吊带长裙

　　金发碧眼美女珍·哈露在1933年的电影《晚宴》中以一袭色丁斜裁吊带长裙亮相，设计师是吉尔伯特·艾德里安（Gilbert Adrian）。

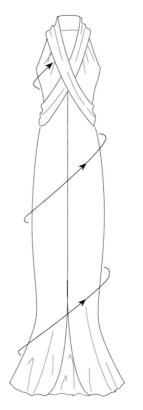
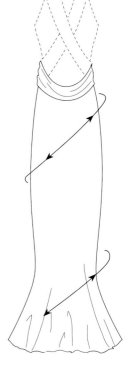

　　这件长裙成功塑造了明星哈露的标志性形象，使她备受大众欢迎与追捧。斜裁服装给人一种螺旋状的动感，因此这件长裙很适合采用斜裁法。这件长裙质地细薄，非常紧身，使哈露显得活力四射、熠熠生辉。

　　立裁这类具有螺旋动感的斜裁长裙，应当做好坯布的准备工作，可以先在一个小型人台上简单立裁，大致修剪多余的坯布。然后将各裁片拆去并分离，看看如何排板最省料。由于小型人台的尺寸刚好是常规人台尺寸的一半，所以需要计算尺寸，即将之前确定的尺寸×2，确定所需要的坯布量。

　　这件斜裁长裙非常紧身。不同的面料，其斜向的弹性与拉伸性不同，因此最好选择最终的面料进行立体裁剪，以确保造型效果。

使用小型人台

- 这件长裙估计用料约3.2m，面料幅宽是137cm。

- 准备一块面料（或坯布），按照估计用料的一半准备，即长度是1.6m，宽度是68.5cm。

- 如照片所示，裙子在前中心线位置有一条分割线，因此从后中心线位置开始操作，先将衣片的斜向线对准后中心线。

- 将裁片从后中拉向前中，判断面料宽度是否足够制作无侧缝线的长裙。

- 虽然面料在前中位置显得略短，但是宽度看起来够了。斜裁的裙子往往下摆量不够，需要加入三角形插

片，对此要加以注意，并继续下一步操作。

- 沿着臀围线用珠针固定，这是最紧身的部位，请确保斜向线一直是竖直状态。

- 裁剪前身的三角形插片。

- 沿着经纱纹理，从胸下向后中进行裁剪。

- 如果要使服装后身上臀围区域紧身合体，针对此款来讲是有难度的。为了掩盖这一不足，在后腰较低的部位加入了装饰布片。

- 按照斜纱方向裁剪吊带，制作交叉式吊带。

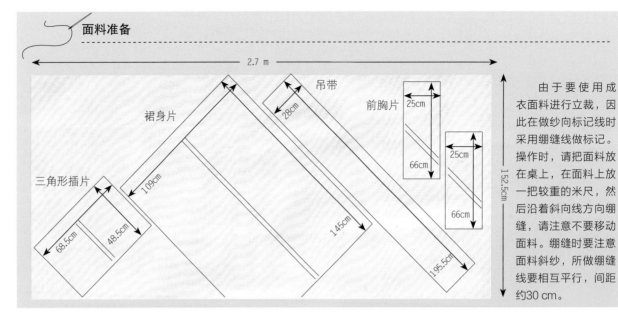

面料准备

裙身片

三角形插片

吊带

28cm

前胸片

25cm

66cm

25cm

66cm

109cm

68.5cm   48.5cm

145cm

195.5cm

2.7 m

152.5cm

由于要使用成衣面料进行立裁，因此在做纱向标记线时采用绷缝线做标记。操作时，请把面料放在桌上，在面料上放一把较重的米尺，然后沿着斜向线方向绷缝，请注意不要移动面料。绷缝时要注意面料斜纱，所做绷缝线要相互平行，间距约30 cm。

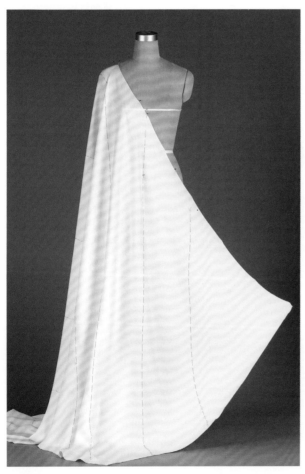

第1步

- 将裙身片覆在人台上，使布片前中绷缝线与人台的前中心线对齐，然后将裙身片拉向后身。注意在前中位置，裙身片要是够高，能遮住前中的胸部。

- 为了确保斜向线竖直，请将面料斜着拉向肩部，并且在右肩用珠针固定。

- 在前、后中心线处布局好裁片。

第2步

- 将裙身片围着人台拉向后身，确保绷缝线竖直。

- 沿着臀围线用珠针固定，直至后中部位。

- 拆去右肩上的珠针。

- 在左肩将多余的面料用珠针固定。

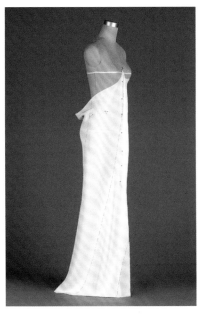
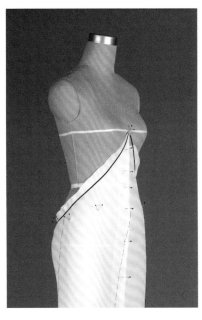

第3步

- 继续立体裁剪直至人台前中部位，在前中心线部位从胸下至底边做一条垂直的分割线，并用珠针固定。

- 修剪前中多余的坯布——基本上是两个大三角形。

- 现在已经有了基本的裙身造型，请继续修剪底边与后身多余的坯布。

第4步

- 将前中心线缝份向里扣折并用珠针固定，继续调整裙子的合体度。最紧身的部位是臀部，而腰部要尽可能地收掉多余的量。

- 请注意裙子在前中是上提的造型，上提点越高，腰部合体度就越大。

- 当臀部无余量后，在臀部做造型标记线。同时需要在后片插片的位置设置一条分割线。

- 继续做标记线，直至前身胸点位置。

- 修剪多余的面料。

第5步

- 将前胸片和后片覆在人台上，在做这一步以前，应该修剪好胸片，并将其经向线对准侧胸线。这里使用的经向线是之前在裁片上绷缝的线，因为其延伸性小，可防止面料被拉伸变形。通常，从侧面支撑胸部的塑型方法很好，可以使胸部向前中方向聚拢。

- 如前面照片所示，在领口线上端设计两个褶裥，以满足胸部造型的需求。

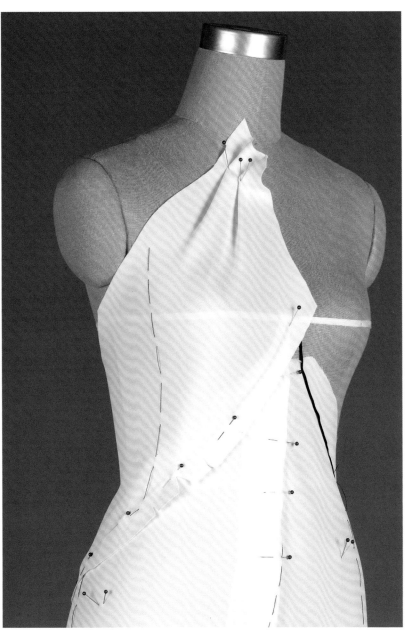

第6步

- 继续立裁前胸片，将其围着人台拉向后身，并固定在裙片上臀围线的位置。

- 将固定处的分割线缝份向里扣折并用珠针固定，去除分割线处的余量。

- 由于前中下摆量不够，因此插入一块大的三角形插片，用珠针将其与两块前片平整地固定在一起。由于前中追加了三角形围度量，因此下摆可以向外展开，增大了活动空间，便于行走。

第7步

- 取斜裁吊带进行立裁，如图中所示，从腰后中心线开始，将吊带拉向前身。

- 吊带在后领口线位置设计有扣合件。

第8步

- 对照前面的照片，调整胸部的吊带造型。

- 将缝份向里扣折。

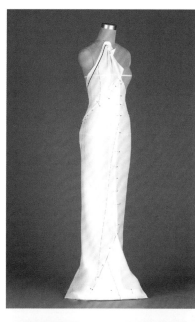
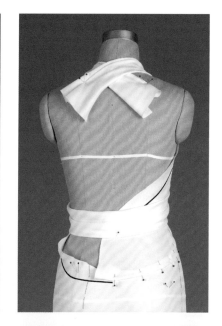

标记和修正

- 在面料上做绷缝线标记，应当使用颜色明显的缝线。

- 首先，沿着所有的接缝线进行绷缝。

- 对于前胸片和裙身片的缝合处，要在两个裁片上分别进行绷缝，这样将两片分开时，其上都会有标记。

- 在每一块裁片上至少要做一个十字标记，这样修正线条时，作为对位参照点更容易对合。

- 对领口褶裥做十字标记（图中未显示）。

- 在斜裁吊带上做标记，主要集中在后中、侧缝线的位置以及在前中的交汇处。

- 完成绷缝后，拆去珠针，沿着绷缝线打剪口，然后轻轻熨烫。

- 观察裁片的形状，注意不平衡或不圆顺的线条需要做记录，以备日后统一修正。

- 这时，请对线条的起伏加以判断：它是合理的，促成了服装精妙的造型？还是错误的，应当被修正？这非常重要。不要忙着圆顺线条，一定要准确判断后才开始修正。如果你还不能确定，则可以用珠针将各裁片重新固定，并把它放在人台上重新审视。

- 如果想保存立裁的纸样，则请用滚轮和复写纸将其拓印在制图纸上。如果不必，则可以省略上述操作。由于已经使用了最终的面料进行立裁，因此只需要简单修剪后裙身片并根据所做标记线缝合即可。

- 下面列出了两种方法，可以任选其一来完成：

  1. 修剪缝合线的缝份，确保缝份完全一致，这样就可以将需要合缝的两裁片的边缘对齐，然后进行缝合。

  2. 根据需要合缝的两裁片的线丁，可以先用手针绷缝，然后机缝。

  选用第一种方法，速度更快；选用第二种方法，则更精确。

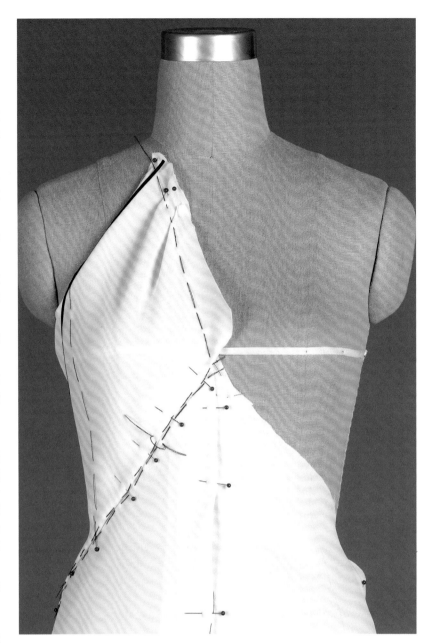

分析

■ 将立裁服装与前面的照片进行对比。在分析细节之前，请先从整体上进行审视。试着体会使用斜裁法带来的螺旋状动感造型，具体体现为面料应包裹、贴合人体（经纱作用）。整件长裙由吊带支撑，通过斜纱塑造胸、腰、臀的曲线造型。

■ 珍·哈露的长裙在当时引起社会轰动。它不仅传递了一种风格，还是一种明确表态，表达了一种新观念，即女性可以既性感又自信。那么，立裁服装是否给予我们这样的感受？这种感受表达的强烈程度如何？造型是否可以更紧身？比例是否可以更夸张？

■ 现在，根据长裙的廓型从上部开始分析。首先，观察领口线和肩部的裸露处，照片中的服装与立裁服装相比，其裸露肌肤处的形态是否一致？吊带的宽度比例是否合适？请检查褶裥的指向，是否正好指向胸点？

■ 侧面造型也很重要，如前面照片所示，长裙呈现出明显的S曲线造型，臀部外凸，膝部内收。

■ 如果有必要，请调整立裁服装，可以采用其他颜色的缝纫线做标记。

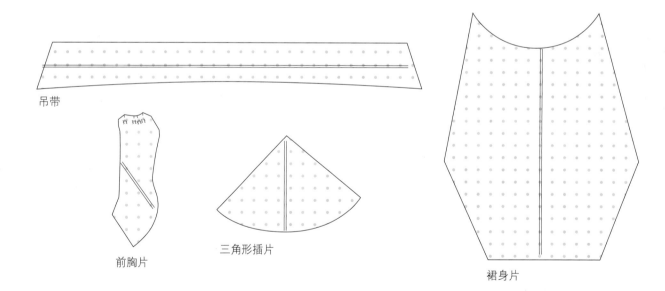

吊带

前胸片

三角形插片

裙身片

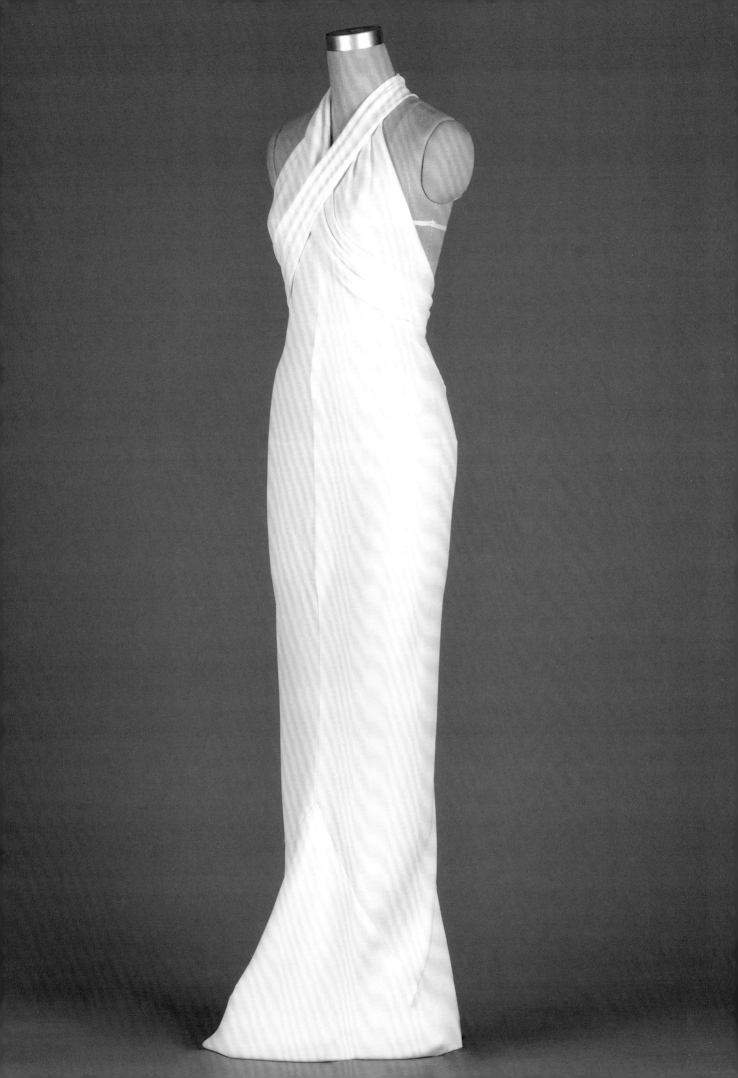

3.4

即兴立体裁剪

历史

即兴，通常指根据眼前所见到的实际情景进行现场创作。在立体裁剪中，即兴则指直接在人台上进行设计创作，没有款式图、设计图等可以模仿、参照。

在本书最后这部分内容中，会讲解有关省道、分割线和塑型之间的处理技巧，你可以在人台上用机织物裁片进行立体裁剪。开始创作时，由于手边没有平面款式图可以参照，也无法预测最终的成品效果，因此需要确定创作的缘由、目的或灵感，以此作为即兴立体裁剪的起点。

爱斯基摩人（Eskimo）的裘皮服装具有保暖性和防护性的实用功效。在时尚界，灵感往往来源于美丽的面料，这些精美的面料常常会令人产生创作的欲望，渴望将其缝合、制作成服装。请研究面料的悬垂性，思考如何才能彰显出面料的特性。

设想一位缪斯女神，这样往往可以激发创作。可以将其设想为一个特定的人。你期望她的外在形象是什么样的？她具有哪些独特的气质？当她进入一个房间时，会占据多大的空间？你希望她对周围的人产生什么样的影响？她是否能像明星一样光芒四射、引人注目？这些都有助于实际形象的确定。

有时在旅途中记录的个人心得感受也有助于创作。当然，灵感可以来源于他人的艺术作品，也可以来源于特定历史时期的服装款式或风格，例如一些服装设计师就常常提及其作品发布会的灵感，有时来源于一幅画作的色彩，有时则来源于特定时期的服装廓型。

经典服装是指历经时间考验、经久不衰的服装样式，例如现在依然流行的香奈儿套装、前片双褶裥

查加姆·特伦格帕（Chögyam Trungpa）的书法作品——《抽象美》（Abs-tract Elegance），体现了不对称中的均衡性与美感。这种蕴含动感、空间与形式的设计，也可运用于三维造型设计，例如服装立裁设计。

裤。但是接下来的内容将与经典服装背道而驰，而是探讨不对称设计、非常规设计的美观性与平衡性。

在戏剧服装设计中，服装常常用来表现人物角色的个性、渲染情绪。如右图所示，这是专为流亡女神制作的服装，设计时首先需要收集可以使用的色彩和纹理。主体服装是丝麻材质的丘尼克宽松上衣，然后从肩部垂下一大块蓝色衣片，再用生丝面料沿着领口立裁领饰。这件服装为不规则造型，因为女神流亡了20多年，所以设计师特意将领口做成不对称式和扭曲状。为了修饰艺术形象、美化角色，这件衣服的领部采用蚌壳与穗子装饰。尽管角色很贫穷，但她有尊严，其肩部长长的垂片非常醒目，尽显其端庄优雅。

对即兴立体裁剪而言，凭直觉、自然而然、有感而发的设计尝试非常重要，甚至比熟练掌握立裁技巧更为重要。当然，当设计师掌握了立裁技巧的精髓后，会产生更多的直觉感受与直觉思维，也利于在人台上自由创作。

设计师凯洛琳·齐埃索为舞台剧《堤厄斯忒斯的盛宴》（*Thyestes' Feast*）中的流亡女神制作的服装，作品采用真丝亚麻混纺面料、大麻面料制作而成，并以蚌壳装饰。

练习
不对称领立体裁剪

这件裙装，上身简洁合体，裙摆宽大，领型设计非常别致。裙装以查加姆·特伦格帕的书法作品《抽象美》（参见第302页）为灵感，借鉴了其流畅有力、富有动感的笔画，请注意笔画起笔时密集，收笔时逐渐变细的特点。

估算所需坯布的宽度，按斜纱方向准备一块坯布，保证面料的丝缕顺畅与有垂感。即兴立体裁剪虽然不能提前规划好，但是可以借助平面款式图（下图）将书法中的力量与动感应用于服装领型设计。

在这件立裁作品中，最富动感的部位是左后肩。而前中的衣领变化与书法作品上部走势变化有异曲同工之妙。领片为一整片，从前面绕到后面，代表书法作品中右侧长长的一道笔画，并绕回左前肩结束。

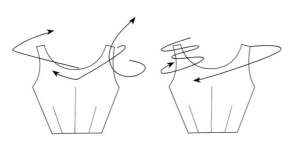

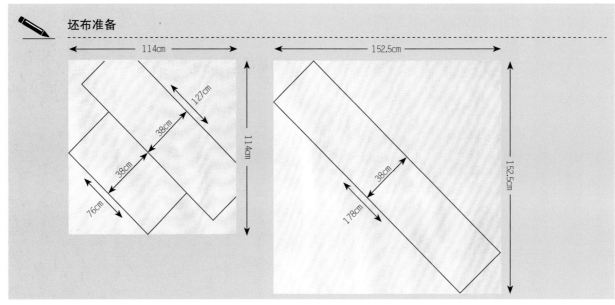

坯布准备

114cm

127cm

38cm

38cm

114cm

76cm

152.5cm

38cm

152.5cm

178cm

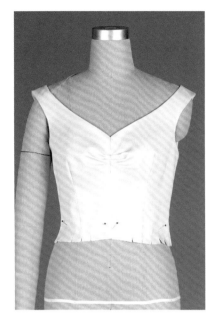

第1步

- 首先，完成衣身制作，在此基础上进行领型的创作。

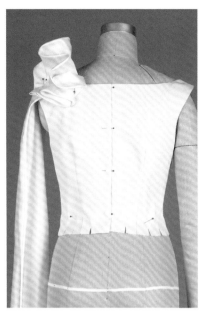

第2步

- 以前面的书法作品为创作灵感，观察其起笔时的笔画密集，挥舞有力，故从后背开始，取斜裁的领片制作层叠的褶裥，营造立体空间造型，并且根据需要用珠针固定。

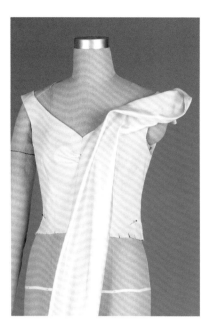

第3步

- 扭曲一下斜裁的领片，将其转向前身。

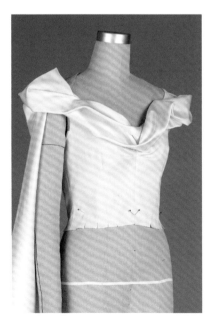

第4步

- 塑造前领与右肩部位造型，保证领口较低且呈敞开状态。

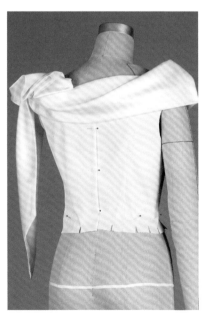

第5步

- 塑造后领造型，造型灵感来源于书法作品中最长的一道笔画，长而圆顺，故后领长且平顺。

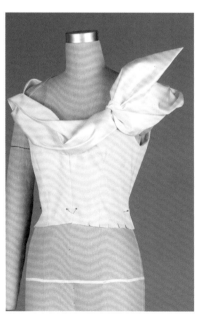

第6步

- 领端为尖角，与书法作品中逐渐变细的收笔笔画相呼应。

立体裁剪案例

——设计师维维安·韦斯特伍德（Vivienne Westwood）的连衣裙

维维安·韦斯特伍德是即兴立体裁剪设计之母。在其职业生涯中，她总是通过出乎意料的设计推动时尚潮流向前发展变化。韦斯特伍德创作了大量极富创意的服装廓型，对人们几十年来固有的传统审美观念产生了冲击与挑战。

对页图是维维安·韦斯特伍德设计的裙装，如果要即兴立体裁剪这样一件裙装，其重点是领悟造型精髓，而不是拘囿于服装表面的结构。如果你想做真正意义上的即兴立体裁剪，那就要遵从自己的想法和理念，以此作为创作的前提。创意灵感往往无处不在，无时不在。

无论怎么创作，一开始都需要利用纱向线规划好裁片的动感走势。当然，你如果非常明确自己想要表现的服装风格与情调，那么创作将变得简单很多（参见第304页的领型设计图解）。

不要过分纠结具体的缝合线，请根据服装常用的规格来确定创意立裁所需的相关参数，从而确定需要准备的立裁坯布的大小。在每一块坯布上标记经向线，如果想在某些部位利用斜纱特性，那就标记斜向线，如荡领与垂褶片。

如果采用坯布立体裁剪，则需要思考最终使用的面料。了解面料的手感，凭借自己的经验，判断其与坯布立裁服装的差别。

在开始立裁前，一定要保持放松的状态，并在头脑中明确创作的灵感或设想，对自己的技能要充满信心，这样才能在作品中呈现出独具个人特色的风格。

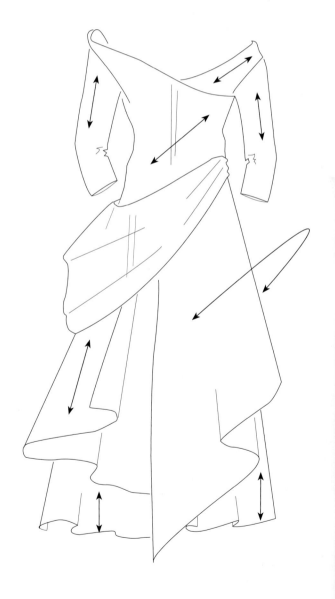

第1步

- 参照第74～77页中的"乔治时代风格的紧身胸衣",立体裁剪一件类似的紧身胸衣并缝制好。

- 如图所示镶边,镶边位于胸衣上边缘处,从前中向腋点,保持相同的宽度。

第2步

- 立体裁剪衬裙前身,注意将裙片的经纱与人台的侧缝线对齐。

- 应把握衬裙的总体丰满度与摆量,以便塑造出自己喜欢的造型,为使腰部合体平整,可通过褶裥收掉腰部余量。请保持衬裙前面平整,裙摆向两侧展开。

- 从侧面修剪裙身因宽摆设计而造成的余量,大致修剪掉一个大三角形,底边修剪得最少,腰部修剪得最多。

- 修剪底边,一直从前中心线修剪至侧缝线,使底边距地面约7cm。

第3步

- 将底边缝份向里扣折并估计裙身的长度。

- 下摆的长度与围度要足够大,当裙角上提时,不至于露出人体。

- 将裙角向上提起并固定在某一位置,观察固定位置不同所产生的褶裥变化。

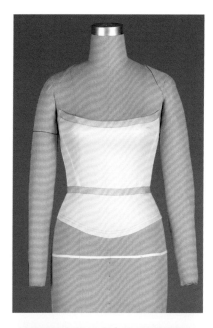
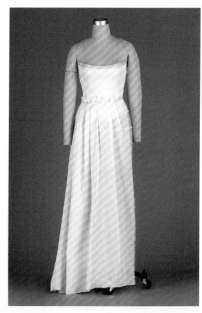

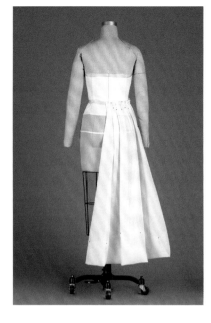

第4步

- 按照衬裙前身的操作方法进行衬裙后身的立裁。然后将底边缝份向里扣折，保持较深的褶裥量。

第5步

- 将衬裙前身的底边缝份向里扣折，形成不规则的造型。

第6步

- 在人台的左侧附上一块长方形的坯布，注意使坯布后面比前面略多。

- 拉住长方形坯布的中间，在腰部用珠针固定。

第7步

- 将长方形坯布纵向对折，外边缘线朝下，用珠针固定于紧身胸衣的腰部。

- 通过在前、后身的腰臀部位堆积更多的量来营造腰部的空间感，同时保持侧缝线处平整。

- 用珠针将两条长边固定在一起。

- 用珠针向上固定底边，底边距地面至少7.5cm。

第8步

- 如图所示，把手伸进去，提起部分已经用珠针固定的侧缝线，做蝴蝶形褶裥并用珠针固定。

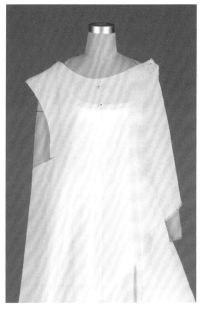

第9步

- 调整腰部皱褶，保持褶裥的平整，使下垂的裙片自然均衡。

- 现在应当检查造型。站在较远处，通过镜子观察衬裙的廓型。各裁片的摆边应飘动自如。请确认造型是否合适，当加上上装后，要调整改变则会更困难。

第10步

- 开始立裁上装，将其衣身前片的斜向线与人台的前中心线对齐。

- 沿着经纱方向线撕掉上装下摆底部，如图所示。

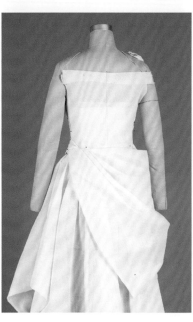

第11步

- 在人台的右肩固定坯布的一角。

- 注意前胸的宽度，同时保持一定的肩宽。

- 修剪上边缘线多余的坯布。

- 在右肩做一个褶裥，从而给胸部一定的松量。

第12步

- 将前身下摆绕向后身，并从左后腰起向后身做一些长长的褶裥。

- 立裁衣身后片，将其斜向线与人台的后中心线对齐。

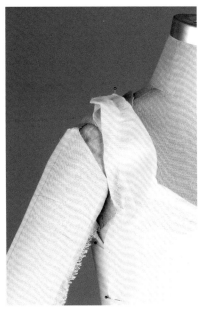

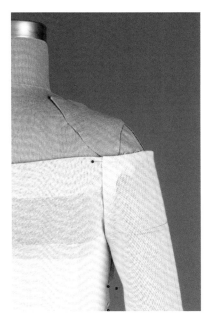

第13步

- 修剪左肩多余的坯布。

- 将后片绕向侧面，形成侧缝线。

- 在腰部两侧打剪口，合侧缝线并用珠针固定，注意是前片压后片。

- 折叠上边缘。

- 修剪右肩多余的坯布，仅仅留下肩带的宽度。

- 开始立裁衣身左侧，让坯布在衣身上边缘下面放出适当的松量，并做一个像右侧一样的肩带。

第14步

- 开始立裁袖子，用长方形的袖片包裹手臂，并使其与袖窿下部契合。这件服装为露肩式，没有袖山，因此袖片采用一片袖结构。

第15步

- 用珠针固定后袖袖窿底，其位置实际上位于侧缝线部位。

第16步

- 单独使用一块斜裁坯布，如图所示，在袖子上端塑造一个扭曲的效果。用珠针将衣身与紧身胸衣固定在一起，露肩设计处理会令袖子有上移的视觉效果。

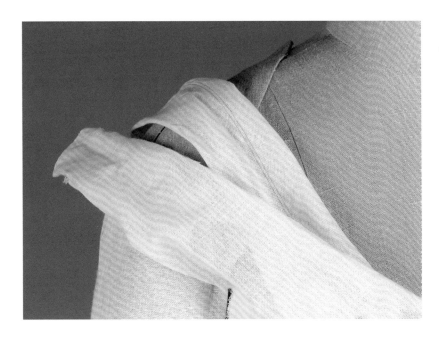

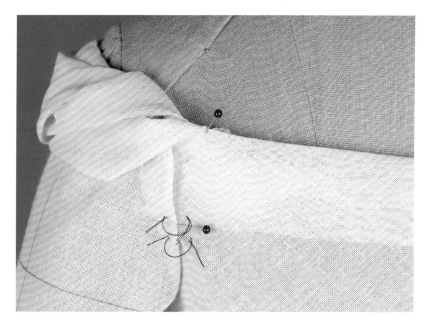

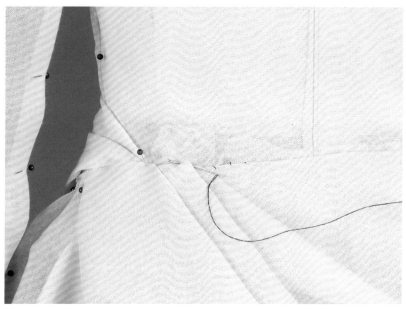

一边操作，一边训练自己的眼睛

　　对于各个领域的设计师而言，优秀一词常常用来指设计师有"很好的识别力"。这意味着，设计师要能够识别富有趣味的构成要素、均衡性与比例关系，并有能力把握好它们之间的关系。这同时也意味着设计师要有判断设计作品最终效果的能力，无论是静态还是动态，都要有判断力。

　　通过训练自己的眼睛、不断实践，可以提高自己的识别力。对于本书所讲解的这种识别力，需要不断培养加强、持之以恒，只有这样才能有效提高。当然这种识别力不仅仅局限于学生的识别力，而是指具有独特风格与创意理念的优秀设计师的识别力。

标记和修正

第1步

- 粗缝所有的连接点。

第2步

- 对所有需要缝合的部位打线丁。

第3步

- 如果想得到纸样，则请将各裁片分离，然后轻轻地用熨斗熨平。用尺笔修正线条，检查相互间的缝合线是否合适。

- 将裁片上的经纬线分别与制图纸上的经纬线对齐。

- 请用滚轮和复写纸将所有的缝合线与标记点拓印在制图纸上，然后加放缝份。

- 如果不需要纸样，验证立裁效果的方法为：将修正后的布片重新用珠针组装；或是将修正后的坯布裁片放在最终面料上面，加放缝份后裁剪并缝合。

分析

- 站在一定距离外观察立裁的服装，判断其是否呈现出自己想表现的服装风格与情调？是否体现了自己的设计想法？

- 假如感觉不是很好，则请判断哪里与设计想法不符。

- 请将这件坯布立裁服装与前面照片中的韦斯特伍德的裙装进行对比，你会发现某些部位似乎不是很流畅自然。在下摆左侧，不规则的褶裥看起来有些别扭。即使选用最终面料制作，虽然其立裁效果会轻盈、也更接近前面照片的服装效果，但是现在还是需要对立裁服装进行修正。在这个过程中，有时你会突然发现正在修正完善的这个部位看起来更好了、与整体也更谐调。

- 想要服装造型独具个人特色，就需要按照自己喜欢的比例、廓型去立裁。当立裁的服装符合自己的审美了，就表明其造型融入了个人的特色。

专业术语

Anchor pin Pin or pins specifically used to firmly secure a calico piece when draping.

Armscye Fabric edge of an armhole to which a sleeve is sewn.

Bateau neckline A high, wide neckline that runs the length of the collarbone and ends at the shoulder. Also known as 'boat neckline'.

Bishop sleeve A long sleeve, fuller at the bottom than the top and gathered into a cuff.

Blouson A woman's long blouse with closely tied waistband, or a style of garment that has extra fabric draping over a waistband or elastic.

Bodice Upper, main, front and back pattern piece(s) of a garment.

Boning A flexible yet firm strip of metal or plastic used to support and maintain shape.

Break point The beginning of the roll line, usually at the first button.

Busk A corset or bustier closure consisting of a piece of slotted stays of steel, bone or wood.

Bust point The highest and fullest point of the bust.

Contour line A line that represents the outer edge of a form.

Convertible collar Rolled collar that forms small lapels when worn open.

Corset A woman's close-fitting undergarment, usually using boning and lacing, designed to support and shape the upper body. Also a woman's tight-fitting, strapless top, usually using boning.

Crinoline A stiff, coarse fabric used to give body and stiffness to a garment.

Crossmarks Lines designating the intersections of fit seams, stylelines, or darts.

Crown The top third of a sleeve, from the underarm line to the shoulder area.

Ease The extra fabric allowed in the fit of a garment. Also the process of sewing a length of fabric into a smaller one without resulting in gathers or puckers, usually in fitting the crown of a sleeve into

an armhole or the back of a garment into the shoulder seam.

Fit seam A seam that is used specifically to help create the fit of a garment.

French dart Dart with diagonal intersecting lines that taper at the apex.

Gathers Folds or puckers of extra predetermined fabric that create fullness.

Grommet A short, circular, metal tube applied to a garment for a lace-up opening designed to give a flat, rimmed finish.

Gusset An extra section of fabric set into seams to give fullness.

Intake Amount of fabric taken in when sewing a dart.

Interlining Fabric placed between main outer fabric and lining used to give specific degree of weight or stiffness to the fabric.

Jewel neckline Circular neckline that sits at base of throat.

Knit Fabric constructed by means of interlocking loops between weft and warp yarns.

Loom Machine that weaves fabric by interlacing horizontal and vertical yarns.

Negative space The areas around or outside the positive shape of a garment that share edges with the form.

Peg, pegged Pants and skirts whose side seams narrow towards the hem.

Petersham ribbon Ribbed ribbon used in hats, corsets, and waistbands designed for reinforcement. It can be steamed into curves to fit the shapes of the garments.

Pivot point In a sleeve, the exact point of intersection on the armhole where the seam of the sleeve falls toward the underarm.

Prototype A sample garment using actual fabrics designed to test a design for fit and proportion.

Racer-back armhole An extended and exaggerated back armhole cut-out.

Rib knit Fabric constructed with knit and purl wales (diagonal lines) running crosswise, resulting in an unbalanced

plain weave with noticeable ribs on the surface of the fabric.

Roll line The line on a coat or jacket indicating the fold of the lapel from the roll and stand of a collar to the first button.

Selvedges The long finished edges of a bolt of fabric.

Side bust dart A dart that extends towards the bust, originating at the side seam.

Silhouette An outline of a specific shape or form.

Sponge To moisten calico creases with a damp cloth before pressing.

Style line A seamline that runs from one point of a garment to another, used specifically for style rather than to help with the fit of a garment.

Tailor's tacks Loose and temporary double-thread stitches with unknotted ends indicating construction details.

Thread trace Temporary, hand-sewn stitches indicating seams, darts, grainlines and other construction lines.

Truing The process of correcting and equalizing any discrepancies in sew lines created during draping.

Tunic Loose or close-fitting garment that extends over the hips, historically made of two rectangles of cloth.

Underbust Area under bust curve along the upper rib cage.

Weft Continuous yarns that run crosswise in woven fabric. Also known as 'filling yarns'.

Warp A series of yarns that run lengthwise and parallel to the selvedge in woven fabric. Also known as 'ends'.

Yoke An upper, fitted piece of a skirt, a blouse or shirt, or pants that supports another, usually fuller section of fabric.

资料来源

书籍

Helen Joseph Armstrong, *Draping for Apparel Design* (3rd edition). New York: Fairchild Books, 2013.

Helen Joseph Armstrong, *Patternmaking for Fashion Design* (5th edition). Upper Saddle River, New Jersey: Pearson Prentice Hall, 2009.

Michele Wesen Bryant, *Fashion Drawing: Illustration Techniques for Fashion Designers*. London: Laurence King Publishing/Upper Saddle River, New Jersey: Pearson Prentice Hall, 2011.

Michele Wesen Bryant and Diane DeMers, *The Specs Manual* (2nd edition). New York: Fairchild Books, 2004.

Kathryn Hagen, *Fashion Illustration for Designers* (2nd edition). Upper Saddle River, New Jersey: Prentice Hall, 2010.

Kathryn Hagen and Parme Giuntini (eds), *Garb: A Fashion and Culture Reader*. Upper Saddle River, New Jersey: Pearson Prentice Hall, 2007.

Kathryn Hagen and Julie Hollinger, *Portfolio for Fashion Designers*. Boston: Pearson, 2013.

Sue Jenkyn Jones, *Fashion Design* (3rd edition). London: Laurence King Publishing, 2011.

Gareth Kershaw, *Patternmaking for Menswear*. London: Laurence King Publishing, 2013.

Abby Lillethun and Linda Welters, *The Fashion Reader* (2nd edition). London: Berg Publishers, 2011.

Dennic Chunman Lo, *Patternmaking*. London: Laurence King Publishing, 2011.

Hisako Sato, *Drape Drape*. London: Laurence King Publishing, 2012.

Hisako Sato, *Drape Drape 2*. London: Laurence King Publishing, 2012.

Hisako Sato, *Drape Drape 3*. London: Laurence King Publishing, 2013.

Martin M. Shoben and Janet P. Ward, *Pattern Cutting and Making Up—The Professional Approach*. Burlington: Elsevier, 1991.

Basia Skutnicka, *Technical Drawing for Fashion*. London: Laurence King Publishing, 2010.

Phyllis G. Tortora and Keith Eubank, *Survey of Historic Costume* (5th edition). New York: Fairchild Books, 2010.

Nora Waugh, *The Cut of Women's Clothes*. London: Faber and Faber, 1994.

供应者

Corsetry (fabric, boning, ribbon, etc.)

Farthingales Corset Making Supplies (worldwide) farthingalescorsetmaking-supplies.com

Richard the Thread (worldwide) www.richardthethread.com

Dress forms

Kennett & Lindsell Ltd (UK) www.kennettlindsell.com

Morplan (UK) www.morplan.com

Siegel & Stockman (Paris) www.siegel-stockman.com

Superior Model Form Co. (US) www.superiormodel.com

Wolf Dress Forms (US) www.wolff-orm.com

General

Ace Sewing Machine Co. (US) www.acesewing.com

B. Black & Sons (US) www.bblackandsons.com

Borovick Fabrics Ltd (UK) www.borovickfabridsltd.co.uk

Britex Fabrics (US) www.britexfabrics.com

MacCulloch & Wallis Ltd. (UK) www.macculloch-wallis.co.uk

Manhattan Fabrics (US) www.manhattanfabrics.com

PGM-PRO Inc. (worldwide) www.pgmdressform.com

Patternmaking

Sew Essential Ltd. (worldwide) www.sewessential.co.uk

Whaleys (Bradford) Ltd. (UK) www.whaleys-bradford.ltd.uk

Eastman Staples Ltd. (UK) www.eastman.co.uk

Patterns

Karolyn Kiisel www.karolynkiisel.com Patterns for all garments draped in the book are available to purchase; specific sizes on request. Order by page number and title of garment.

网站

La Couturière Parisienne www.marquise.de Period costume, from the Middle Ages to the early 20th century, with patterns

Fashion-Era www.fashion-era.com Fashion, costume, and social history

The Museum at FIT (Fashion Institute of Technology), New York www.fitnyc.edu/museum

Fashion Museum, Bath, UK www.museumofcostume.co.uk

Center for Pattern Design www.centerforpatterndesign.com Free resources related to patternmaking and design

The Cutting Class www.thecuttingclass.com Online analysis of key haute couture and ready-to-wear collections

Fashion Net www.fashion.net Global fashion portal

索引

美
国
服
装
立
体
裁
剪

引用和致谢

引用

All dress forms used in the book are by Wolf Forms Company, Inc. http://www.wolfform.com/

7 (top) Lawrence Alma-Tadema (1836–1912), *The Frigidarium*, 1890, oil on panel. Private Collection/The Bridgeman Art Library; 7 (bottom) © Eric Ryan/Getty Images; 8 © B&C Alexander/Arcticphoto; 18 Huipil from the Triki, a mountain-dwelling tribe from outside Oaxaca, Mexico. Model: Elaine Wong; 19 Spa-wear tunic by Karolyn Kiisel for Tara West. Model: Chelsea Miller; 24 © Anthea Simms; 26 Gold-stenciled tunic by Karolyn Kiisel, costume for Mesopotamian Opera's *Thyestes' Feast*. Model: Vidala Aronsky; 31 The Bridgeman Art Library/Getty Images; 40 Modern traditional Tibetan chuba, worn by the Sakyong Wangmo, Khandro Tseyang, Queen of Shambhala; 41 (top) Domenico Ghirlandaio, *Birth of the Virgin Mary* (detail), 1485–90, fresco. Cappella Maggiore, Santa Maria Novella, Florence. © Quattrone, Florence; 41 (bottom) *At the Dance*, fashion plate from *Art, Gout, Beaute* (Paris, 1920s). Private Collection/The Bridgeman Art Library; 44 Side dart plaid blouse designed by Karolyn Kiisel. Model: Ellie Fraser; 46 Photo by Frazer Harrison/Getty Images; 48 Swing dress designed by Karolyn Kiisel. Model: Ellie Fraser; 51 © Sunset Boulevard/Corbis; 58 © Anthea Simms; 60 Courtesy Los Angeles County Museum of Art: www.lacma.org; 64 Photo by Art Rickerby/Time Life Pictures/Getty Images; 68 Photo by Fotos International/Hulton Archive/Getty Images; 69 (top) © Philadelphia Museum of Art/CORBIS; 69 (bottom) Photo by Time Life. Pictures/DMI/Time Life Pictures/Getty Images; 74 © Anthea Simms; 79 © Thierry Orban/Sygma/Corbis; 72 Princess-line bustier designed by Karolyn Kiisel. Model: Julia La Cour; 90 © Michael Freeman/Alamy; 91 © Prasanta Biswas/ZUMA Press/Corbis; 92 Modern traditional kilt in the Fraser Hunting Tartan plaid. Model: Ellie Fraser; 94 © SuperStock/Alamy; 96 Skirt designed by Karolyn Kiisel. Model: Michelle Mousel; 98 Skirt designed by Karolyn Kiisel. Model: Claire Marie Fraser; 100 Photo by SNAP/Rex Features; 103 Photo by Mark Mainz/Getty Images for IMG; 110 Skirt designed by Karolyn Kiisel. Model: Julia La Cour; 114 Carpaccio, *Healing of the Possessed Man* (detail), 1494. Accademia, Florence. © CAMERAPHOTO Arte, Venice; 115 (top) Max Tilke, *Oriental Costumes: Their Designs and Colors*, trans. L. Hamilton (London: Kegan Paul Trench, Trubner and Co., 1923); 115 (center) © Victoria and Albert Museum, London; 115 (bottom) Vintage peasant blouse. Model: Ellie Fraser; 118 Catwalking.com; 122 Author's own collection; 131 Photo by Mark Mainz/Getty Images for IMG; 142 Bell-sleeve tunic top designed by Karolyn Kiisel for Tara West. Model: Michelle Mousel; 146 Vintage mandarin collar blouse. Model: Vidala Aronsky; 148 Photo by Joseph Kerlakian/Rex Features; 150 Peplum blouse with bishop sleeve designed by Karolyn Kiisel. Model: Michelle Mousel; 158 (left, top and bottom) Max Tilke, *Oriental Costumes: Their Designs and Colors*, trans. L. Hamilton (London: Kegan Paul Trench, Trubner and Co., 1923); 158 (right) Fitzwilliam Museum, University of Cambridge, UK/The Bridgeman Art Library; 162 Photo by Apic/Getty Images; 166 Traditional Japanese hakama, worn in *kyudo* practice by Alan Chang; 170 © Bettmann/CORBIS; 177 © Corbis. All Rights Reserved; 187 UPPA/Photoshot All Rights Reserved; 193 © Corbis. All Rights Reserved; 198 Knit top with batwing sleeves designed by Angela Chung. Model: Michelle Mousel; 206 (left) Charles Robert Leslie (1794–1859), *Queen Victoria in Her Coronation Robe*, 1838, oil on canvas. Victoria & Albert Museum, London, UK/The Stapleton Collection/The Bridgeman Art Library; 206 (right) Max Tilke, *Oriental Costumes: Their Designs and Colors*, trans. L. Hamilton (London: Kegan Paul Trench, Trubner and Co., 1923); 207 (left) Max Tilke, *Oriental Costumes: Their Designs and Colors*, trans. L. Hamilton (London: Kegan Paul Trench, Trubner and Co., 1923); 207 (right) © Mary Evans Picture Library/Alamy; 209 (top) Vintage Japanese kimono owned by Shibata Sensei, Imperial bowmaker to the Emporer Emperor of Japan. Model: Elaine Wong; 209 (bottom): Getty Images; 210 © 2003 Topham Picturepoint/Photoshot; 211 Chanel-style jacket designed by Karolyn Kiisel. Model: Ellie Fraser; 223 Photo by Kevin Mazur/WireImage; 234 Vintage-inspired brocade jacket designed by Karolyn Kiisel. Model: Julia La Cour; 240 © Anthea Simms; 246 Swing coat with shawl collar designed by Karolyn Kiisel. Model: Claire Marie Fraser; 252 Catwalking. com; 260 © Victoria and Albert Museum, London; 261 (top) THE KOBAL COLLECTION/COLUMBIA; 261 (bottom) © Victoria and Albert Museum, London; 262 akg-images/MPortfolio/Electa; 263 © Sony Pictures/Everett/Rex Features; 264 Wedding dress designed by Karolyn Kiisel. Model: Claire Marie Fraser; 265 Photo by Steve Granitz/WireImage; 266 (top) Everett Collection/Rex Features; 266 (bottom) Photo by MGM Studios/Courtesy of Getty Images; 271 Photo by Ke.Mazur/Wireimage/Getty Images; 280 ODD ANDERSEN/AFP/Getty Images; 284 (left) © THE BRIDGEMAN ART LIBRARY; 284 (right): THE KOBAL COLLECTION/COLUMBIA; 286 Bias camisole designed by Karolyn Kiisel for Jacaranda. Model: Chelsea Miller; 290 Bias lace-trimmed chemise designed by Karolyn Kiisel for Jacaranda. Model: Michelle Mousel; 293 Photo by George Hurrell/John Kobal Foundation/Getty Images; 302 Chögyam Trungpa, *Abstract Elegance*. Calligraphy by Chögyam Trungpa copyright Diana J. Mukpo. Used by permission; 304 Gray silk dress with asymmetrical neckline designed by Karolyn Kiisel for Jacaranda. Model: Julia La Cour; 306 Catwalking.com.

致谢

感谢以下人士：

格雷格·卢布金（Greg Lubkin），帮助我策划本书的最初工作提案，并坚信我可以胜任工作。

彼得·温·希利（Peter Wing Healey），作为洛杉矶影视剧服装设计师，提供我许多原创灵感。在我讲授立裁课程时，选用了电影里的服装作为案例。

维多利亚·艾伦（Victoria Allen）与拉塞尔·埃利森（Russell Ellison），针对影视剧服装、传统服装等，孜孜不倦地调研，收集了大量图像信息。

马蒂·阿克塞尔罗德（Marty Axelrod），在文字修改与编辑方面给予我大量的帮助。

希雅·拉娅（Sia Aryai），是一位天赋异秉的摄影师，而且极有耐心，为我拍摄了大量立裁操作步骤的照片。

普莱尔·米勒（P' lar Millar）是一位设计师，也是我的学生，专门负责立裁的复核试验。

埃迪·布莱索（Eddie Bledsoe），负责服装史的研究并收集相关信息。

艾科·贝尔（Aiko Beall），是我的老师、导师，交往逾三十余年。

海伦·罗切斯特（Helen Rochester）、安妮·汤利（Anne Townley）以及乔迪·辛普森（Jodi Simpson），是我的朋友，我们常常通过电子邮件交流。他们是Laurence King出版集团的工作人员，常常指导第一次写书的作者完成其处女作。

我的两个女儿——克莱尔（Claire）与埃莉·弗雷泽（Ellie Fraser），为本书的出版做了大量工作，如处理计算机问题、担任模特以及试穿服装。

我的母亲，是我最好的倾听者，一如既往地支持我。